Arduino – dein Einstieg

Über die Autoren

Massimo Banzi ist Mitbegründer des Arduino-Projekts. Er ist Interaktionsdesigner, Pädagoge und Open-Source-Hardware-Pionier. Zusätzlich zu seiner Arbeit für Arduino unterrichtet er derzeit Cyber-Physical Systems an der USI-Universität in Lugano, Interaction Design an der SUPSI Lugano und am CIID Kopenhagen.

Michael Shiloh ist außerordentlicher Professor am California College of the Arts, wo er Elektronik, Programmierung, Robotik und Mechatronik unterrichtet. Nach seiner Ausbildung zum Elektroingenieur arbeitete er für verschiedene Unternehmen der Konsumgüterindustrie und des Bereichs Embedded Engineering, bevor er seine Leidenschaft für das Unterrichten entdeckte.

Michael wendet seine technischen Fähigkeiten lieber auf kreative und künstlerische Geräte an als auf Konsumprodukte. Er hält häufig Vorträge und spricht auf Konferenzen und an Universitäten weltweit. Seit 2013 arbeitet Michael für Arduino und stellt die Open-Source-Elektronics-Prototyping-Plattform in Vorträgen und Lehrveranstaltungen einem neuen Publikum vor.

Massimo Banzi · Michael Shiloh

Arduino – dein Einstieg

Die Open-Source-Plattform für Elektronik-Prototypen

Übersetzung der 4. US-Auflage

Massimo Banzi • Michael Shiloh

Lektorat: Gabriel Neumann
Lektoratsassistenz: Anja Ehrlich
Übersetzung: Ralf J. Klumb
Copy-Editing: Annette Schwarz, Ditzingen
Satz: Ulrich Borstelmann, *www.borstelmann.de*
Herstellung: Stefanie Weidner
Umschlaggestaltung: Helmut Kraus, *www.exclam.de*
Druck und Bindung: mediaprint solutions GmbH, 33100 Paderborn

Bibliografische Information der Deutschen Nationalbibliothek
Die Deutsche Nationalbibliothek verzeichnet diese Publikation in der Deutschen Nationalbibliografie; detaillierte bibliografische Daten sind im Internet über *http://dnb.d-nb.de* abrufbar.

ISBN:
Print 978-3-86490-913-9
PDF 978-3-96910-910-6
ePub 978-3-96910-911-3
mobi 978-3-96910-912-0

1. Auflage 2023

Wieblinger Weg 17
69123 Heidelberg

Hinweis:
Dieses Buch wurde mit mineralölfreien Farben auf PEFC-zertifiziertem Papier aus nachhaltiger Waldwirtschaft gedruckt. Der Umwelt zuliebe verzichten wir zusätzlich auf die Einschweißfolie. Hergestellt in Deutschland.

Schreiben Sie uns:
Falls Sie Anregungen, Wünsche und Kommentare haben, lassen Sie es uns wissen: *hallo@dpunkt.de.*

5 4 3 2 1 0

Inhaltsverzeichnis

3 Die Arduino-Plattform 17

4 Jetzt geht es wirklich los mit Arduino 29

5 Erweiterte Ein- und Ausgaben 57

6 Mit Processing eine Arduino-Lampe ins Netz bringen 83

7 Die Arduino-Cloud 97

8 Automatisches Gartenbewässerungssystem 105

10 Kommunikation mit dem Internet via ARM: ein »Faustgruß« übers Internet 197

11 Fehlerbehebung 215

Anhang A: Die Steckplatine 231

Anhang B: Widerstände und Kondensatoren verstehen 235

Anhang C: Arduino-Kurzübersicht 239

Anhang D: Lesen von Schaltplänen 261

Index 265

Vorwort zur 4. Auflage

Massimo und Michael freuen sich darüber, viele Änderungen aus dem sich rasant entwickelnden Feld des Elektronik-Prototypings in dieser vierten Ausgabe von Arduino für Einsteiger unterbringen zu können.

In dieser Ausgabe finden sich zwei neue Kapitel: Kapitel 9 stellt die leistungsstärkere 32-Bit-ARM-Familie der Arduino-Boards vor, und Kapitel 10 beschreibt die integrierte Online-Entwicklungsumgebung von Arduino Create inklusive eines neuen Projekts: der Internet-Faustgruß.

Neben diesen neuen Kapiteln fanden weitere Aktualisierungen statt:

- Die vierte Ausgabe ist für Version 2.0 der IDE geschrieben.
- Die Installation der IDE ist jetzt einfacher, und es wurden Anleitungen für Linux aufgenommen.
- Der Anhang schließt nun eine Übersicht über alle Arduino-Familien, -Boards und -Plattformen sowie einen Ratgeber zur richtigen Auswahl ein.
- Das Kapitel zum Leonardo wurde durch ein Kapitel zum aktualisierten Arduino-Cloud-Service ersetzt, inklusive IoT Cloud und Project Hub.
- Um allen Menschen gegenüber respektvoll zu sein, haben wir Änderungen an der Nomenklatur vorgenommen:
  - SPI-Signalnamen folgen nun der Open-Source-Hardware-Resolution auf: *oshwa.org/a-resolution-to-redefine-spi-signal-names/*
  - Für Steckanschlüsse bestimmter Bauweise verwendet dieses Buch die Bezeichnung »männliche« bzw. »weibliche Stiftleiste«.

Im Laufe der Ausgaben wurden Abbildungen geändert und neue hinzugefügt. Die Autoren schätzen die Beiträge von Elisa Canducci, die die Illustrationen in der ersten und zweiten Ausgabe anfertigte, sowie die von Judy Aime' Castro, die einige vorhandene Illustrationen überarbeitet und viele neue in der dritten Ausgabe hinzugefügt hat.

– Michael

Anmerkungen des Lektorats der deutschen Ausgabe

Für die Originalausgabe dieses Buchs bietet *makershed.com* ein Set an, das die meisten Komponenten zur Umsetzung der Buchbeispiele zusammenfasst. Allerdings fallen bei Bestellungen aus Europa besondere Versandkosten an. Auch SEGOR-electronics in Berlin (*www.segor.de*) bietet ein ähnliches Paket mit Komponenten an (in der Shop-Suche »Arduino Starterset« eingeben). Fragen zu diesem Set bitten wir an SEGOR-electronics zu richten.

Aus Gründen der besseren Lesbarkeit verzichtet die Übersetzung auf die gleichzeitige Verwendung der Sprachformen männlich, weiblich und divers. Sie nutzt stattdessen das generische Maskulinum. Dies impliziert keine Benachteiligung anderer Geschlechter, sondern ist im Sinne der sprachlichen Vereinfachung als geschlechtsneutral zu verstehen.

Vorwort zur 2. Auflage

Vor ein paar Jahren stand ich vor einer sehr interessanten Herausforderung: Designer das absolute Minimum an Elektronik zu lehren, damit sie interaktive Prototypen der von ihnen entworfenen Objekte bauen können.

Ich begann instinktiv, Elektronik auf dieselbe Weise zu unterrichten, wie ich selbst in der Schule gelehrt worden war. Später stellte ich fest, dass es einfach nicht so gut lief, wie ich es gern gehabt hätte, und ich erinnerte mich wieder daran, wie es war, im Unterricht zu sitzen, tödlich gelangweilt von all der Theorie, die mir um die Ohren gehauen wurde, ohne dass ich irgendeinen praktischen Nutzen darin sehen konnte.

Tatsächlich kannte ich mich bereits zur Schulzeit auf eine sehr erfahrungsbasierte Art und Weise in der Elektronik aus: sehr wenig Theorie, aber eine Menge praktische Übung.

Ich begann über den Prozess nachzudenken, durch den ich wirklich Elektronik erlernte:

- Ich nahm jedes elektronische Gerät auseinander, das ich in die Finger bekam.
- Ich lernte allmählich, was all diese Komponenten waren.
- Ich fing an, mit ihnen herumzutüfteln, änderte einige der Anschlüsse in ihnen und schaute mir an, was mit dem Gerät geschah: normalerweise irgendetwas zwischen einer Explosion und einer Rauchwolke.
- Ich begann, einige in Zeitschriften angebotene Bausätze zusammenzubauen.
- Ich kombinierte Geräte, die ich gehackt hatte, und führte Bausätze und andere Schaltungen, die ich in Zeitschriften fand, neuen Anwendungen zu.

Als kleines Kind faszinierte mich stets, zu entdecken, wie Dinge funktionieren; deshalb nahm ich sie in der Regel auseinander. Diese Leidenschaft nahm zu, während ich jedes ungenutzte Objekt im Haus ins Visier nahm und es dann in seine Einzelteile zerlegte. Schließlich brachten Leute mir alle möglichen Geräte zum Sezieren. Meine größten Projekte in jener Zeit waren ein Geschirrspüler und ein früher Computer, der aus einem Versicherungsbüro kam und über einen riesigen Drucker, Elektronikkarten, magnetische Kartenleser und viele andere Teile verfügte, die sich als sehr interessant erwiesen und deren Zerlegung eine Herausforderung darstellte.

Nach einer Menge dieses Sezierens wusste ich, was elektronische Komponenten waren und so ungefähr, was sie taten. Darüber hinaus war mein Haus voll alter Elektronikzeitschriften, die mein Vater Anfang der 1970er-Jahre gekauft haben muss. Ich verbrachte Stunden damit, die Artikel zu lesen und mir die Schaltpläne anzuschauen, ohne besonders viel zu verstehen.

Das wiederholte Lesen der Artikel gemeinsam mit den beim Auseinandernehmen von Schaltungen gewonnenen Kenntnissen setzte langsam einen Lernprozess in Gang.

Ein großer Durchbruch kam zu einer Weihnacht, als mein Vater mir einen Bausatz schenkte, der für Teenager geeignet war, um Elektronik kennenzulernen. Jede Komponente war in einem Plastikwürfel untergebracht, der magnetisch mit anderen Würfeln zusammenschnappte und dadurch eine Verbindung herstellte; das elektronische Symbol war auf der Oberseite notiert. Ich hatte keine Ahnung, dass das Spielzeug auch ein wegweisendes Design aus Deutschland war, das Dieter Rams in den 1960er-Jahren entworfen hatte.

Mit diesem neuen Tool konnte ich schnell Schaltungen zusammenstellen und ausprobieren, um zu sehen, was passiert. Der Prototyping-Zyklus wurde immer kürzer.

Danach baute ich Radios, Verstärker, Schaltungen, die sowohl furchtbaren Krach als auch schöne Klänge erzeugten, Regensensoren und winzige Roboter.

Ich verbrachte viel Zeit mit der Suche nach einem englischen Wort, um die Methode der Arbeit ohne spezifischen Plan auszudrücken, also: mit einer bestimmten Idee beginnen und mit einem vollkommen unerwarteten Ergebnis enden. Schließlich kam »*tinkering*« dabei heraus, zu Deutsch »tüfteln« oder auch basteln, etwas flicken, herumspielen, herumpfuschen. Ich stellte fest, wie dieses Wort in vielen anderen Bereichen verwendet wurde, um eine bestimmte Vorgehensweise zu beschreiben und auch als Begriff für Leute, die sich aufmachten, etwas zu erkunden. Zum Beispiel wurde die Generation der französischen Regisseure, die die Nouvelle Vague ins Leben gerufen hatten, wurden im englischen Sprachraum »Tinkerer« genannt. Die beste Definition für das Tüfteln, die ich je gefunden habe, stammt von einer Ausstellung, die im Exploratorium in San Francisco stattfand *(http://www.exploratorium.edu/tinkering):*

> *Tinkering* ist das, was passiert, wenn du etwas probierst, ohne genau zu wissen, wie, angeleitet durch Laune, Fantasie und Neugier. Wenn du »tüftelst«, gibt es keine Anleitung – aber es gibt auch kein Versagen, keinen richtigen oder falschen Weg der Durchführung. Es geht um das Herausfinden, wie Dinge funktionieren, und das Überarbeiten.
>
> Seltsame Apparate und Maschinen, absolut nicht zusammenpassende Objekte funktionieren in Harmonie – das ist die Quintessenz von Tinkering.
>
> Tinkering – Tüfteln – ist, ganz einfach gesprochen, ein Prozess, der Spiel und Neugier miteinander verschmilzt.

Von meinen frühen Experimenten her weiß ich, wie viel Erfahrung man benötigt, um eine Schaltung aufzubauen, die das tut, was man von ihr erwartet, wenn man mit den grundlegenden Komponenten beginnt.

Ein weiterer Durchbruch kam, als ich 14 war. Ich fuhr mit meinen Eltern nach London und verbrachte viele Stunden mit dem Besuch des Wissenschaftsmuseums. Dort war gerade ein neuer Flügel eröffnet worden, der sich Computern widmete, und indem ich eine Reihe angeleiteter Experimente durchführte, erlernte ich die Grundlagen binärer Mathematik und des Programmierens.

Dort wurde mir auch bewusst, dass Entwickler in vielen Anwendungen nicht mehr Schaltungen aus einfachen Komponenten bauten, sondern stattdessen mittels Mikroprozessoren eine Menge Intelligenz in ihre Produkte steckten. Software ersetzte viele Stunden elektronischen Designs und erlaubte einen kürzeren Tüftel-Zyklus.

Als ich zurückkam, begann ich Geld zu sparen, denn ich wollte einen Computer kaufen und Programmieren lernen.

Danach war mein erstes und wichtigstes Projekt der Einsatz meines nagelneuen ZX81-Computers für die Steuerung einer Schweißmaschine. Ich weiß, das klingt nicht gerade nach einem sehr spannenden Projekt, aber es bestand der Bedarf danach, und für mich war es eine großartige Herausforderung, da ich gerade erst das Programmieren erlernt hatte. Zu diesem Zeitpunkt wurde mir klar, dass das Schreiben von Codezeilen weniger Zeit erforderte als das Modifizieren komplexer Schaltungen.

Viele Jahre später entdeckte ich meine Leidenschaft dafür, Menschen, die keine Verbindung zu den Bereichen Elektronik oder Programmieren haben, auf dem Gebiet der Technik zu unterrichten. Zu lernen, wie digitale Technik funktioniert, ist unglaublich konstruktiv, um die heutige Welt zu verstehen und positiv zu beeinflussen.

– Massimo

Danksagung von Massimo Banzi

Dieses Buch ist Ombretta gewidmet.

Danksagung von Michael Shiloh

Dieses Buch ist meinem Bruder und meinen Eltern gewidmet.

Ich möchte zunächst einmal Massimo danken, dass er mich zur Arbeit an der dritten Ausgabe dieses Buches eingeladen hat und auch für die Einladung zu Arduino im Allgemeinen. Es ist mir eine wirkliche Ehre gewesen, und es hat mir Freude bereitet, an diesem Projekt mitzuwirken.

Brian Jepson für Anleitung, Übersicht, Ermutigung und Unterstützung. Frank Teng, der mich auf Trab hielt. Kim Cofer und Nicole Shelby für ihre wundervolle Arbeit beim Lektorat beziehungsweise bei der Produktion.

Meiner Tochter Yasmine dafür, dass sie so viel von mir hält, für ihre niemals endende Unterstützung und Ermutigung, meine Interessen zu verfolgen, und dafür, dass sie immer noch denkt, ich sei irgendwie cool, auch wenn ich ihr Vater bin. Ich hätte es nicht ohne ihre Unterstützung geschafft.

Zu guter Letzt danke ich meiner Partnerin Judy Aime' Castro für die endlosen Stunden, die sie damit verbrachte, meine Kritzeleien in ansprechende Illustrationen zu verwandeln, für die Besprechung diverser Aspekte des Buches und für ihre grenzenlose Geduld mit mir. Auch ohne ihre Unterstützung hätte ich es nicht geschafft.

In diesem Buch verwendete Konventionen

Die folgenden typografischen Konventionen werden in diesem Buch verwendet:

Kursiv
Markiert neue Begriffe, URLs, E-Mail-Adressen, Dateinamen und Dateierweiterungen.

`Feste Breite`
Für Programmlisten sowie innerhalb von Absätzen zum Bezug auf Programmelemente wie Variablen oder Funktionsnamen, Datenbanken, Datentypen, Umgebungsvariablen, Anweisungen und Stichworte verwendet. Die dafür verwendete Schrifttype arbeitet mit Zeichen, die alle die gleiche Breite aufweisen, so wie die Zeichensätze vieler Terminalfenster.

`Feste Breite Fettdruck`
Zeigt Befehle oder anderen Text an, der vom Benutzer zeichengenau eingegeben werden sollte.

`Feste Breite kursiv`
Zeigt Text an, der durch vom Benutzer angegebene oder durch aus dem Zusammenhang bestimmte Werte ersetzt werden sollte.

Dieses Symbol markiert einen Tipp, eine Anregung oder einen allgemeinen Hinweis.

Dieses Symbol zeigt eine Warnung oder Vorsichtsmaßnahme.

Verwendung von Codebeispielen

Dieses Buch ist dafür vorgesehen, dir zu helfen, deine Vorhaben zu erledigen. Im Allgemeinen darfst du den Code in diesem Buch für deine Programme und Dokumentation verwenden. Du brauchst dich nicht bezüglich einer Genehmigung an uns zu wenden, es sei denn, du reproduzierst einen bedeutenden Teil des Codes. Das Schreiben eines Programms beispielsweise, das zahlreiche Brocken des Codes aus diesem Buch verwendet, erfordert keine Genehmigung. Der Verkauf oder Vertrieb einer CD-ROM mit Beispielen aus Make:-Büchern erfordert hingegen eine Genehmigung. Die Beantwortung einer Frage durch Zitieren aus diesem Buch und Angabe von Beispielcode erfordert keine Genehmigung. Die Integration eines erheblichen Teils von Beispielcode aus diesem Buch in der Dokumentation zu deinem Produkt erfordert wiederum eine Genehmigung.

Wir schätzen es, wenn ihr das Buch als Quelle angebt, fordern diese aber nicht. Eine Zuschreibung umfasst in der Regel den Titel, den Autor, den Verlag und die ISBN. Zum Beispiel: »*Arduino – dein Einstieg, Übersetzung der 4. US-Auflage*, von Massimo Banzi und Michael Shiloh, dpunkt. verlag GmbH. Copyright für die deutsche Ausgabe © 2023 dpunkt.verlag GmbH, ISBN Print: 978-3-86490-913-9«.

Wenn du der Ansicht bist, dass deine Nutzung von Code den Rahmen der fairen Nutzung übersteigt, wende dich gern an den Verlag der Originalausgabe unter *books@make.co*.

1 Einleitung

Arduino ist eine Open-Source-*Physical-Computing*-Plattform zur Verwirklichung interaktiver Projekte, die unabhängig oder mit dem Internet verbunden sind. Arduino war ursprünglich für Künstler, Designer usw. konzipiert, die Physical Computing in ihre Entwürfe integrieren wollten, ohne dafür erst Elektroingenieure werden zu müssen. Später wurde daraus die bevorzugte Plattform für buchstäblich Millionen von Menschen, die mithilfe digitaler Technik Innovationen vorantreiben wollten.

Die Arduino-Hardware und -Software sind quelloffen, d.h. Open Source. Die Open-Source-Philosophie fördert eine Community, die ihr Wissen großzügig teilt. Für Anfänger ist das toll, da Hilfe häufig schon in geografischer Nähe und online immer zur Verfügung steht, auf vielen verschiedenen Kompetenzniveaus und zu einer verblüffenden Bandbreite an Themen. Beispielprojekte werden nicht nur mit den Bildern des fertigen Projekts präsentiert, sondern umfassen Anleitungen für den Eigenbau oder als Startpunkt für die Integration in deine Weiterentwicklung oder verwandte Projekte.

Die auf den Namen »Integrated Development Environment« (Integrierte Entwicklungsumgebung; IDE) hörende Arduino-Software ist kostenlos. Du kannst sie auf *www.arduino.cc* herunterladen. Die Arduino-IDE basiert auf der Programmiersprache Processing, die entwickelt wurde, um Künstlern bei der Kreation von Computerkunst zu helfen, ohne dass sie erst Softwareentwickler werden müssen (*http://www.processing.org*). Die Arduino-IDE kann auf Windows, macOS und Linux laufen.

Das Arduino-Uno-Board ist kostengünstig (rund 23 €) und gewöhnlichen Anfängerfehlern gegenüber recht tolerant. Wenn du es irgendwie schaffst, die Hauptkomponente des Arduino Uno zu beschädigen, lässt sie sich für gerade mal 4 € austauschen.

Das Arduino-Projekt wurde in einer Bildungsumgebung entwickelt und ist ein sehr beliebtes Lehrmittel. Dieselbe Open-Source-Philosophie, die die Community schuf, die großzügig Informationen, Antworten und Projekte teilt, führt dazu, dass auch Lehrmethoden, Lehrpläne und andere Informationen geteilt werden.

Da die Arduino-Hard- und -Software quelloffen sind, kannst du das Arduino-Hardwaredesign herunterladen und deinen eigenen bauen oder ihn als Startpunkt für dein eigenes Projekt verwenden, das vom Design her auf Arduino basiert (oder diesen integriert), oder du benutzt es nur, um zu verstehen, wie Arduino funktioniert. Mit der Software kannst du ebenso vorgehen.

Arduino ist für den einfachen Gebrauch vorgesehen, und dieses Buch soll Anfängern ohne Vorerfahrung helfen, direkt mit Arduino loszulegen.

Zielpublikum

Dieses Buch wurde für Anfänger geschrieben – Leute, die lernen wollen, etwas mit Elektronik und Programmieren zu erschaffen, ohne einen technischen Hintergrund zu haben. Deshalb versucht es, Dinge auf eine Weise zu erklären, die manchen Ingenieur sicher in den Wahnsinn treiben würde. Einer von ihnen bezeichnete die einführenden Kapitel der ersten Ausgabe übrigens als »alberne Flausen«. Das ist genau der Punkt. Seien wir ehrlich: Etwas gut zu können und etwas gut erklären zu können, sind zwei Paar Stiefel. Wenn es Flausen sind, die Millionen von Menschen etwas verständlich machen und sie dadurch befähigen, dann haben wir hoffentlich massenhaft Flausen im Kopf.

Dieses Buch ist nicht als Lehrbuch über Elektronik oder Programmieren gedacht, dennoch wirst du beim Lesen etwas zu Elektronik und über Programmieren lernen.

> *Als Arduino allmählich populär wurde, fiel mir auf, wie alle möglichen Experimentatoren, Bastler und Hacker begannen, ihn zum Schaffen schöner und verrückter Objekte einzusetzen. Mir wurde bewusst, dass ihr alle auf eure eigene Art und Weise Künstler und Designer seid, und daher ist dieses Buch auch für euch.*
>
> *– Massimo*

Arduino baut auf der Dissertation von Hernando Barragán über die Wiring-Plattform auf, die er während des Studiums bei Casey Reas und Massimo am Interaction Design Institute Ivrea (IDII) schrieb.

Was ist Interaktionsdesign?

Arduino wurde aus der Taufe gehoben, um Interaktionsdesign zu lehren, eine Design-Disziplin, die das Prototyping in den Mittelpunkt ihrer Methodologie stellt. Es gibt viele Definitionen für Interaktionsdesign, aber eine, die wir bevorzugen, lautet:

Interaktionsdesign ist das Design jedes beliebigen interaktiven Erlebnisses.

Heutzutage beschäftigt sich Interaktionsdesign mit der Gestaltung bedeutungsvoller Erlebnisse zwischen uns (Menschen) und Objekten. Es ist eine gute Möglichkeit, um die Entwicklung schöner – und vielleicht sogar kontroverser – Erfahrungen zwischen uns und Technik zu erforschen. Interaktionsdesign fördert Design durch einen schrittweisen Prozess, basierend auf Prototypen zunehmender Realitätsnähe. Diese Vorgehensweise – auch Teil mancher Arten konventionellen Designs – lässt sich mit dem Einschluss des Prototypings in Technologie erweitern, insbesondere Prototyping mit Elektronik.

Das spezifische Feld des mit Arduino verbundenen Interaktionsdesigns wird häufig *Physical Computing* (oder *Physikalisches Interaktionsdesign*) genannt.

Was ist Physical Computing?

Physical Computing nutzt Elektronik zum Aufbau neuer und innovativer Geräte. Es schließt das Design interaktiver Objekte ein, die mittels Sensoren und Aktoren, deren Verhalten über eine in einem *Mikrocontroller* (ein kleiner Computer auf einem einzelnen Chip) laufende implementierte Software gesteuert wird, mit Menschen kommunizieren können.

In der Vergangenheit bedeutete der Einsatz von Elektronik, dass man sich ständig mit Ingenieuren herumschlagen musste und Schaltungen nur mit einer kleinen Komponente nach der anderen baute; diese Probleme hielten kreative Leute davon ab, direkt mit dem Medium herumzuspielen. Die meisten Tools waren für Ingenieure gedacht und erforderten umfassende Kenntnisse.

In den vergangenen Jahren sind Mikrocontroller billiger und einfacher in der Anwendung geworden. Gleichzeitig sind Computer schneller und leistungsstärker geworden, was das Herstellen besserer (und einfacherer) Entwicklungstools ermöglichte.

Mit Arduino haben wir es geschafft, Neulingen diese Tools ein Stück näherzubringen, da die Leute bereits nach nur einem oder zwei Workshop-Tagen oder mithilfe dieses Buchs damit beginnen können, etwas zusammenzubauen. Mit Arduino kann ein Anfänger die Grundlagen der Elektronik und Sensoren sehr schnell kennenlernen und kann ohne großen Aufwand mit dem Bau von Prototypen beginnen.

2 Der Arduino-Weg

Der Arduino-Weg ist eine Philosophie, die darauf basiert, Dinge zu *tun*, statt darüber zu reden. Er ist eine ständige Suche nach schnelleren und leistungsstärkeren Methoden, bessere Prototypen zu bauen. Wir haben viele Prototyping-Techniken erforscht und Wege entwickelt, mit unseren Händen zu denken.

Klassische Technik vertraut auf ein striktes Verfahren, um von A nach B zu kommen; der Arduino-Weg erfreut sich an der Möglichkeit, sich unterwegs zu verlaufen und stattdessen C zu finden.

Der Arduino-Weg ist der Prozess des Herumtüftelns, den wir so liebgewonnen haben – das Spielen mit dem Medium auf eine ergebnisoffene Art und Weise und das Auffinden des Unerwarteten. Bei dieser Suche nach Wegen, bessere Prototypen zu bauen, haben wir eine Reihe von Softwarepaketen ausgewählt, die uns ständige Modifikationen im Software- und Hardwarebereich ermöglichen.

Die nächsten Abschnitte stellen einige Philosophien, Ereignisse und Pioniere vor, die auf dem Arduino-Weg für Inspiration gesorgt haben.

Prototyping

Prototyping ist im Kern des Arduino-Wegs verankert: Wir machen Dinge und bauen Objekte, die mit Objekten, Menschen und Netzwerken interagieren. Wir streben danach, einen einfacheren, schnelleren und billigeren Weg des Prototypings zu finden.

Viele Anfänger, die zum ersten Mal mit Elektronik zu tun haben, denken, sie müssen lernen, alles von Grund auf aufzubauen. Das ist Energieverschwendung: Eigentlich willst du nur möglichst schnell die Bestätigung, dass etwas funktioniert, um motiviert zu sein, einen Schritt weiter zu gehen – oder besser noch jemand anderen zu motivieren, dir eine Menge Bares zu geben, diesen nächsten Schritt zu tun.

Deshalb haben wir das *opportunistische Prototyping* entwickelt: Warum Zeit und Energie mit dem Bau von Grund auf verbringen, einem Prozess, der Zeit und tiefgreifende technische Kenntnisse erfordert, wenn wir fertige Geräte nehmen und diese hacken können, um die von großen Unternehmen und guten Ingenieuren bereits erledigte harte Arbeit auszunutzen?

Tüfteln

Wir glauben, dass es ganz wichtig ist, mit Technik zu spielen, direkt auf Hardware und in Software verschiedene Möglichkeiten zu erkunden, manchmal ohne ein klar umrissenes Ziel.

Die Wiederverwendung vorhandener Technik ist eine der besten Methoden des Tüftelns. Billiges Spielzeug oder alte, ausrangierte Geräte nehmen und hacken, damit sie etwas Neues tun, ist oftmals der beste Weg zu großartigen Ergebnissen.

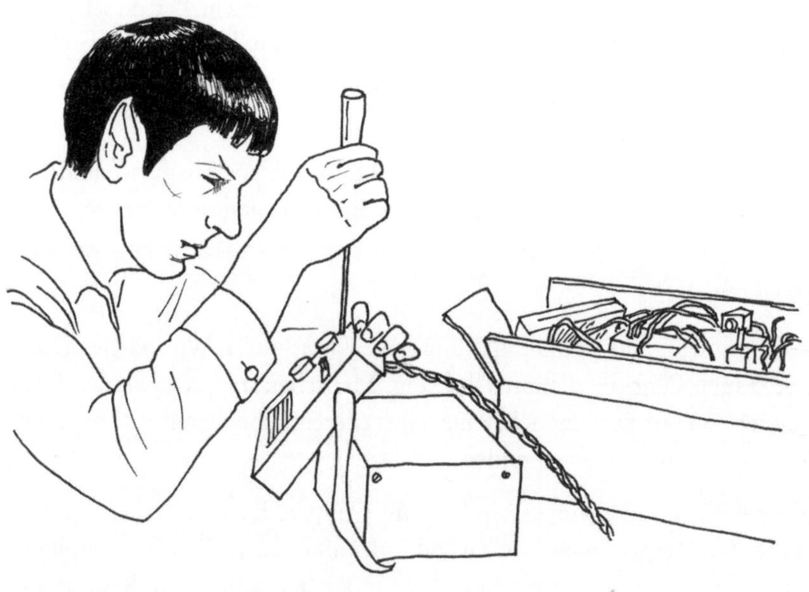

Wir lieben Schrott!

Menschen werfen heutzutage eine Menge Technik weg: alte Drucker, Computer, merkwürdige Büromaschinen, technische Ausrüstung und sogar eine Menge militärisches Zeug. Es gab immer einen großen Markt für diese überflüssig gewordene Technik, insbesondere unter jungen und/oder ärmeren Makern und jenen, die gerade erst loslegten. Dieser Markt wurde in Ivrea offensichtlich, wo wir Arduino entwickelten. Die Stadt war mal der Hauptsitz der Firma Olivetti. Sie stellte seit den 1960er-Jahren Computer her; Mitte der 1990er warfen sie alles auf die Müllkippen der Gegend. Diese sind voll von Computerteilen, Elektronikkomponenten und merkwürdigen Geräten aller Art. Wir haben dort zahllose Stunden verbracht, für ein paar Euro alle möglichen Apparate gekauft und sie in unsere Prototypen eingepasst. Wenn du tausend Lautsprecher für sehr wenig Geld kaufen kannst, dann kommt am Ende ganz sicher irgendeine Idee dabei raus. Sammle Schrott und wühle ihn durch, bevor du etwas von Grund auf neu aufbaust.

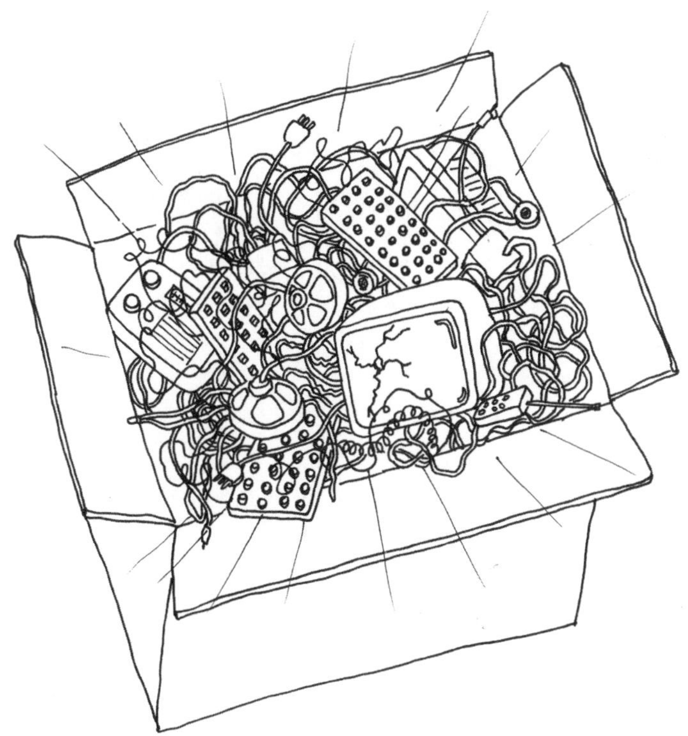

Hacken von Spielzeug

Spielzeug ist eine fantastische Quelle billiger Technik zum Hacken und Wiederverwenden. Mit der Flut Tausender billiger Hightech-Spielzeuge aus China, kannst du mit miauenden Plastikkatzen und ein paar Lichtschwertern schnell Ideen entwickeln.

> *Ich habe das einige Jahre gemacht, um meinen Studenten klarzumachen, dass Technik nichts Furchteinflößendes hat und auch nicht schwierig zu begreifen ist. Eine meiner Lieblingsquellen ist die Broschüre »Low Tech Sensors and Actuators« von Usman Haque und Adam Somlai-Fischer (http://lowtech.propositions.org.uk). Meiner Ansicht nach ist in dem Handbuch diese Methode perfekt beschrieben, und ich nutze es ständig.*
>
> *– Massimo*

Kooperation

Die Kooperation der Nutzer ist eines der Hauptprinzipien in der Arduino-Welt – über das Forum auf *forum.arduino.cc* helfen sich Leute aus aller Welt beim Erkunden der Plattform. Wir haben auch eine Website mit dem Namen »Project Hub« eingerichtet, wo Nutzer ihr Projekt dokumentieren und es anderen Nutzern zum Nachbau zur Verfügung stellen (*https://create.arduino.cc/projecthub*). Es ist toll, zu sehen, wie viel Informationen diese Leute im Web bereitstellen, damit alle es nutzen können.

3 Die Arduino-Plattform

Arduino besteht aus zwei wesentlichen Teilen: einem Arduino-Board, die Hardware, auf der du arbeitest, wenn du deine Objekte baust, und der Arduino *Integrated Development Environment* oder IDE (Integrierte Entwicklungsumgebung), die Software, die du auf deinem Computer betreibst. Du benutzt die IDE zum Erstellen eines *Sketchs* (ein kleines Computerprogramm), das du auf das Arduino-Board hochlädst. Der Sketch sagt dem Board, was es tun soll.

Vor nicht allzu langer Zeit bedeutete die Arbeit an der Hardware den Bau von Schaltungen von Grund auf, unter Einsatz hunderter verschiedener Komponenten mit fremdartigen Namen wie Widerstand, Kondensator, Induktor, Transistor und so weiter. Jede Schaltung war für die Ausführung einer bestimmten Anwendung verdrahtet, und eine Änderung der Schaltung erforderte das Zerschneiden von Drähten, das Löten von Anschlüssen und vieles mehr.

Mit dem Auftauchen digitaler Technik und Mikroprozessoren wurden diese Funktionen, die einmal mit Drähten implementiert wurden, durch Software ersetzt. Software lässt sich leichter modifizieren als Hardware. Mit wenigen Tastatureingaben kann man die Logik eines Gerätes radikal verändern und zwei oder drei Versionen in derselben Zeit ausprobieren, die zum Löten einiger Widerstände nötig wäre.

Die Arduino-Hardware

Das Arduino-Board ist eine kleine Mikrocontroller-Platine – eine kleine Schaltung (die Platine), der einen ganzen Computer auf einem kleinen Chip (der Mikrocontroller) enthält.

Dieser Computer ist mindestens tausend Mal weniger leistungsstark als das MacBook, das ich zum Schreiben dieser Zeilen verwende, aber er ist erheblich billiger und sehr nützlich für den Bau interessanter Geräte.

– Massimo

Schau dir die Mitte des Arduino-Uno-Boards an: Dort siehst du ein rechteckiges, schwarzes Kunststoffteil mit 28 »Beinen« (oder möglicherweise ein winziges quadratisches Kunststoffteil, wenn du die SMD-Ausführung hast) – dieser Chip ist der ATmega328, das Herzstück deines Boards.

Tatsächlich gibt es eine Vielfalt an Arduino-Boards, aber das weitaus am häufigsten anzutreffende ist der hier beschriebene Arduino Uno. In Kapitel 9 bieten wir eine kurze Übersicht zur gesamten Arduino-Familie inklusive der Unterschiede der ARM-Familie gegenüber den AVR-Boards.

Wir (das Arduino-Team) haben auf diesem Board alle Komponenten angeordnet, die für die korrekte Funktion des Mikrocontrollers und für die Kommunikation mit deinem Computer benötigt werden. Die Version des in diesem Buch am häufigsten verwendeten Boards ist der Arduino Uno, der sich am einfachsten nutzen lässt und sich am besten zum Lernen eignet. Fast alles, über das wir sprechen werden, bezieht sich auf alle Arduinos, inklusive der neuesten, aber auch der früheren Versionen.

In Abb. 3–1 siehst du, dass der Arduino auf der Ober- und der Unterseite eine Reihe von Streifen mit einer Menge Kennzeichnungen aufweist. Diese Streifen sind die Anschlüsse, die zum Anschließen von *Sensoren* und *Aktoren* verwendet werden. (Ein Sensor erkennt etwas in der physischen Welt und wandelt es in ein Signal um, das ein Computer verstehen kann, während ein Aktor ein Signal eines Computers in eine Handlung in der physischen Welt umwandelt. Du lernst weiter hinten in diesem Buch mehr zu Sensoren und Aktoren.)

Auf den ersten Blick können all diese Anschlüsse etwas verwirrend wirken. Hier ist eine Erklärung zu den Eingabe- und Ausgabe-Pins, deren Anwendung du in diesem Buch erlernen wirst. Mach dir keine Sorgen, wenn du nach dem Lesen dieser Zeilen immer noch verwirrt bist – in diesem Buch gibt es viele neue Konzepte, und du wirst etwas Zeit brauchen, dich damit vertraut zu machen. Wir wiederholen die Erläuterungen an anderer Stelle immer mal wieder, und sie werden besonders dann einen Sinn ergeben, sobald du beginnst, Schaltungen zu bauen, und die Ergebnisse siehst.

14 digitale I/O-(Eingangs-/Ausgangs-)Pins, nummeriert 0–13
Diese Pins können entweder Eingänge oder Ausgänge sein. Eingänge werden zum Lesen von Informationen von Sensoren verwendet, während Ausgänge zum Steuern von Aktoren genutzt werden. Du bestimmst die Richtung (ein oder aus) im Sketch, den du in der IDE erstellst. Digitale Eingänge können nur einen von zwei Werten lesen, und digitale Ausgänge können nur einen von zwei Werten (HIGH und LOW) ausgeben.

6 analoge Ein-Pins (Pins 0–5)
Die analogen Eingangs-Pins werden zum Lesen von Spannungsmessungen von analogen Sensoren verwendet. Im Gegensatz zu digitalen Eingängen, die nur zwischen zwei verschiedenen Niveaus (HIGH und LOW) unterscheiden können, können analoge Eingänge 1.024 verschiedene Spannungsniveaus messen.

6 analoge Aus-Pins (Pins 3, 5, 6, 9, 10 und 11)
Das hier sind faktisch sechs der digitalen Pins, die eine dritte Funktion ausführen können: Sie können eine analoge Ausgabe liefern. Wie bei den digitalen I/O-Pins kannst du angeben, was der Pin in deinem Sketch bewirken soll.

Das Board kann vom USB-Port deines Computers, über die meisten USB-Ladegeräte oder einen Wechselstrom-Adapter (9 Volt werden empfohlen, 2,1-mm-Hohlstecker, Pluspol am Innenstift) mit Strom versorgt werden. Wenn Arduino Strom über den Stromanschluss zugeführt wird, wird es diesen verwenden, und wenn am Stromanschluss kein Strom fließt, verwendet Arduino Strom von der USB-Buchse. Am sichersten ist es, sowohl Strom am Stromanschluss als auch an der USB-Buchse zu haben.

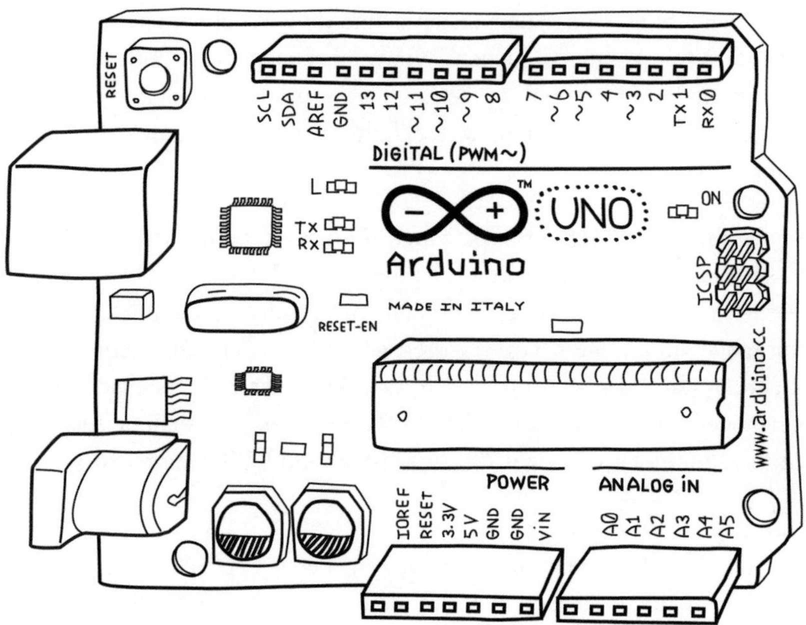

Abb. 3–1 Der Arduino Uno

Die Software der Integrierten Entwicklungsumgebung (IDE, vom Englischen »Integrated Development Environment«)

Die IDE ist ein spezielles Programm, das auf deinem Computer läuft und es dir ermöglicht, Sketches für das Arduino-Board in einer einfachen Sprache zu schreiben, die der Programmiersprache Processing nachempfunden ist. Der Zauber beginnt, wenn du die Schaltfläche anklickst, die den Sketch auf das Board lädst: Der von dir geschriebene Code wird in die Sprache C übersetzt (die im Allgemeinen von einem Anfänger recht schwer zu nutzen ist) und an den *AVR-GCC-Compiler* geleitet, einem wichtigen Bestandteil der Open-Source-Software, der die abschließende Übersetzung in die vom Mikrocontroller verstandene Sprache vornimmt. Dieser letzte Schritt ist ziemlich wichtig, weil Arduino hier dein Leben erleichtert, indem die meisten Komplexitäten des Programmierens von Mikrocontrollern verborgen werden.

Der Programmierzyklus in Arduino sieht im Grunde wie folgt aus:

1. Verbinde dein Board mit einem USB-Port deines Computers.
2. Schreib einen Sketch, der das Board zum Leben erweckt.
3. Lade diesen Sketch über die USB-Verbindung auf das Board und warte ein paar Sekunden auf den Neustart des Boards.
4. Schau zu, wie das Board den von dir geschriebenen Sketch ausführt.

Installation von Arduino auf deinem Computer

Zum Programmieren des Arduino-Boards musst du zuerst die IDE durch Herunterladen der betreffenden Datei von der Arduino-Website installieren (*https://www.arduino.cc/en/software*). Wähle die richtige Version deines Betriebssystems. (Für Windows wählst du die Option *Win 7 and Newer.*) Auf der nächsten Seite der Website kannst du entscheiden, ob du die Arduino-IDE finanziell unterstützen möchtest, aber du kannst auch einfach die Schaltfläche »*JUST DOWNLOAD*« anklicken. Speichere die Datei und fahre dann mit den entsprechenden Anweisungen in den folgenden Abschnitten fort.

> *www.arduino.cc* stellt eine der bedeutendsten Anlaufstellen im Web rund um den Arduino dar. Auf der Website findest du viele Informationen und Download-Links, ein Online-Forum und den Arduino-Store. Einige Inhalte sind in deutscher Sprache verfügbar. Wird in diesem Buch der Arduino-Store oder die Arduino-Website genannt, ist diese Adresse gemeint

Installation der IDE: macOS

Sobald das Herunterladen der Datei beendet ist, wird sie je nach Browsereinstellungen entweder automatisch entpackt oder du musst sie manuell entpacken, in der Regel durch Doppelklick.

Ziehe die Arduino-Anwendung in deinen *Anwendungen-Ordner*.

Konfigurieren der Treiber: macOS

Der Arduino Uno verwendet einen vom macOS-Betriebssystem bereitgestellten Treiber, sodass es nichts zu installieren gibt.

Nun, da die IDE installiert ist, verbinde deinen Arduino Uno mittels USB-Kabel mit deinem Mac.

Die grüne LED auf dem Board mit der Kennzeichnung *PWR* sollte aufleuchten, und die gelbe LED mit der Kennzeichnung *L* sollte zu blinken beginnen.

Du siehst möglicherweise ein Pop-up-Fenster, das dir meldet, dass eine neue Netzwerkschnittstelle erkannt worden ist.

Wenn das passiert, klicke auf die Systemeinstellung *Netzwerk*, und wenn sie sich öffnen, klicke auf *Anwenden*. Der Uno wird als Not Configured angezeigt, funktioniert aber einwandfrei. Verlasse die Systemeinstellungen.

Jetzt, da du die Software konfiguriert hast, musst du den korrekten Port für die Kommunikation mit dem Arduino Uno wählen.

Port-Identifizierung: macOS

Aktiviere die Arduino-IDE, entweder über den *Anwendungen*-Ordner oder mithilfe von Spotlight.

Wähle im Tools-Menü der Arduino-IDE Serial Port und wähle dann den Port, der mit */dev/cu.usbmodem* oder */dev/tty.usbmodem* beginnt. Hinter dem Port-Namen steht wahrscheinlich auch Arduino/Genuino Uno. Beide Ports beziehen sich auf dein Arduino-Board, und es macht keinen Unterschied, welchen du wählst.

Abb. 3–2 zeigt die Liste der Ports.

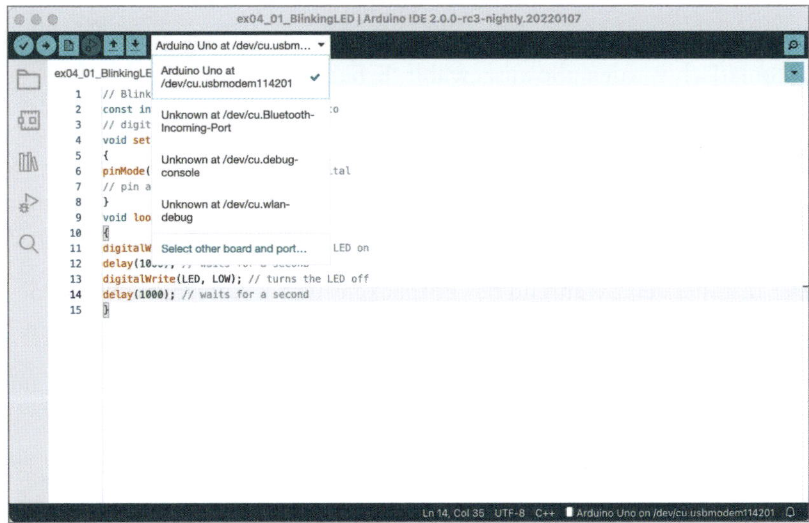

Abb. 3–2 Die Liste serieller Ports unter macOS in der Arduino-IDE

Du hast es fast geschafft! Abschließend musst du prüfen, ob Arduino für den Typ des von dir verwendeten Boards konfiguriert ist.

Wähle im Tools-Menü der Arduino-IDE *Board* und dann *Arduino Uno*. Wenn du ein anderes Board hast, musst du diesen Board-Typ wählen (der Name des Boards ist neben dem Arduino-Symbol aufgedruckt).

Glückwunsch! Deine Arduino-Software ist installiert, konfiguriert und einsatzbereit. Du kannst zu *Kapitel 4* gehen.

Wenn du bei einem dieser Schritte Probleme hast, schau in Kapitel 11 zur Fehlerbehebung nach.

Installation der IDE: Windows

Sobald das Herunterladen der Datei beendet ist, öffne mit einem Doppelklick den Installer.

Dir wird eine Lizenz gezeigt. Lies die Lizenz durch, und wenn du ihr zustimmst, klicke auf die Schaltfläche *I Agree*.

Es wird dir eine Liste zu installierender Komponenten angezeigt, und automatisch werden alle ausgewählt. Behalte die Auswahl bei und klicke auf *Next*.

Du wirst um die Auswahl eines Installationsordners gebeten, und der Installer macht automatisch einen Vorschlag. Sofern du keinen guten Grund gegen diesen hast, akzeptiere den Vorschlag und klicke auf *Install*.

Der Installer zeigt während des Entpackens und Installierens der Dateien den Fortschritt an.

Nach dem Installieren der Dateien öffnet sich ein Fenster und bittet um Erlaubnis zum Installieren der Treiber. Klicke auf *Install*.

Sobald der Installer fertig ist, klicke zum Beenden *Schließen*.

Konfigurieren der Treiber: Windows

Nun, da die IDE installiert ist, verbinde deinen Arduino Uno mittels USB-Kabel mit deinem Computer.

Die grüne LED auf dem Board mit der Kennzeichnung *PWR* sollte aufleuchten, und die gelbe LED mit der Kennzeichnung *L* sollte zu blinken beginnen.

Das Fenster des Hardware-Assistenten öffnet sich, und Windows sollte automatisch die korrekten Treiber finden.

Wenn du bei einem dieser Schritte Probleme hast, schau dir »Probleme beim Installieren der Treiber in Windows« auf Seite 222 in Kapitel 11 an.

Jetzt, da der Treiber konfiguriert worden ist, musst du den korrekten Port für die Kommunikation mit dem Arduino Uno wählen.

Port-Identifizierung: Windows

Aktiviere die Arduino-IDE, entweder mit einem Desktop-Shortcut oder aus dem Startmenü heraus.

Wähle im Tools-Menü in der Arduino-IDE den seriellen Port. Du siehst einen oder mehrere COM-Ports mit unterschiedlichen Nummern. An einem der Ports steht wahrscheinlich *Arduino/Genuino Uno* hinter dem Namen des Ports. Das ist der zu wählende Port.

Wenn keiner der Ports Arduino/Genuino Uno, gefolgt vom Namen des Ports, nennt, dann gibt es einen alternativen Weg, um den korrekten Port zu identifizieren:

1. Notiere dir, welche Nummern zur Verfügung stehen.
2. Trenne die Verbindung zwischen deinem Arduino und deinem Computer, schau dir die Liste der Ports erneut an und stelle fest, welcher COM-Port verschwindet. Verbinde deinen Arduino wieder und wähle den Port, der erscheint.
   (Es kann einen Moment dauern, bis der Port verschwindet, und du musst eventuell das Tools-Menü verlassen und neu öffnen, um die Liste der Ports zu aktualisieren.)

Wenn du Probleme hast, den von deinem Arduino Uno verwendeten COM-Port zu identifizieren, dann schau unter »Identifizieren des Arduino-COM-Ports in Windows« auf Seite 223 in Kapitel 11 nach.

Sobald du die COM-Port-Zuweisung geklärt hast, kannst du diesen Port aus dem Menü *Tools → Serial Port* in der Arduino-IDE auswählen.

Du hast es fast geschafft! Abschließend musst du prüfen, ob Arduino für den Typ deines Boards konfiguriert ist.

Wähle im Tools-Menü der Arduino-IDE *Board* und dann *Arduino Uno*. Wenn du ein anderes Board hast, musst du diesen Board-Typ wählen (der Name des Boards ist neben dem Arduino-Symbol aufgedruckt).

Installation der IDE: Linux

Sobald das Herunterladen der Datei abgeschlossen ist, geh zu dem Ordner, in den die Datei heruntergeladen wurde. Das ist normalerweise:

```
~/Downloads
```

Entpacke dann die Datei, indem du eintippst:

```
tar xf arduino-ide_2.0.0-rc3_Linux_64bit.tar.xz
```

(oder wie auch immer der Name der heruntergeladenen Datei lautet). Das dauert einige Sekunden, in denen nichts angezeigt wird. Nach dem Abschluss findest du einen neuen Ordner vor:

```
arduino-ide_2.0.0-rc3_Linux_64bit
```

Verschiebe diesen Ordner, wohin du willst, z.B. in deinen *Home*-Ordner, indem du eintippst:

```
mv arduino-ide_2.0.0-rc3_Linux_64bit ~
```

Konfigurieren der Treiber: Linux

Der Arduino Uno verwendet einen vom Linux-Betriebssystem bereitgestellten Treiber, sodass es nichts zu installieren gibt.

Genehmigungserteilung an den seriellen Ports: Linux

Die vom Arduino verwendeten seriellen Ports sind normalerweise auf die Administratoren beschränkt, sodass du dir selbst die Genehmigung erteilen musst, diese seriellen Ports zu verwenden. Dies erreichst du, indem du dich selbst durch folgende Eingabe zur Gruppe `dial out` hinzufügst:

```
sudo usermod -a -G dialout $USER
```

Du wirst um Angabe eines Passworts zur Authentifizierung gebeten. Nach der Eingabe deines Passworts ist der Befehl abgeschlossen, es tritt aber erst in Kraft, wenn du die nächste Sitzung neu startest. Logge dich daher aus und wieder ein, oder starte neu.

Jetzt, da du die Software installiert hast, musst du den korrekten Port für die Kommunikation mit dem Arduino Uno wählen.

Port-Identifizierung: Linux

Ruf die Arduino-IDE auf, indem du eintippst:

```
~/arduino-ide_2.0.0-rc3_Linux_64bit/arduino
```

Wähle im Tools-Menü in der Arduino-IDE den seriellen Port. Du wirst einen oder mehrere serielle Ports mit Namen wie */dev/tty* sehen. An einem der Ports steht *Arduino/Genuino Uno* hinter dem Namen des Ports. Das ist der zu wählende Port.

Sobald du die Zuweisung des seriellen Ports geklärt hast, kannst du diesen Port aus dem Menü *Tools → Serieller Port* in der Arduino-IDE auswählen.

Du hast es fast geschafft! Abschließend musst du prüfen, ob Arduino für den Typ deines Boards konfiguriert ist.

Wähle im Tools-Menü der Arduino-IDE *Board* und dann *Arduino Uno*. Wenn du ein anderes Board hast, musst du diesen Board-Typ wählen (der Name des Boards ist neben dem Arduino-Symbol aufgedruckt).

Glückwunsch! Deine Arduino-Software ist installiert, konfiguriert und einsatzbereit. Du kannst nun zu *Kapitel 4* übergehen.

4 Jetzt geht es wirklich los mit Arduino

Jetzt wirst du lernen, wie man ein interaktives Gerät baut und programmiert.

Anatomie eines interaktiven Gerätes

Alle Objekte, die wir unter Verwendung von Arduino bauen werden, folgen einem ganz einfachen Muster, das wir *interaktives Gerät* nennen. Das interaktive Gerät ist eine elektronische Schaltung, die die Umwelt mithilfe von *Sensoren* (elektronische Komponenten, die Messwerte aus der realen Welt in elektrische Signale umwandeln) erkennen kann. Das Gerät verarbeitet diese Informationen, die es von den Sensoren erhält, mit dem Verhalten, das in der Software beschrieben ist. Das Gerät ist dann in der Lage, durch den Einsatz von *Aktoren* (elektronische Komponenten, die ein elektrisches Signal in eine physische Handlung umwandeln) mit der Welt zu interagieren.

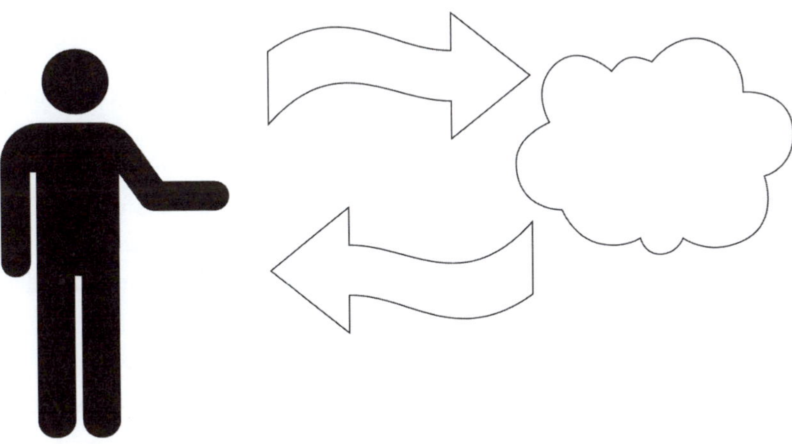

Sensoren und Aktoren

Sensoren und Aktoren sind elektronische Komponenten, die einem Elektronikteil die Interaktion mit der Welt ermöglichen.

Da der Mikrocontroller ein kleiner, einfacher Computer ist, kann er nur elektrische Signale verarbeiten (ein bisschen wie elektrische Impulse, die zwischen Neuronen in unserem Gehirn versendet werden). Damit er Licht, Temperatur oder andere physikalische Mengen erkennen kann, benötigt er etwas, das sie in Elektrizität umwandelt. In unserem Körper wandelt beispielsweise das Auge Licht in Signale um, die mittels Nerven ans Gehirn geschickt werden. In der Elektronik können wir ein einfaches Bauelement namens *Fotowiderstand* (englisch Light Dependent Resistor, *LDR*) nutzen, das die auftreffende Lichtmenge messen und sie als ein Signal melden kann, das vom Mikrocontroller verstanden wird.

Sobald die Sensoren abgelesen worden sind, hat der Widerstand die Information, die er für eine Reaktion benötigt. Für den Entscheidungsfindungsprozess ist der Mikrocontroller zuständig, die Reaktion wird von Aktoren umgesetzt. In unserem Körper empfangen zum Beispiel Muskeln elektrische Signale vom Gehirn und wandeln sie in eine Bewegung um. In der elektronischen Welt könnten diese Funktionen durch eine Lampe oder einen Elektromotor ausgeführt werden.

In den folgenden Abschnitten lernst du, wie du verschiedene Arten von Sensoren liest und unterschiedliche Aktoren steuerst.

Blinkende LED

Der Sketch für die blinkende LED ist das erste Programm, das du laufen lassen solltest, um zu testen, ob dein Arduino-Board korrekt konfiguriert ist. In der Regel ist es auch die allererste Programmierübung, die jemand beim Erlernen des Programmierens eines Mikrocontrollers durchführt. Eine *Leuchtdiode* (LED) ist eine kleine Elektronikkomponente, ähnlich einer Glühbirne, aber effizienter und benötigt weniger Spannung für den Betrieb.

Auf deinem Arduino-Board ist eine LED bereits installiert. Sie ist auf dem Board mit L gekennzeichnet. Diese vorinstallierte LED ist am Pin Nummer 13 angeschlossen. Merk dir diese Nummer, denn wir werden sie später brauchen. Du kannst auch deine eigene LED[1] hinzufügen – schließe sie wie in Abb. 4–1 gezeigt an. Beachte, dass sie an der Anschlussbuchse mit der Nummer 13 eingesteckt wird.

Wenn du die LED längere Zeit leuchten lassen möchtest, solltest du, wie unter »Lichtsteuerung mit PWM« auf Seite 60 beschrieben, einen Widerstand verwenden.

K kennzeichnet die Kathode (negativ) bzw. den kürzeren Draht, A kennzeichnet die Anode (positiv) bzw. den längeren Draht.

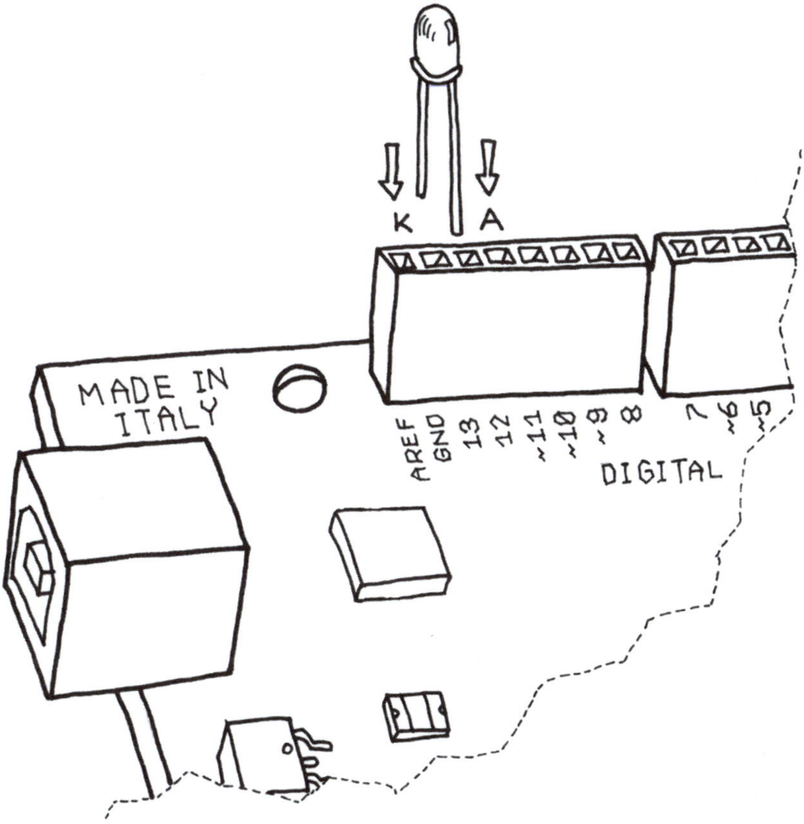

Abb. 4–1 Anschluss einer LED am Arduino

1 LEDs sind in dem im Vorwort genannten Set enthalten.

Sobald die LED angeschlossen ist, musst du Arduino sagen, was es tun soll. Das erfolgt durch Code: eine Liste mit Anweisungen, die du dem Mikrocontroller gibst, damit er tut, was du möchtest. (Die Wörter *Code*, *Programm* und *Sketch* sind alles Begriffe, die sich auf dieselbe Liste mit Anweisungen beziehen.)

Ruf auf deinem Computer die Arduino-IDE auf (auf dem Mac sollte sie im *Anwendungsordner* sein; in Windows findet sich entweder der Shortcut auf deinem Desktop oder im Startmenü). Wähle *File → New*, und du wirst gebeten, einen Namen für den *Sketch*-Ordner zu wählen: Hier wird dein Arduino-Sketch gespeichert. Nenne ihn *Blinkende LED* und klicke auf OK. Gib dann den folgenden Sketch (Beispiel 4–1) in den Arduino Sketch Editor ein (das Hauptfenster der Arduino-IDE). Du kannst ihn auch über den Link für die Beispielcodes von der Katalogseite (*https://makezine.com/go/arduino-4e-github/*) der englischen Originalausgabe des Buches herunterladen.

Du kannst diesen Sketch auch einfach durch Anklicken von *File → Example → 01.Basics → Blink* laden, aber du lernst besser, wenn du ihn selbst eingibst. Das integrierte Beispiel mag ein wenig anders sein, aber im Grunde genommen tut es genau dasselbe.

Es sollte wie in Abb. 4–2 dargestellt erscheinen.

Beispiel 4–1 Blinkende LED

```
// Blinking LED

const int LED = 13; // LED connected to
                    // digital pin 13

void setup()
{
  pinMode(LED, OUTPUT);      // sets the digital
                             // pin as output
}

void loop()
{
  digitalWrite(LED, HIGH);    // turns the LED on
  delay(1000);                // waits for a second
  digitalWrite(LED, LOW);     // turns the LED off
  delay(1000);                // waits for a second
}
```

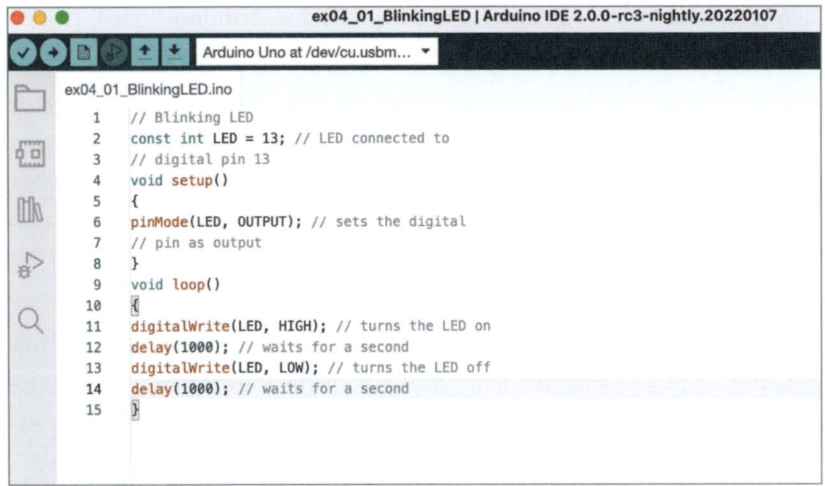

Abb. 4–2 Die Arduino-IDE mit deinem ersten geladenen Sketch

Nun, da der Code in deiner IDE ist, musst du überprüfen, ob er korrekt ist. Klicke auf die Verify-Schaltfläche (Abb. 4–2 zeigt ihre Platzierung – der Haken oben links); wenn alles korrekt ist, siehst du am unteren Rand der Arduino-IDE die Mitteilung »Done compiling«. Diese Mitteilung bedeutet, dass die Arduino-IDE deinen Sketch in ein ausführbares Programm übersetzt hat, das vom Board ausgeführt werden kann – ein bisschen wie eine *.exe*-Datei in Windows oder eine *.app*-Datei auf einem Mac.

Wenn du eine Fehlermeldung erhältst, hast du höchstwahrscheinlich bei der Eingabe des Codes einen Fehler gemacht. Schau jede Zeile sehr sorgfältig durch und prüfe in Bezug auf jedes einzelne Zeichen, insbesondere Symbole wie Klammern, Semikola und Kommata. Achte darauf, dass du Groß- und Kleinschreibung genau kopiert und den Buchstaben O bzw. die Ziffer 0 korrekt verwendet hast.

Sobald dein Code als korrekt bestätigt worden ist, kannst du ihn durch Anklicken der Upload-Schaltfläche neben Verify auf das Board laden (siehe Abb. 4–2). Dies wird die IDE auffordern, den Upload-Vorgang zu beginnen, der zuerst das Arduino-Board zurücksetzt, es zwingt, die aktuelle Tätigkeit einzustellen und auf Anweisungen zu achten, die vom USB-Port kommen. Die Arduino-IDE schickt dann den Sketch an das Arduino-Board, das den Sketch in seinem Dauerspeicher ablegt. Sobald die IDE den gesamten Sketch geschickt hat, beginnt das Arduino-Board, deinen Sketch auszuführen.

Das passiert recht schnell. Wenn du deine Augen auf den unteren Bereich der Arduino-IDE gerichtet hältst, wirst du sehen, wie einige Mitteilungen im schwarzen Bereich unten im Fenster erscheinen, und genau darüber siehst du möglicherweise die Mitteilung »Compiling«, dann »Uploading« und schließlich »Done uploading«, um dich zu informieren, dass der Vorgang korrekt abgeschlossen worden ist.

Auf dem Arduino-Board befinden sich zwei LEDs, gekennzeichnet mit RX und TX; diese leuchten jedes Mal auf, wenn ein Byte vom Board versendet oder empfangen wird. Während des Upload-Vorgangs flackern sie. Das passiert auch sehr schnell; sofern du also nicht zur rechten Zeit dein Arduino-Board anschaust, könntest du es verpassen.

Wenn du die LEDs nicht flackern siehst oder wenn statt »Done uploading« eine Fehlermeldung erscheint, dann liegt ein Kommunikationsproblem zwischen deinem Computer und Arduino vor. Vergewissere dich, dass du im Menü *Tools → Serial Port* den richtigen seriellen Port gewählt hast (siehe Kapitel 3). Prüfe auch das Menü *Tools → Board*, um zu bestätigen, dass dort das korrekte Arduino-Modell gewählt ist.

Wenn du weiterhin Probleme hast, sieh in Kapitel 11 nach.

Sobald der Code in deinem Arduino-Board ist, bleibt er dort, bis du einen anderen Sketch lädst. Der Sketch überlebt, wenn das Board zurückgesetzt oder ausgeschaltet wird, etwa so wie Daten auf der Festplatte deines Computers.

Angenommen, der Sketch ist korrekt hochgeladen worden, dann siehst du, wie sich die LED *L* für eine Sekunde ein- und dann für eine Sekunde ausschaltet. Wenn du, wie zuvor in Abb. 4–1 gezeigt, eine separate LED installiert hast, dann blinkt diese ebenfalls. Was du hier geschrieben und ausgeführt hast, ist ein *Computerprogramm* oder *Sketch*, wie Arduino-Programme genannt werden. Der Arduino ist, wie wir bereits erwähnt haben, ein kleiner Computer, und er kann so programmiert werden, dass er das tut, was du von ihm verlangst. Das erfolgt durch Eingabe einer Reihe von Anweisungen in der Arduino-IDE, die sie dann in eine Anwendung für dein Arduino-Board umwandelt.

Als Nächstes zeigen wir dir, wie man einen Sketch versteht. Zunächst einmal führt Arduino den Code schrittweise von oben nach unten aus, das heißt, die erste Zeile ganz oben wird als erste gelesen; dann bewegt es sich abwärts, so wie du dieses Buch liest, vom Anfang jeder Seite bis zum Ende.

Reich mir den Parmesan

Beachte die geschweiften Klammern, die verwendet werden, um Codezeilen zu gruppieren. Diese sind besonders hilfreich, wenn du einer Gruppe von Anweisungen einen Namen zuweisen möchtest. Wenn du beim Essen bist und zu jemandem sagst: »Reich mir bitte den Parmesankäse«, dann leitet das eine Reihe von Handlungen ein, die durch den kurzen Satz, den du gerade sagtest, zusammengefasst werden. Für uns als Menschen geht das völlig unbewusst, aber all die einzelnen winzigen Aktionen, die hierfür erforderlich sind, müssen dem Arduino mitgeteilt werden, da er nicht so leistungsfähig ist wie unser Gehirn. Daher stellen wir zum Gruppieren von Anweisungen ein *{* vor den Codeblock und ein *}* dahinter.

Du siehst, dass hier auf diese Weise zwei Codeblocks definiert sind. Vor jedem befinden sich ein paar merkwürdige Wörter:

```
void setup()
```

Diese Zeile gibt einem Codeblock einen Namen. Wenn du eine Liste mit Anweisungen schreiben wolltest, die Arduino beibringt, wie der Parmesan weiterzureichen ist, dann würdest du am Anfang eines Blocks `void passTheParmesan()` schreiben, und dieser Block wäre eine Anweisung, die du von jeder beliebigen Stelle im Arduino-Code aufrufen könntest. Diese Blöcke nennen sich *Funktionen*. Jetzt, da du aus diesem Codeblock eine Funktion gemacht hast, kannst du an jeder beliebigen Stelle in deinem Sketch passTheParmesan() schreiben, und Arduino springt zur `passTheParmesan()`-Funktion, führt jene Anweisungen aus, springt dann zurück zur ursprünglichen Stelle und macht dort weiter.

Dies weist auf etwas Wichtiges in jedem Arduino-Programm hin. Arduino kann nur eine Sache auf einmal machen, eine Anweisung nach der anderen ausführen. Während Arduino dein Programm Zeile für Zeile ablaufen lässt, führt es nur *diese eine* Zeile *aus*. Wenn es zu einer Funktion springt, führt es diese Funktion aus, Zeile für Zeile, bevor es wieder dorthin zurückkehrt, wo es war. Arduino kann keine zwei Sätze von Anweisungen gleichzeitig ausführen.

Arduino ist nicht für Feiglinge

Arduino erwartet stets, dass du zwei Funktionen erstellt hast: eine namens `setup()` und eine namens `loop()`.

`setup()` ist, wo du den ganzen Code ablegst, der am Anfang deines Programms ausgeführt werden soll, und `loop()` enthält den Kern deines Programms, der immer wieder ausgeführt wird. Das ist so, weil Arduino nicht wie dein normaler Computer ist – er kann nicht mehrere Programme gleichzeitig ausführen, und Programme können nicht abschalten. Wenn du dem Board Strom zuführst, läuft der Code; wenn du ihn stoppen willst, schalte ihn einfach ab.

Echte Tüftler schreiben Kommentare

Jeglicher Text, der mit // beginnt, wird von Arduino ignoriert. Diese Zeilen sind *Kommentare*, also Hinweise, die du für dich selbst im Programm hinterlässt, damit du dich erinnerst, was du getan hast, als du es schriebst, oder für jemand anders, damit er oder sie deinen Code versteht.

Es kommt sehr häufig vor (wir wissen das, weil es uns ständig passiert), dass du einen Teil eines Programms schreibst, es auf das Board lädst und dir sagst: »Okay, mit diesem Kram muss ich mich nie wieder beschäftigen!«, um sechs Monate später festzustellen, dass du den Code aktualisieren oder einen Fehler beheben musst. An diesem Punkt öffnest du das Programm, und wenn du keine Kommentare im ursprünglichen Programm eingefügt hast, denkst du: »Wow, was für ein Mist! Wo fange ich nur an?« Im weiteren Verlauf wirst du einige Tricks kennenlernen, wie du das Programm lesbarer gestalten und leichter pflegen kannst.

Der Code, Schritt für Schritt

> *Zuerst magst du diese Erläuterungen als überflüssig erachten – etwa so wie ich damals, als ich mich in der Schule mit Dantes* Divina Commedia *beschäftigen musste (jeder italienische Schüler muss da durch, wie auch durch ein weiteres Buch mit dem Titel* I promessi sposi, *auf Deutsch* Die Verlobten *– oh, welch Albträume). Für jede einzelne Zeile der Werke gab es hundert Zeilen mit Kommentaren! Allerdings wird die Erläuterung hier wesentlich nützlicher sein, wenn du dich dem Schreiben deiner eigenen Programme zuwendest.*
>
> *– Massimo*

```
// Blinking LED
```

Ein Kommentar ist für uns eine nützliche Methode, kleine Hinweise zu schreiben. Der vorangestellte Titel-Kommentar erinnert uns einfach, dass dieses Programm, Beispiel 4–1, eine LED blinken lässt.

```
const int LED = 13; // LED connected to
                    // digital pin 13
```

const int bedeutet, dass *LED* der Name einer Ganzzahl ist, die sich nicht ändern lässt (d.h. eine Konstante), deren Wert auf 13 eingestellt ist. Das ist wie ein automatisches Suchen und Ersetzen für deinen Code; in diesem Fall sagt er Arduino, bei jedem Auftauchen des Wortes *LED* die Zahl 13 zu schreiben.

Der Grund, warum wir die Zahl 13 brauchen, ist, dass die vorab installierte LED, die wir bereits erwähnten, am Arduino-Pin 13 angeschlossen ist. Eine geläufige Konvention ist, für Konstanten Großbuchstaben zu verwenden.

```
void setup()
```

Diese Zeile sagt Arduino, dass der nächste Codeblock eine Funktion namens `setup()` sein wird.

```
{
```

Mit dieser öffnenden geschweiften Klammer beginnt ein Codeblock.

```
pinMode(LED, OUTPUT);        // sets the digital
                             // pin as output
```

Abschließend eine wirklich interessante Anweisung! `pinMode()` sagt Arduino, wie es einen bestimmten Pin konfigurieren soll. Alle Pins des Arduino lassen sich entweder als Eingang oder als Ausgang nutzen, aber wir müssen Arduino sagen, wie wir den Pin zu nutzen gedenken.

In diesem Fall benötigen wir einen Ausgangs-Pin zum Steuern unserer LED.

`pinMode()` ist eine Funktion, und die innerhalb der Klammern angegebenen Wörter (oder Zahlen) werden als ihre *Argumente* bezeichnet. Argumente sind jede Art von Information, die eine Funktion zur Ausführung ihrer Aufgabe benötigt.

Die `pinMode()`-Funktion benötigt zwei Argumente. Das erste Argument sagt `pinMode()`, von welchem Pin wir reden, und das zweite Argument sagt `pinMode()`, ob wir diesen Pin als Eingang oder Ausgang nutzen wollen. `INPUT` (Eingang) and `OUTPUT` (Ausgang) sind vordefinierte Konstanten in der Arduino-Sprache.

Du erinnerst dich, dass das Wort *LED* der Name der Konstante ist, die auf die Nummer 13 eingestellt wurde, nämlich die Pin-Nummer, an der die LED angeschlossen ist. Damit ist das erste Argument `LED`, der Name der Konstante.

Das zweite Argument ist `OUTPUT`, denn wenn Arduino mit einem Aktor wie einer LED spricht, schickt es Informationen *hinaus*.

```
}
```

Diese schließende geschweifte Klammer kennzeichnet das Ende der `setup()`-Funktion.

```
void loop()
{
```

`loop()` ist die Stelle, an der du das wesentliche Verhalten deines interaktiven Gerätes bestimmst. Sie wird ständig wiederholt, bis du dem Board die Stromzufuhr entziehst.

```
digitalWrite(LED, HIGH);        // turns the LED on
```

Wie der Kommentar schon sagt, kann `digitalWrite()` jeden Pin ein- bzw. ausschalten, der als Ausgang konfiguriert worden ist. Wie wir gerade bei der `pinMode()`-Funktion sahen, erwartet auch `digitalWrite()` zwei Argumente, und wie bei der `pinMode()`-Funktion teilt das erste Argument `digitalWrite()` mit, auf welchen Pin wir uns beziehen, und wiederum wie bei der Funktion `pinMode()` verwenden wir den Konstantennamen `LED` und beziehen uns so auf den Pin mit der Nummer 13, an den die vorinstallierte LED angeschlossen ist.

Das zweite Argument ist anders: In diesem Fall sagt das zweite Argument `digitalWrite()`, ob das Spannungsniveau auf 0V (`LOW`) oder 5V (`HIGH`) einzustellen ist.

Stell dir vor, dass jeder Ausgangs-Pin eine kleine Steckdose ist, so wie die in den Wänden deiner Wohnung. Die europäischen haben 230V, amerikanische 110V, und Arduino arbeitet mit eher bescheidenen 5V. Hier besteht der Zauber darin, dass Software Hardware steuern kann. Wenn du `digitalWrite(LED, HIGH)` schreibst, stellt sie den Ausgangs-Pin auf 5V ein, und wenn du eine LED anschließt, leuchtet sie auf. An diesem Punkt deines Codes sorgt eine Anweisung in der Software dafür, dass in der physischen Welt etwas passiert, indem der elektrische Strom zum Pin gesteuert wird. Das Ein- und Ausschalten des Pins lässt uns diese nun in etwas übersetzen, das für das menschliche Auge sichtbarer ist; die LED ist unser *Aktor*.

Auf dem Arduino bedeutet HIGH, dass der Pin auf 5V eingestellt wird, während LOW bedeutet, dass der Pin auf 0V eingestellt wird.

Du magst dich wundern, warum wir HIGH und LOW statt ON und OFF verwenden. Es stimmt, dass HIGH oder LOW in der Regel ein beziehungsweise aus entsprechen, aber das hängt davon ab, wie der Pin genutzt wird. So schaltet sich zum Beispiel eine zwischen 5V und einem Pin angeschlossene LED ein, wenn der Pin LOW ist, und aus, wenn der Pin HIGH ist. In den meisten Fällen kannst du aber annehmen, dass HIGH für EIN und LOW für AUS steht.

```
delay(1000);   // waits for a second
```

Obwohl der Arduino erheblich langsamer ist als dein Laptop, so ist er immer noch sehr schnell. Wenn wir die LED ein- und sofort wieder ausschalten würden, würden deine Augen dies nicht erkennen. Wir müssen die LED eine Weile eingeschaltet lassen, damit wir es sehen, und das erreichen wir, indem wir Arduino auffordern, vor dem nächsten Schritt einen Moment zu warten. Im Grunde lässt `delay()` den Mikrocontroller innehalten und für die von dir als Argument angegebene Anzahl an Millisekunden nichts tun. Millisekunden sind Tausendstelsekunden, somit entsprechen 1000 Millisekunden einer Sekunde. Hier bleibt die LED also 1 Sekunde lang eingeschaltet.

```
digitalWrite(LED, LOW);         // turns the LED off
```

Diese Anweisung schaltet die LED, die wir zuvor eingeschaltet hatten, nun aus.

```
delay(1000);  // waits for a second
```

Hier verzögern wir für eine weitere Sekunde. Die LED wird 1 Sekunde lang ausgeschaltet sein.

```
}
```

Diese schließende geschweifte Klammer kennzeichnet das Ende der `loop()`-Funktion. Wenn Arduino hier ankommt, beginnt es am Anfang von `loop()` von neuem.

Zusammenfassend führt dieses Programm Folgendes aus:

- macht Pin 13 zu einem Ausgang (nur einmal am Anfang)
- begibt sich in eine Schleife
- schaltet die an Pin 13 angeschlossene LED ein
- wartet eine Sekunde
- schaltet die an Pin 13 angeschlossene LED aus
- wartet eine Sekunde
- geht zurück zum Beginn der Schleife

Das war jetzt hoffentlich nicht zu kompliziert. Wenn du nicht alles verstanden hast, lass dich nicht entmutigen. Wie wir zuvor erwähnten, dauert es eine Weile, bis diese Vorgehensweisen für dich als Neueinsteiger einen Sinn ergeben. Du wirst beim Durchgehen weiterer Beispiele mehr zum Programmieren lernen.

Bevor wir uns dem nächsten Abschnitt zuwenden, sollst du ein bisschen mit dem Code spielen. Reduziere zum Beispiel die Dauer der Verzögerung, indem du andere Zahlen für die Ein- und Aus-Impulse eingibst, um unterschiedliche Blinkmuster zu sehen. Du solltest insbesondere sehen, was passiert, wenn du sehr kleine Verzögerungen einstellst, dabei aber unterschiedliche Verzögerungen für Ein und Aus verwendest. Es gibt einen Moment, an dem etwas Merkwürdiges passiert; dieses »etwas« wird sehr nützlich sein, wenn du die *Pulsweitenmodulation* in »Lichtsteuerung mit PWM« auf Seite 60 kennenlernst.

Was wir bauen werden

> *Mich hat schon immer Licht fasziniert und die Möglichkeit, verschiedene Lichtquellen mittels Technik zu steuern. Ich hatte das Glück, an einigen interessanten Projekten arbeiten zu dürfen, die eine Steuerung von Licht und dessen Interaktion mit Menschen beinhalteten. Arduino ist dafür sehr gut geeignet.*
>
> *– Massimo*

In diesem Kapitel, in Kapitel 5 und in Kapitel 6 werden wir uns damit beschäftigen, *interaktive Lampen* zu entwickeln. Dabei nutzen wir Arduino, um die Grundlagen des Aufbaus interaktiver Geräte zu erlernen. Denk aber daran, dass Arduino nicht wirklich versteht bzw. sich nicht darum schert, was du an den Ausgangs-Pins anschließt. Arduino schaltet einfach den Pin auf HIGH oder LOW, der vielleicht eine Lampe steuert oder einen Elektromotor oder den Motor deines Autos.

Im nächsten Abschnitt erläutern wir die Grundlagen der Elektrizität auf eine Art und Weise, die einen Ingenieur langweilen würde, einen neuen Arduino-Programmierer aber nicht direkt abschreckt.

Was ist Elektrizität?

Wenn du zu Hause bereits irgendwelche Klempnerarbeiten durchgeführt hast, dann wirst du keine Probleme haben, Elektronik zu verstehen. Um zu verstehen, wie Elektrizität und Schaltungen funktionieren, ist es am besten, etwas einzusetzen, das sich *Wasseranalogie* nennt. Lass uns ein simples Gerät betrachten, wie den in Abb. 4–3 dargestellten batteriebetriebenen tragbaren Ventilator.

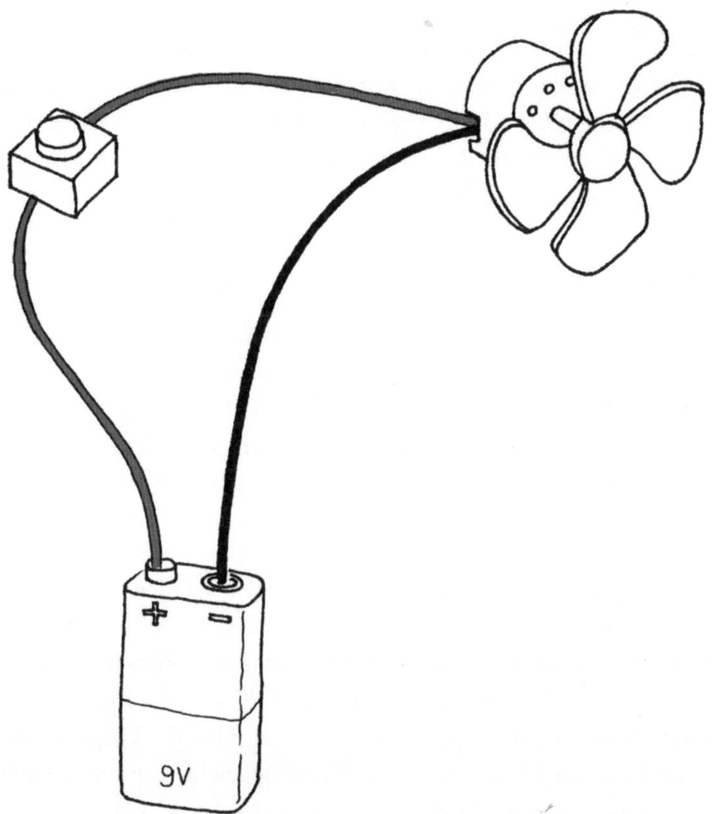

Abb. 4–3 Ein tragbarer Ventilator

Wenn du einen Ventilator auseinandernimmst, wirst du sehen, dass er eine Batterie, ein paar Kabel und einen Elektromotor enthält und dass eins der Kabel zum Motor durch einen Schalter unterbrochen wird. Wenn du den Schalter betätigst, beginnt der Motor sich zu drehen und erzeugt damit den notwendigen Luftstrom, um dir Abkühlung zu verschaffen.

Wie funktioniert das? Nun, stell dir vor, die Batterie ist sowohl ein Wassertank als auch eine Pumpe, der Schalter ist ein Wasserhahn, und der Motor ist eines jener Räder, die du in Wassermühlen siehst. Wenn du den Wasserhahn öffnest, fließt Wasser von der Pumpe und setzt das Rad in Bewegung.

In diesem einfachen Hydrauliksystem, abgebildet in Abb. 4–4, sind zwei Faktoren wichtig: der Druck des Wassers (dieser wird von der Leistung der Pumpe bestimmt) und die Menge des Wassers, die in den Rohren fließt (das hängt von der Größe der Rohre und dem *Widerstand* ab, den das Rad dem anströmenden Wasser bietet).

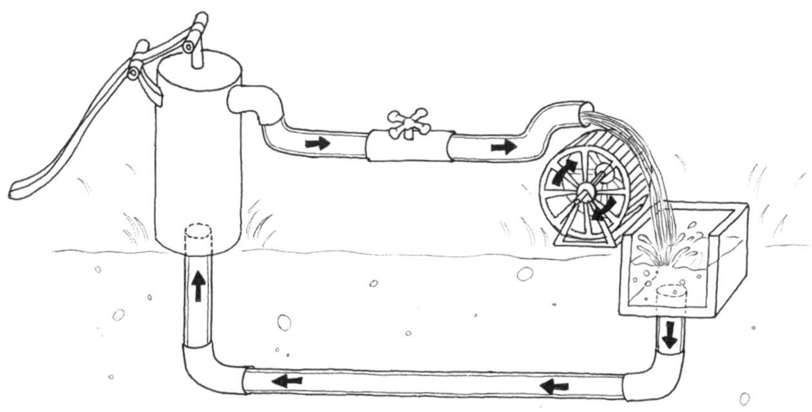

Abb. 4–4 Ein Hydrauliksystem

Du wirst schnell feststellen, dass du, um das Rad schneller drehen zu lassen, die Rohre vergrößern (aber das geht nur bis zu einem gewissen Punkt) und den Druck, den die Pumpe erreichen kann, steigern musst. Eine Vergrößerung der Rohre ermöglicht einen stärkeren Wasserstrom; wenn du sie vergrößerst, reduzierst du effektiv den Widerstand der Rohre gegenüber dem Wasserstrom. Diese Vorgehensweise funktioniert bis zu einem gewissen Punkt, ab dem das Rad sich nicht mehr schneller drehen wird, weil der Wasserdruck nicht stark genug ist. Wenn du diesen Punkt erreichst, benötigst du eine stärkere Pumpe. Diese Methode zum

Beschleunigen der Wassermühle geht bis zu dem Punkt, an dem das Rad auseinanderfällt, weil der Wasserstrom zu stark ist und das Rad zerstört. Etwas anderes, das dir auffällt, während sich das Rad dreht, ist, dass sich die Achse ein wenig erhitzt, weil unabhängig von der Befestigung des Rades die Reibung zwischen der Achse und den Löchern, in denen sie montiert ist, Hitze erzeugt. Es ist wichtig zu verstehen, dass in einem System wie diesem nicht die gesamte Energie, die du in das System pumpst, in Bewegung umgesetzt wird – ein Teil davon geht unterwegs verloren und taucht im Allgemeinen als Hitze wieder auf, die aus einigen Teilen des Systems ausstrahlt.

Was sind also die wichtigen Teile des Systems? Der von der Pumpe erzeugte Druck ist eines; der Widerstand, den die Rohre und das Rad dem Wasserstrom entgegensetzen, sowie der Wasserstrom selbst (dieser wird sozusagen durch die Anzahl der Liter Wasser, die in einer Sekunde fließen, repräsentiert) sind die anderen.

Elektrizität funktioniert ein bisschen wie Wasser. Du hast eine Art Pumpe (jegliche Stromquelle, wie eine Batterie oder eine Wandsteckdose), die eine elektrische Ladung (stell sie dir als »Tropfen« von Strom vor) durch Rohre – hier Drähte – drückt. Verschiedene elektrische Geräte können diese Tropfen des Stroms zum Erzeugen von Hitze (die Heizdecke deiner Oma), Licht (die Lampe in deinem Zimmer), Ton (deine Stereoanlage), Bewegung (dein Ventilator) und vielem mehr nutzen.

Wenn du liest, dass die Batteriespannung 9 V beträgt, dann stell dir diese Spannung als den Wasserdruck vor, der potenziell von dieser kleinen »Pumpe« erzeugt werden kann. *Spannung* wird in Volt gemessen, benannt nach Alessandro Volta, dem Erfinder der ersten Batterie.

So wie Wasserdruck ein elektrisches Äquivalent hat, hat die Flussrate von Wasser auch eines. Dieses nennt sich *Strom* oder *Stromstärke* und wird in Ampere gemessen (nach André-Marie Ampère, Pionier des Elektromagnetismus). Kehren wir wieder zum Wasserrad zurück, um die Beziehung zwischen Spannung und Strom zu illustrieren: Mit einer höheren Spannung (Druck) kannst du das Rad schneller drehen, mit einer höheren Flussrate (Strom) kannst du ein größeres Rad drehen.

Abschließend wird der Widerstand gegenüber dem Fließen des Stroms auf jedem von ihm genutzten Weg – du hast es sicher bereits erraten – *Widerstand* genannt, und dieser wird in Ohm gemessen (nach dem deutschen Physiker Georg Ohm).

Herr Ohm war auch für die Formulierung des wichtigsten Gesetzes der Elektrizität verantwortlich –die einzige Formel, die du wirklich im Kopf behalten musst. Er konnte nachweisen, dass in einer Schaltung Spannung, Strom und Widerstand alle zueinander in Beziehung stehen und insbesondere, dass der Widerstand einer Schaltung die Höhe des durch ihn fließenden Stroms bei einer bestimmten Spannungsversorgung bestimmt.

Das ist sehr intuitiv, wenn man darüber nachdenkt. Nimm eine 9-V-Batterie und schließe sie an einer simplen Schaltung an. Beim Messen des Stroms wirst du feststellen: Je mehr Widerstände du dem Schaltkreis hinzufügst, desto weniger Strom fließt durch ihn hindurch. Kehren wir noch einmal zur Analogie mit dem in Rohren fließenden Wasser zurück: Nehmen wir eine Pumpe und installieren ein Ventil (vergleichbar einem variablen Widerstand in der Elektrizität). Je mehr wir nun das Ventil schließen – Erhöhung des Widerstands gegenüber dem Wasserstrom –, desto weniger Wasser fließt durch die Rohre. Ohm fasste sein Gesetz in diesen Formeln zusammen:

```
R (Widerstand) = U (Spannung) / I (Strom)
U = R * I
I = U / R
```

An diesem Gesetz ist wichtig, dass es intuitiv verstanden wird, und deshalb bevorzugen wir die letzte Version (`I = U / R`), da der Strom etwas ist, was sich ergibt, wenn man eine gewisse Spannung (der Druck) auf eine gewisse Schaltung (der Widerstand) ausübt. Die Spannung existiert, egal ob sie genutzt wird oder nicht, und der Widerstand existiert, egal ob ihm Strom zugeführt wird oder nicht, aber der Strom entsteht nur, wenn diese beiden zusammengeführt werden.

Einsatz eines Drucktasters zur Steuerung der LED

Eine LED zum Blinken zu bringen, war einfach, aber wir glauben nicht, dass du bei klarem Verstand bleiben würdest, wenn deine Schreibtischlampe ständig blinkt, während du versuchst, ein Buch zu lesen. Deshalb musst du lernen, sie zu steuern. Im vorangegangenen Beispiel war die LED dein Aktor, und der Arduino hat diesen gesteuert. Was zur Vervollständigung des Bildes fehlt, ist ein Sensor.

In diesem Fall werden wir die einfachste Form eines Sensors verwenden, die es gibt: einen Schalter in Form eines Drucktasters.

Wenn du einen Drucktaster auseinandernehmen würdest, würdest du sehen, dass das eine ganz einfache Vorrichtung ist: zwei Metallteile, die durch eine Feder auseinandergehalten werden, und eine Kunststoffkappe, die beim Drücken die beiden Metallteile miteinander in Kontakt bringt. Wenn die beiden Metallteile getrennt sind, fließt kein Strom im Drucktaster (so ähnlich wie bei einem geschlossenen Wasserhahn); wenn du ihn drückst, stellst du eine Verbindung her.

Alle Schalter sind im Grunde genommen nur das: zwei (oder mehr) Metallteile, die, wenn sie miteinander in Kontakt gebracht werden, einen elektrischen Strom vom einen zum anderen fließen lassen, bzw. wenn sie getrennt werden, den Strom unterbrechen.

Zum Beobachten des Zustands des Schalters gibt es eine neue Arduino-Anleitung, die du kennenlernen wirst: die `digitalRead()`-Funktion.

`digitalRead()` prüft, ob auf den von dir zwischen diesen Klammern angegebenen Pin eine Spannung angewandt wird, und gibt einen Wert HIGH oder LOW wieder, je nach Resultat. Die anderen Anweisungen, die du bisher verwendet hast, haben keine Informationen wiedergegeben – sie haben nur ausgeführt, was du ihnen aufgetragen hast. Diese Art von Funktion ist aber etwas beschränkt, da sie dich zwingt, an sehr vorhersehbaren Abfolgen von Anweisungen festzuhalten, ohne Einfluss von der Außenwelt. Mit `digitalRead()` kannst du Arduino »eine Frage stellen« und eine Antwort erhalten, die irgendwo im Speicher abgelegt und zum unmittelbaren oder späteren Treffen von Entscheidungen verwendet werden kann.

Bau die in Abb. 4–5 dargestellte Schaltung. Dafür benötigst du ein paar Teile[2] (diese werden auch für die Arbeit an anderen Projekten ganz gelegen kommen):

- lötfreie Steckplatine
- Satz vorgefertigter Steckbrücken
- ein 10-kΩ-Widerstand
- Drucktastschalter

Alternativ zum Kauf vorgefertigter Steckbrücken kannst du auch Massivdraht vom Typ 22 AWG, der auf kleinen Spulen aufgewickelt wird, verwenden und dann mithilfe eines Seitenschneiders und einer Abisolierzange selbst zuschneiden und abisolieren.

GND auf dem Arduino-Board (engl. *GrouND*) steht für *Masse* (oft auch mit *Erde* übersetzt). Der Begriff GND ist historisch bedingt, in unserem Fall bezeichnet er lediglich den Minuspol beim Strom. Wir tendieren dazu, GND als auch Masse synonym zu verwenden. Du kannst es dir wie das im Untergrund verlaufende Rohr in der Wasseranalogie in Abb. 4–4 vorstellen.

In den meisten Schaltungen wird GND oder Masse sehr häufig verwendet. Aus diesem Grund hat dein Arduino-Board drei Pins mit der Kennzeichnung GND. Sie sind alle miteinander verbunden, und es macht keinen Unterschied, welchen du benutzt.

Der Pin mit der Kennzeichnung *5 V* ist die positive Seite der Stromzufuhr (Plus) und ist stets 5 Volt höher als die Masse.

Beispiel 4–2 zeigt den Code, den wir zum Steuern der LED mit unserem Drucktastschalter verwenden werden.

2 Alle diese Teile sind im Set enthalten, das im Vorwort erwähnt wird.

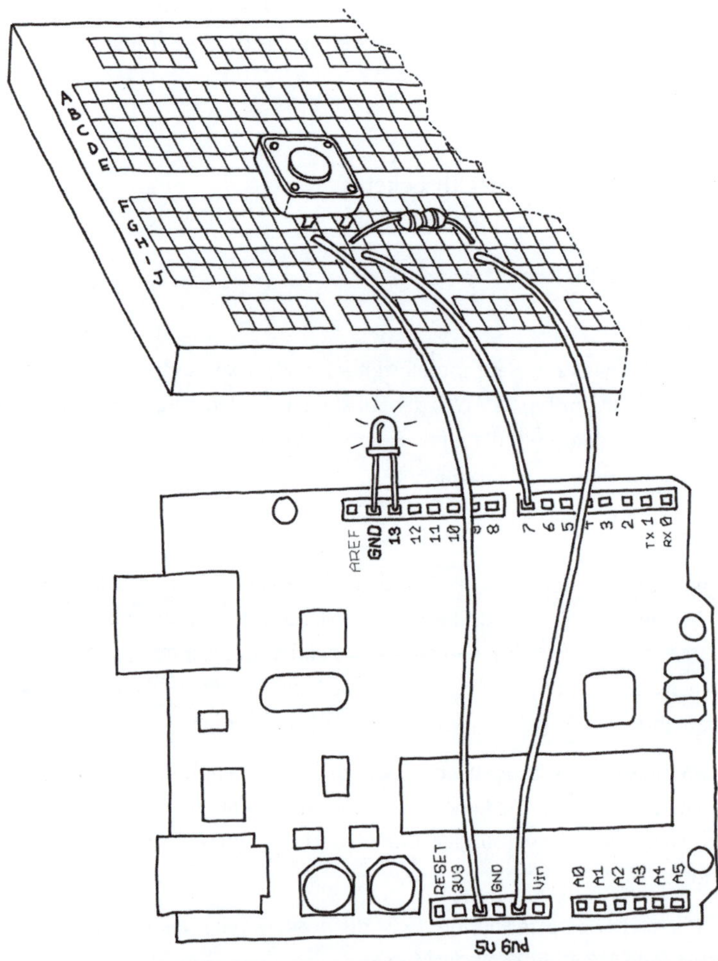

Abb. 4–5 Anschluss eines Drucktasters

Beispiel 4–2 LED bei gedrücktem Schalter einschalten

```
// Turn on LED while the button is pressed

const int LED = 13;    // the pin for the LED
const int BUTTON = 7;  // the input pin where the
                       // pushbutton is connected
int val = 0;           // val will be used to store the state
                       // of the input pin
```

```
void setup() {
  pinMode(LED, OUTPUT);    // tell Arduino LED is an output
  pinMode(BUTTON, INPUT); // and BUTTON is an input
}

void loop(){
  val = digitalRead(BUTTON); // read input value and store it

  // check whether the input is HIGH (button pressed)
  if (val == HIGH) {
    digitalWrite(LED, HIGH); // turn LED ON
  } else {
    digitalWrite(LED, LOW);
  }
}
```

Wähle in Arduino *File → New* (wenn du einen anderen Sketch geöffnet hast, möchtest du ihn vielleicht erst speichern). Wenn Arduino um Eingabe eines Namens für deinen neuen Sketch-Ordner bittet, gib *PushButtonControl* ein. Tippe den Code aus Beispiel 4–2 in Arduino ein (oder lade ihn von der Katalogseite (*https://makezine.com/go/arduino-4e-github/*) der englischen Originalausgabe dieses Buches herunter und lege ihn in der Arduino-IDE ab). Wenn alles korrekt ist, leuchtet die LED auf, wenn du den Taster drückst.

Wie funktioniert das?

Wir haben mit diesem Beispielprogramm zwei neue Konzepte eingeführt: Funktionen, die das Ergebnis ihrer Arbeit wiedergeben, und die `if`-Anweisung.

Die `if`-Anweisung ist möglicherweise die wichtigste Anweisung in einer Programmiersprache, da sie es dem Computer (du erinnerst dich: Der Arduino ist ein kleiner Computer) ermöglicht, Entscheidungen zu treffen. Nach dem `if`-Stichwort musst du in den Klammern eine »Frage« eingeben, und wenn die »Antwort« bzw. das Ergebnis wahr ist, wird der erste Codeblock ausgeführt; andernfalls wird der Codeblock nach `else` ausgeführt.

Beachte, dass das Symbol `==` etwas völlig anderes bedeutet als das Symbol `=`. Ersteres wird verwendet, wenn zwei Datensätze verglichen werden, und es gibt `wahr` oder `falsch` wieder; letzteres weist einer Konstanten oder

Variablen einen Wert zu. Achte darauf, dass du das richtige Symbol verwendest, denn es passiert schnell, nur = einzugeben, und in dem Fall wird dein Programm nie funktionieren. Wir wissen das, denn auch nach jahrelangem Programmieren machen wir immer noch diesen Fehler.

Du solltest wissen, dass der Schalter nicht direkt mit der LED verbunden ist. Dein Arduino-Sketch inspiziert den Schalter und trifft dann die Entscheidung, ob er die LED ein- oder ausschaltet. Die Verbindung zwischen dem Schalter und der LED erfolgt tatsächlich in deinem Sketch.

Den Finger so lange auf dem Taster zu halten, wie man Licht benötigt, ist unpraktisch. Obwohl es einem klarmachen würde, wie viel Energie man verschwendet, falls man eine Lampe brennen lässt, wenn man aus dem Raum geht, müssen wir einen Weg finden, den Taster »festzuhalten«.

Eine Schaltung, tausend Verhaltensweisen

Der große Vorteil programmierbarer Elektronik gegenüber klassischer Elektronik wird nun offensichtlich: Ich werde dir zeigen, wie man unter Verwendung derselben elektronischen Schaltung aus dem vorhergehenden Abschnitt viele verschiedene »Verhaltensweisen« implementieren kann, indem man einfach die Software ändert.

Wie ich bereits erwähnte, ist es nicht sonderlich praktisch, deinen Finger auf dem Taster zu halten, damit das Licht brennt. Deshalb musst du eine Art von »Gedächtnis« in Form eines Softwaremechanismus implementieren, das sich merkt, dass du den Knopf gedrückt hast, und das Licht brennen lässt, auch nachdem du den Taster losgelassen hast.

Dafür verwenden wir eine sogenannte *Variable*. (Du hast bereits eine verwendet, aber wir haben es nicht erklärt.) Eine Variable ist ein Ort im Arduino-Speicher, an der du Daten ablegen kannst. Sieh es wie einen dieser selbstklebenden Notizzettel an, der dich an etwas erinnern soll, wie zum Beispiel eine Telefonnummer: Du nimmst einen, notierst darauf »Luisa 0255 51212« und klebst ihn an deinen Bildschirm oder Kühlschrank. In der Arduino-Sprache ist das genauso simpel: Du entscheidest, welche Art von Daten du speichern möchtest (beispielsweise eine Zahl oder einen Text), gibst dem einen Namen, und dann kannst du, wenn du willst, die Daten speichern oder abrufen. Zum Beispiel:

```
int val = 0;
```

`int` bedeutet, dass deine Variable eine Ganzzahl speichert, `val` ist der Name der Variablen, und `= 0` weist einen Anfangswert von Null zu.

Eine Variable kann, wie der Name andeutet, irgendwo in deinem Code modifiziert werden, sodass du später in deinem Programm schreiben könntest:

```
val = 112;
```

was deiner Variablen einen neuen Wert, 112, zuweist.

Hast du bemerkt, dass in Arduino jede Anweisung mit einem Semikolon endet? Dies macht man, damit der Compiler (der Teil von Arduino, der deinen Sketch in ein Programm umwandelt, das der Mikrocontroller ausführen kann) weiß, dass deine Anweisung abgeschlossen ist, und eine neue beginnt. Wenn du dort, wo ein Semikolon erforderlich ist, dieses vergisst, ergibt dein Sketch für den Compiler keinen Sinn.

Im folgenden Programm speichert die Variable `val` das Ergebnis von `digitalRead()`; was auch immer Arduino vom Eingang empfängt, landet in der Variablen und bleibt dort, bis eine andere Codezeile es ändert. Beachte, dass Variablen einen Speichertyp namens *RAM* verwenden. Der ist ziemlich schnell, aber wenn du dein Board ausschaltest, gehen alle Daten im RAM verloren (was bedeutet, dass jede Variable beim erneuten Einschalten des Boards auf den ursprünglichen Wert zurückgesetzt wird). Deine Programme selbst werden im Flash Memory gespeichert – das ist derselbe Typ wie in deinem Handy, das dort Telefonnummern speichert –, der seinen Inhalt auch nach dem Ausschalten behält.

Lass uns nun eine weitere Variable verwenden, die daran erinnert, ob die LED nach dem Loslassen des Tasters ein- oder ausgeschaltet sein soll. Beispiel 4–3 zeigt einen ersten Versuch.

Beispiel 4–3 LED einschalten, wenn der Taster gedrückt ist, und nach dem Loslassen brennen lassen

```
const int LED = 13;    // the pin for the LED
const int BUTTON = 7; // the input pin where the
                      // pushbutton is connected
int val = 0;       // val will be used to store the state
                   // of the input pin
int state = 0;     // 0 = LED off while 1 = LED on

void setup() {
  pinMode(LED, OUTPUT);     // tell Arduino LED is an output
  pinMode(BUTTON, INPUT);   // and BUTTON is an input
}

void loop() {
  val = digitalRead(BUTTON); // read input value and store it

  // check if the input is HIGH (button pressed)
  // and change the state
  if (val == HIGH) {
    state = 1 - state;
  }

  if (state == 1) {
    digitalWrite(LED, HIGH); // turn LED ON
  } else {
    digitalWrite(LED, LOW);
  }
}
```

Teste nun diesen Code. Du wirst feststellen, dass er funktioniert ... einigermaßen. Aber das Licht wechselt so schnell, dass du es mit einem Tastendruck nicht zuverlässig ein- oder ausschalten kannst.

Schauen wir uns die interessanten Teile des Codes an: `state` ist eine Variable, die entweder 0 oder 1 speichert, um sich daran zu erinnern, ob die LED ein- oder ausgeschaltet ist. Nachdem der Taster losgelassen wird, initialisieren wir sie zu 0 (LED aus).

Später lesen wir den aktuellen `state` des Knopfes ab, und wenn er gedrückt ist (`val = = HIGH`), ändern wir den `state` von 0 auf 1 oder umgekehrt. Wir tun dies mithilfe eines kleinen Tricks, da state nur 1 oder 0 sein kann. Der von mir verwendete Trick beinhaltet einen kleinen mathematischen Ausdruck, basierend auf der Vorstellung, dass 1 – 0 gleich 1 ist und 1 – 1 gleich 0:

```
state = 1 - state;
```

Die Zeile mag mathematisch nicht viel Sinn ergeben, beim Programmieren aber schon. Das Symbol = bedeutet »Weise das Ergebnis dessen, was nach mir ist, dem Variablennamen vor mir zu« – in diesem Fall wird dem neuen Wert von `state` der Wert von 1 minus dem alten Wert von `state` zugewiesen.

Später im Programm kannst du erkennen, dass wir `state` verwenden, um herauszufinden, ob die LED ein- oder ausgeschaltet sein soll. Wie schon erwähnt, führt das zu etwas unzuverlässigen Ergebnissen.

Dies liegt an der Art und Weise, wie wir den Taster ablesen. Arduino ist wirklich schnell: Es führt seine eigenen internen Anweisungen mit einer Rate von 16 Millionen pro Sekunde aus – es kann durchaus ein paar Millionen Zeilen Code pro Sekunde ausführen. Das bedeutet, dass Arduino die Position des Tasters, den du gedrückt hältst, mehrere tausend Mal abliest und dementsprechend `state` ändert. Somit führt es zu unvorhersehbaren Ergebnissen: Die Lampe kann ausgeschaltet sein, wenn du sie eingeschaltet haben möchtest, oder umgekehrt. So wie eine kaputte Uhr zweimal am Tag die richtige Uhrzeit anzeigt, könnte das Programm hin und wieder das korrekte Verhalten zeigen, aber meistens wird es falsch sein.

Wie kann man das beheben? Nun, du musst den exakten Moment erfassen, in dem der Taster gedrückt wird – genau in dem Moment musst du `state` ändern. Unser bevorzugter Weg ist, den Wert von `val` zu speichern, bevor wir einen neuen ablesen; so kann man die aktuelle Position des Tasters mit der vorherigen vergleichen und `state` nur dann ändern, wenn sich der Knopf von LOW in HIGH ändert.

Beispiel 4–4 enthält den entsprechenden Code:

Beispiel 4-4 Neue und verbesserte Formel für den Tastendruck!

```
const int LED = 13;   // the pin for the LED
const int BUTTON = 7; // the input pin where the
                      // pushbutton is connected
int val = 0;          // val will be used to store the state
                      // of the input pin
int old_val = 0;      // this variable stores the previous
                      // value of "val"
int state = 0;        // 0 = LED off and 1 = LED on

void setup() {
  pinMode(LED, OUTPUT);    // tell Arduino LED is an output
  pinMode(BUTTON, INPUT); // and BUTTON is an input
}
void loop(){
  val = digitalRead(BUTTON); // read input value and store it
                             // yum, fresh

  // check if there was a transition
  if ((val == HIGH) && (old_val == LOW)){
    state = 1 - state;
  }

  old_val = val; // val is now old, let's store it

  if (state == 1) {
    digitalWrite(LED, HIGH); // turn LED ON
  } else {
    digitalWrite(LED, LOW);
  }
}
```

In dieser if-Anweisung wird dir etwas Neues aufgefallen sein: Hier gibt es zwei Vergleiche, getrennt durch ein neues Symbol: `&&`. Dieses Symbol führt die logische AND-Operation durch, das heißt, dass die Verbundanweisung nur dann wahr ist, wenn beide Einzelanweisungen wahr sind.

Jetzt teste diesen Code: Du hast es fast geschafft!

Du hast vielleicht bemerkt, dass diese Vorgehensweise aufgrund eines anderen Problems mit mechanischen Schaltern nicht ganz perfekt ist.

Wie wir bereits erläuterten, sind Drucktastschalter nur zwei Metallteile, die durch eine Feder voneinander ferngehalten werden und erst miteinander in Kontakt kommen, wenn du den Taster drückst. Das klingt möglicherweise so, als wäre der Schalter vollständig eingeschaltet, wenn du den Taster drückst, aber tatsächlich prallen die beiden Metallteile voneinander ab, genau wie ein Ball auf dem Boden aufspringt.

Obwohl das Abprallen nur über eine ganz kurze Distanz und innerhalb eines Bruchteils einer Sekunde erfolgt, lässt es den Schalter mehrere Male zwischen Aus und Ein wechseln, bevor das Abprallen stoppt, und Arduino ist schnell genug, um dies zu erfassen.

Während der Drucktastschalter hüpft, sieht der Arduino eine sehr schnelle Abfolge von Ein- und Aus-Signalen. Es sind viele Techniken zum *Entprellen* entwickelt worden, aber in diesem einfachen Code reicht es normalerweise aus, eine Verzögerung von 10 bis 50 Millisekunden hinzuzufügen, wenn der Code einen Wechsel erkennt. Mit anderen Worten: Du wartest einfach einen Moment, bis das Hüpfen aufhört.

Beispiel 4–5 zeigt den abschließenden Code.

Beispiel 4–5 Eine neue und verbesserte Formel zum Drücken des Tasters – mit einfacher Entprellung!

```
const int LED = 13;      // the pin for the LED
const int BUTTON = 7;   // the input pin where the
                         // pushbutton is connected
int val = 0;        // val will be used to store the state
                    // of the input pin
int old_val = 0; // this variable stores the previous
                    // value of "val"
int state = 0;      // 0 = LED off and 1 = LED on

void setup() {
  pinMode(LED, OUTPUT);       // tell Arduino LED is an output
  pinMode(BUTTON, INPUT);     // and BUTTON is an input
}

void loop(){
 val = digitalRead(BUTTON); // read input value and store it
                              // yum, fresh

 // check if there was a transition
 if ((val == HIGH) && (old_val == LOW)){
   state = 1 - state;
   delay(10);
 }
```

```
  old_val = val; // val is now old, let's store it

  if (state == 1) {
    digitalWrite(LED, HIGH); // turn LED ON
  } else {
    digitalWrite(LED, LOW);
  }
}
```

Ein Leser, Tami (Masaaki) Takamiya, meldete sich mit ein wenig zusätzlichem Code, der zu einer besseren Entprellung führen könnte:

```
if ((val == LOW) && (old_val == HIGH)) {
    delay(10);
}
```

5 Erweiterte Ein- und Ausgaben

Was du gerade im Kapitel 4 gelernt hast, sind die elementarsten Operationen, die wir in Arduino vornehmen können: Steuerung der digitalen Ausgabe und Lesen der digitalen Eingabe. Wenn Arduino eine Art menschliche Sprache wäre, dann wären das zwei Buchstaben ihres Alphabets. Wenn man bedenkt, dass dieses Alphabet aus nur fünf Buchstaben besteht, dann verstehst du, wie viel Arbeit wir vor uns haben, bevor wir Arduino-Poesie schreiben können.

Der Einsatz anderer Ein/Aus-Sensoren

Nun, da du gelernt hast, einen Drucktastschalter zu verwenden, solltest du wissen, dass es viele weitere, sehr einfache Sensoren gibt, die nach demselben Prinzip funktionieren:

Wechselschalter
Der Drucktastschalter, den du verwendet hast, ist ein Schaltertyp, der sich *Taster* nennt, weil er nach dem Loslassen wieder in seine Ausgangsstellung zurückgeht. Ein einfaches Beispiel für einen Drucktaster ist die Türklingel.

Ein *Wechsel*schalter (auch *Kipp*schalter) hingegen bleibt in der Stellung, in die du ihn bewegst. Ein einfaches Beispiel für einen Wechselschalter ist ein Lichtschalter.

In diesem Buch verwenden wir die gebräuchlichen Namen für diese Schalter: Ein Drucktastschalter bezieht sich auf einen Taster, während ein Schalter für einen Wechselschalter steht.

Obwohl du einen Schalter nicht für einen Sensor halten magst – er ist es doch: Ein Drucktastschalter (nicht einrastender Schalter) erkennt, wenn er gedrückt wird, und ein (Wechsel-)Schalter erkennt (elektrisch) und erinnert sich (mechanisch) an den letzten Zustand, in den er versetzt wurde.

Thermostat
Ein Schalter, der seinen Zustand ändert, wenn die Temperatur einen bestimmten Wert erreicht.

Magnetschalter (auch als Reedschalter bekannt)
Dieser hat zwei Kontakte, die in Berührung kommen, wenn sie sich in der Nähe eines Magneten befinden; der Schalter kommt oft bei Alarmanlagen zum Einsatz, um festzustellen, ob eine Tür oder ein Fenster geöffnet wird.

Sensormatte
Dies sind dünne Matten, die sich unter einem Teppich oder einer Türmatte platzieren lässt, um zu erkennen, ob ein Mensch (oder eine schwere Katze) drauftritt.

Neigungsschalter oder Neigungssensor
Ein einfacher, aber cleverer Sensor, der zwei (oder mehr) Kontakte und eine kleine Metallkugel (oder einen Tropfen Quecksilber, dessen Einsatz ich aber nicht empfehle) enthält. Abb. 5–1 zeigt das Innere eines typischen Modells.

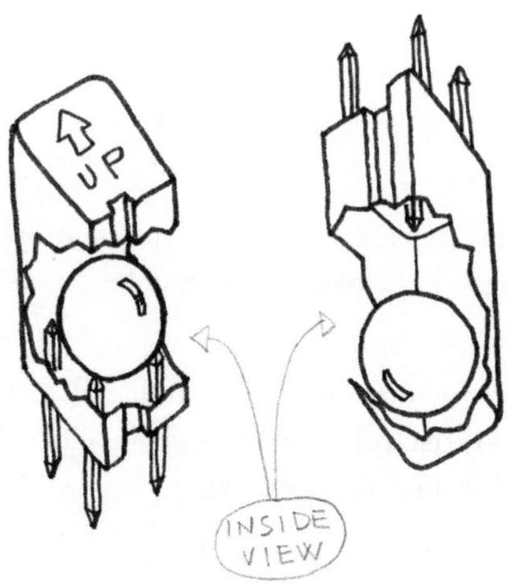

Abb. 5–1 Das Innenleben eines Neigungssensors

Wenn sich der Sensor in seiner aufrechten Position befindet, überbrückt die Kugel die beiden Kontakte, und das funktioniert genau wie beim Drücken eines Drucktasters. Wenn du diesen Sensor neigst, bewegt sich die Kugel und der Kontakt wird geöffnet, was dem Loslassen eines Drucktasters entspricht. Mithilfe dieser simplen Komponente kannst du beispielsweise gestengesteuerte Schnittstellen implementieren, die auf Bewegen oder Schütteln eines Objekts reagieren.

Ein weiterer nützlicher Sensor, der sich häufig in Alarmanlagen findet, ist der *Passiv-Infrarot*-Sensor, oder *PIR*, dargestellt in Abb. 5–2. Dieses Bauteil ändert seinen Zustand, wenn sich eine genügend große Infrarotquelle, wie ein Mensch, in seinem Erfassungsbereich bewegt. Diese Sensoren werden häufig so ausgelegt, dass sie Menschen erfassen, nicht jedoch kleine Tiere, damit Alarmanlagen nicht durch Haustiere ausgelöst werden.

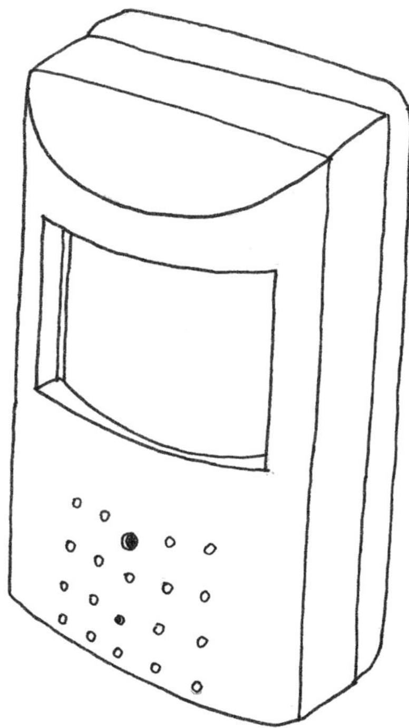

Abb. 5–2 Typischer PIR-Sensor

Das Erkennen von Menschen ist übrigens recht kompliziert, und der PIR-Sensor (oder Bewegungsmelder) ist innen ziemlich komplex. Zum Glück interessiert uns das Innere nicht wirklich. Alles, was wir wissen müssen, ist, dass es ein digitales Signal auslöst, das anzeigt, ob ein Mensch anwesend ist oder nicht. Deshalb ist der PIR-Sensor ein digitaler Sensor.

Selbst gebaute Schalter (DIY)

Du kannst mit einer Metallkugel, ein paar Nägeln und etwas Draht, um die Nägel damit zu umwickeln, deinen eigenen Neigungsschalter bauen. Wenn die Kugel auf eine Seite rollt und auf zwei Nägeln zur Ruhe kommt, verbindet sie diese beiden Drähte miteinander.

Einen Drucktastschalter kannst du mit einer Wäscheklammer herstellen, indem du um jeden Griff einen Draht wickelst. Wenn die Griffe zusammengedrückt werden, wird der Schalter geschlossen.

Alternativ dazu kannst du die Drähte um die Klemmbacken der Wäscheklammer wickeln und ein Stück Pappe dazwischenstecken, um die Drähte voneinander fernzuhalten. Binde eine Schnur an die Pappe und binde das andere Ende der Schnur an eine Tür. Wird die Tür geöffnet, zieht die Schnur die Pappe heraus, die Drähte berühren sich und der Schalter wird geschlossen.

Da all diese Sensoren digital sind, kann jeder von ihnen statt des Drucktasters verwendet werden, mit dem du in Kapitel 4 gearbeitet hast, ohne eine Änderung an deinem Sketch vornehmen zu müssen.

Verwendest du die Schaltung und den Sketch »Einsatz eines Drucktasters zur Steuerung der LED« auf Seite 46, ersetzt aber den Taster durch einen PIR-Sensor, könntest du zum Beispiel deine Lampe auf die Anwesenheit von Menschen reagieren lassen, oder du könntest einen Neigungsschalter verwenden und die Lampe so bauen, dass sich die Lampe ausschaltet, wenn sie zu einer Seite geneigt wird.

Lichtsteuerung mit PWM

Du weißt bereits genug, um eine interaktive Lampe zu bauen, aber bisher ist das Ergebnis etwas langweilig, da die Lampe lediglich entweder an oder aus ist. Eine moderne interaktive Lampe muss dimmbar sein. Um dieses Problem zu lösen, können wir einen kleinen Trick anwenden, der einige Dinge wie Fernsehen oder Kino erst möglich macht. Dieser Trick nennt sich *Persistence of Vision*, oder *POV* – zu Deutsch Augenträgheit. POV nutzt die Tatsache, dass unsere Augen das, was sie sehen, nicht mehr als etwa zehnmal pro Sekunde »auffrischen« können. Wenn sich das, was wir ansehen, schneller als das bewegt, dann »verwischt« das Auge ein Bild mit dem nächsten und erzeugt so die Illusion – manche nennen es »Interpretation« – einer Bewegung.

Wie wir nach dem ersten Beispiel in Kapitel 4 andeuteten, wirst du beim Reduzieren der Zahl in der delay-Funktion, bis du die LED nicht mehr blinken siehst, feststellen, dass die LED dunkler erscheint als normalerweise. Beim Herumexperimentieren wirst du feststellen, dass du, wenn die Einschaltverzögerung anders eingestellt ist als die Ausschaltverzögerung, die LED heller erscheinen lassen kannst, indem du sie länger brennen lässt, und du kannst die LED dunkler wirken lassen, indem du sie länger ausgeschaltet lässt. Diese Technik nennt sich *Pulsweitenmodulation*, oder *PWM*, da du die Helligkeit der LED durch Modulieren (oder Ändern) des Pulses änderst. Abb. 5–3 zeigt diesen Vorgang. Das funktioniert, da unsere Augen aufgrund der Augenträgheit keine auffallenden Änderungen an der LED sehen können, weil sie zu schnell vonstattengehen.

Die Pulsweitenmodulation funktioniert mit einigen anderen Geräten außer LEDs. Zum Beispiel kannst du die Drehzahl eines Motors auf dieselbe Weise ändern. In diesem Fall sind es nicht unsere Augen, die dies zulassen, sondern der Motor selbst, da er nicht auf der Stelle starten oder stoppen kann. Es dauert einen Moment, bis der Rotor des Motors beschleunigt oder abbremst. Wenn wir die Ausgabe (unter Verwendung von `digitalWrite()`) schneller ändern, als der Motor reagieren kann, dreht er sich mit einer dazwischenliegenden Drehzahl weiter, abhängig davon, für welche Zeit er ein- bzw. ausgeschaltet ist.

Obwohl dieser Trick nützlich ist, hattest du wahrscheinlich das Gefühl, dass die Steuerung der Helligkeit der LED durch Herumspielen mit Verzögerungen in deinem Code etwas unpraktisch ist. Schlimmer noch: Sobald du einen Sensor ablesen, Daten über den seriellen Port schicken oder was auch immer machen möchtest, wird sich die Helligkeit der LED ändern, weil jede zusätzliche Codezeile Zeit zum Ausführen hinzuaddiert, was sich auf die Zeit, die die LED ein- oder ausgeschaltet ist, auswirkt.

Zum Glück umfasst der von deinem Arduino verwendete Mikrocontroller ein besonderes Hardwareteil namens Timer/Counter, zu Deutsch Zeitschaltuhr/Zähler. Timer/Counter laufen unabhängig von dem Programm, das der Mikrocontroller ausführt, und können deine LED sehr effizient blinken lassen, während dein Sketch etwas anderes tut. Auf dem Uno ist diese Hardware in den Pins 3, 5, 6, 9, 10 und 11 implementiert. Sobald sie korrekt eingerichtet sind, können die Timer/Counter insbesondere einen Pin automatisch für eine bestimmte Zeit ein- und dann für eine bestimmte Zeit wieder ausschalten, und all das, ohne dein Programm zu beeinflussen. Wenn du ein Diagramm der Spannung am Pin zeichnest, wirst du sehen, dass die Pulse in ihrer Weite variieren können; daher nennt sich diese Technik *Pulsweitenmodulation* oder *PWM*.

Die Funktion, die für die PWM auf dem Arduino zuständig ist, nennt sich `analogWrite()`. `analogWrite()` nimmt einen Wert zwischen 0 und 255, wobei 255 volle Helligkeit bedeutet, 0 dagegen vollkommen aus.

Schreibt man zum Beispiel analogWrite(9,50), wird die Helligkeit der LED am Pin 9 auf recht dunkel gesetzt, während `analogWrite(9,200)` die LED ziemlich hell scheinen lässt. Wenn du einen Motor am Pin 9 anschließt, dann wird `analogWrite(9,50)` den Motor recht langsam bewegen, während `analogWrite(9,200)` den Motor deutlich schneller bewegt.

Mehrere PWM-Pins zu haben, ist sehr hilfreich. Wenn du zum Beispiel eine RGB-LED kaufst (eine LED, die rotes, grünes und blaues Licht mit unterschiedlicher Intensität emittieren kann), dann kannst du jeden Wert anpassen, um Licht jeder beliebigen Farbe zu produzieren.

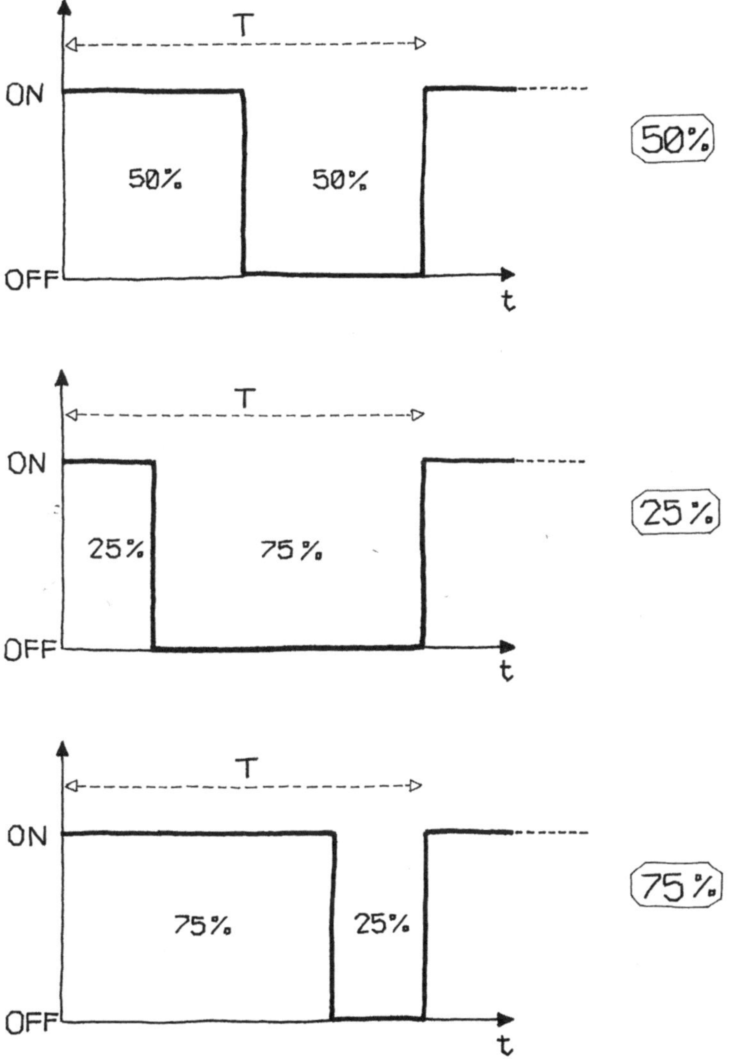

Abb. 5–3 PWM im Einsatz

Lass es uns probieren. Bau die Schaltung, die du in Abb. 5–4 siehst. Du benötigst eine LED jeder Farbe und ein paar 220-Ohm-Widerstände.[3]

Beachte, dass LEDs *polarisiert* sind, was bedeutet, es spielt eine Rolle, in welcher Richtung der elektrische Strom durch sie hindurchfließt. Der lange Leiter kennzeichnet die *Anode* bzw. positive Leitung, und in unserem Fall muss diese auf die rechte Seite gehen, womit sie am Pin 9 des Arduino angeschlossen wird. Der kurze Leiter kennzeichnet die *Kathode* bzw. die negative Leitung, und in diesem Fall muss sie links angeschlossen werden, am Widerstand.

Die meisten LEDs haben auch auf der Seite der Kathode ein abgeflachtes Ende, wie in der Abbildung dargestellt. Eine einfache Methode, sich dies zu merken, ist, dass das flache Teil aussieht wie ein Minuszeichen und dass der kurze Leiter etwas von ihm *abgezogen* bekommen hat.

Wie zuvor bei »Blinkende LED« auf Seite 30 erwähnt, solltest du mit einer LED immer einen Widerstand verwenden, um ein Durchbrennen der LED zu verhindern. Jeglicher Wert eines Widerstands zwischen 220 Ohm (rot-rot-braun) und 1000 Ohm (braun-schwarz-rot) sollte in Ordnung sein.

Erstelle dann einen neuen Sketch im Arduino mit dem in Beispiel 5–1 gezeigten Code. Du kannst ihn auch über den Link für die Beispielcodes von der Katalogseite der englischen Originalausgabe des Buches herunterladen (*https://makezine.com/go/arduino-4e-github/*).

3 Alle diese Komponenten sind im Set enthalten, das im Vorwort erwähnt wird.

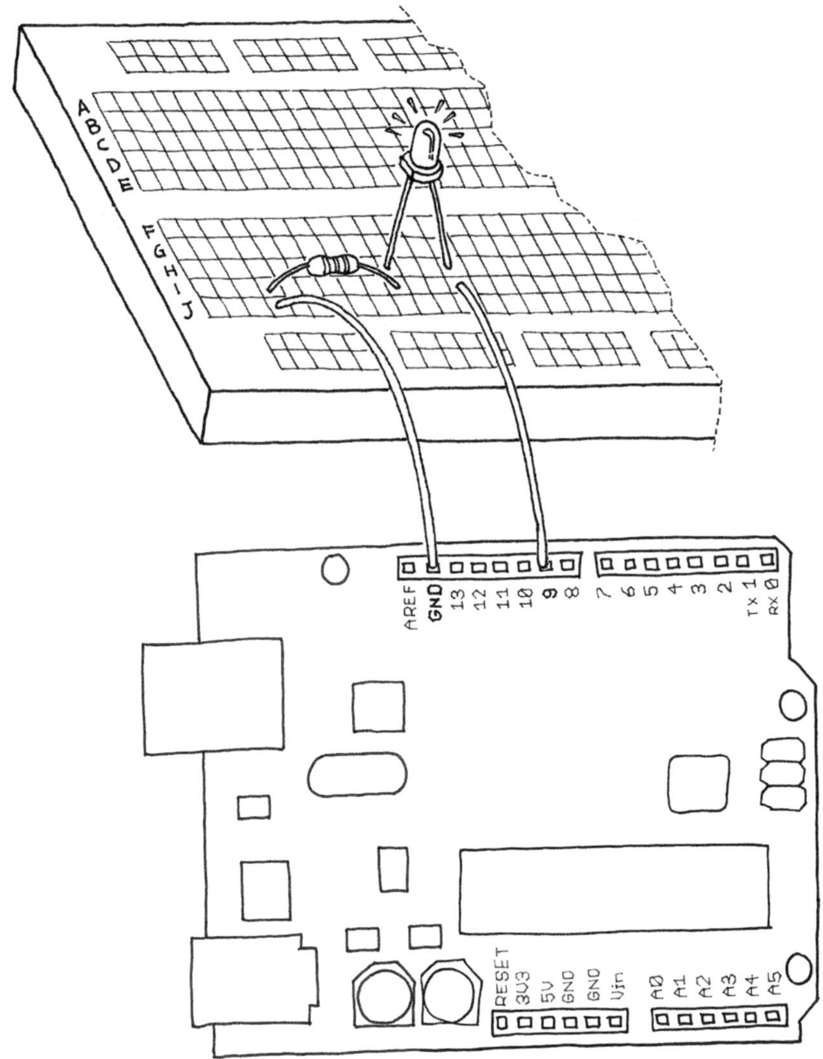

Abb. 5–4 LED angeschlossen an PWM-Pin

Beispiel 5-1 LED ein- und ausblenden, wie bei einem »schlafenden« Apple-Computer

```
const int LED = 9; // the pin for the LED
int i = 0;         // We'll use this to count up and down
void setup() {
  pinMode(LED, OUTPUT); // tell Arduino LED is an output
}

void loop(){

  for (i = 0; i < 255; i++) { // loop from 0 to 254 (fade in)
    analogWrite(LED, i);      // set the LED brightness
    delay(10); // Wait 10ms because analogWrite
               // is instantaneous and we would
               // not see any change with no delay
  }

  for (i = 255; i > 0; i--) { // loop from 255 to 1 (fade out)
    analogWrite(LED, i); // set the LED brightness
    delay(10);           // Wait 10ms
  }

}
```

Lade den Sketch hoch, und die LED wird fortlaufend erst heller, dann wieder dunkler werden. Glückwunsch! Du hast ein schickes Feature eines Laptop-Computers nachgebildet.

Vielleicht ist es ein wenig Verschwendung, Arduino für so etwas Simples zu verwenden, aber von diesem Beispiel kannst du eine Menge lernen.

Wie du zuvor gelernt hast, ändert `analogWrite()` die Helligkeit der LED. Der andere wichtige Teil ist die `for`-Schleife: Sie wiederholt `analogWrite()` und `delay()` immer wieder, dabei verwendet sie jedes Mal wie folgt einen anderen Wert für die Variable `i`.

Bei der ersten `for`-Schleife wird für die Variable `i` der Wert 0 benutzt. Dieser Wert wird dann bis auf 255 gesteigert, was die LED ihre volle Helligkeit erreichen lässt.

Bei der zweiten `for`-Schleife wird für die Variable i der Wert 255 benutzt und dann bis auf 0 verringert, womit die LED bis zum kompletten Ausschalten gedimmt wird.

Nach der zweiten `for`-Schleife startet Arduino unsere `loop()`-Funktion von vorn.

Die Verzögerung `delay()` dient nur dazu, alles ein wenig zu verlangsamen, damit du erkennen kannst, wie die Helligkeit sich verändert – andernfalls würde das zu schnell ablaufen.

Lass uns dieses Wissen zum Verbessern unserer Lampe nutzen.

Füge dieser Steckplatine die Schaltung hinzu, die wir (vorher in Kapitel 4) zum Ablesen einer Taste verwendet haben. Schau mal, ob du es schaffst, ohne über diesen Absatz hinaus weiterzulesen, denn ich möchte, dass du erst über die Tatsache nachdenkst, dass jede elementare Schaltung, die ich hier zeige, ein Baustein für den Bau immer größerer Projekte ist. Wenn du doch einen kurzen Blick nach vorn werfen musst, kein Problem – Hauptsache, du denkst in Ruhe ein wenig darüber nach, wie das aussehen könnte.

Um diese Schaltung zu erstellen, musst du die gerade von dir gebaute Schaltung (in Abb. 5–4 dargestellt) mit der in Abb. 4–5 dargestellten Drucktasterschaltung kombinieren. Wenn du möchtest, kannst du einfach beide Schaltungen auf verschiedenen Teilen der Steckplatine bauen – du hast viel Platz.

Schau dir Anhang A an, um mehr zur lötfreien Steckplatine zu erfahren.

Wenn du dazu noch nicht bereit bist, keine Sorge: Verbinde einfach die beiden Schaltungen mit deinem Arduino, wie in den Abbildungen 4–5 und 5–4 dargestellt.

Nun zum nächsten Beispiel: Wenn man nur einen Taster hat, wie steuert man dann die Helligkeit einer Lampe? Du erlernst noch eine weitere Methode des Interaktionsdesigns: erkennen, wie lange ein Taster gedrückt worden ist. Dazu müssen wir das Beispiel 4–5 aus Kapitel 4 modifizieren, um eine Dimmfunktion hinzuzufügen. Der Gedanke ist, eine Schnittstelle zu bauen, an der eine Drücken-und-Loslassen-Aktion das Licht ein- und ausschaltet und eine Drücken-und-Halten-Aktion die Helligkeit ändert.

Schau dir den Sketch in Beispiel 5–2 an. Er schaltet die LED ein, wenn der Taster gedrückt ist, und lässt sie nach dem Loslassen weiter an. Wenn der Taster gehalten wird, ändert sich die Helligkeit.

Beispiel 5-2 Sketch zum Ändern der Helligkeit einer LED, während du den Taster drückst

```
const int LED = 9;        // the pin for the LED
const int BUTTON = 7;  // input pin of the pushbutton

int val = 0;        // stores the state of the input pin

int old_val = 0; // stores the previous value of "val"
int state = 0;      // 0 = LED off while 1 = LED on
int brightness = 128;         // Stores the brightness value
unsigned long startTime = 0; // when did we begin pressing?

void setup() {
  pinMode(LED, OUTPUT);       // tell Arduino LED is an output
  pinMode(BUTTON, INPUT);   // and BUTTON is an input
}

void loop() {

  val = digitalRead(BUTTON); // read input value and store it
                              // yum, fresh

  // check if there was a transition
  if ((val == HIGH) && (old_val == LOW)) {

    state = 1 - state; // change the state from off to on
                        // or vice-versa

    // remember when the button was last pressed)
    startTime = millis(); // millis() is the Arduino clock
                           // it returns how many milliseconds
                           // have passed since the board has
                           // been reset.

    delay(10);            // wait a bit so we can see the effect
  }

 // check whether the button is being held down
   if ((val == HIGH) && (old_val == HIGH)) {

      // If the button is held for more than 500 ms.
      if (state == 1 && (millis() - startTime) > 500) {

        brightness++; // increment brightness by 1
        delay(10);     // delay to avoid brightness going
                       // up too fast
```

```
        if (brightness > 255) { // 255 is the max brightness

          brightness = 0; // if we go over 255
                          // let's go back to 0
        }
      }
    }
    old_val = val; // val is now old, let's store it

    if (state == 1) {
      analogWrite(LED, brightness); // turn LED ON at the
                                    // current brightness level

    } else {
      analogWrite(LED, 0); // turn LED OFF
    }
  }
```

Jetzt probiere es aus. Wie du siehst, nimmt dieses Interaktionsmodell Gestalt an. Wenn du den Taster drückst und sofort wieder loslässt, schaltest du die Lampe ein oder aus. Wenn du den Taster gedrückt hältst, ändert sich die Helligkeit; lass ihn einfach los, wenn du die gewünschte Helligkeit erreicht hast.

Wie ich bereits zum Thema »Nachdenken über die Schaltung« sagte: Versuche ein wenig Zeit dafür zu investieren, das Programm zu verstehen.

Die verwirrendste Zeile ist wahrscheinlich diese hier:

```
if (state == 1 && (millis() - startTime) > 500) {
```

Diese Codezeile prüft, um zu sehen, ob der Taster mehr als 500 ms gedrückt gehalten wird, indem sie eine Funktion namens `millis()` verwendet, die lediglich eine Zählung der Millisekunden seit Beginn des Betriebs deines Sketches ist. Durch das Festhalten des Zeitpunkts, an dem der Taster gedrückt wurde (in der Variablen `startTime`), können wir die aktuelle Zeit mit der Startzeit vergleichen, um zu sehen, wie viel Zeit vergangen ist.

Das funktioniert natürlich nur, wenn der Taster gedrückt wird, weshalb wir am Beginn der Zeile prüfen, ob `state` auf den Wert 1 gesetzt ist.

Wie du siehst, sind Schalter echt leistungsstarke Sensoren, auch wenn sie so simpel sind. Jetzt lass uns lernen, einige andere Sensoren zu verwenden.

Einsatz eines Lichtsensors statt des Drucktasters

Jetzt werden wir versuchen, ein interessantes Experiment mit einem Fotowiderstand[4] durchzuführen, wie jenem in Abb. 5–5 gezeigten.

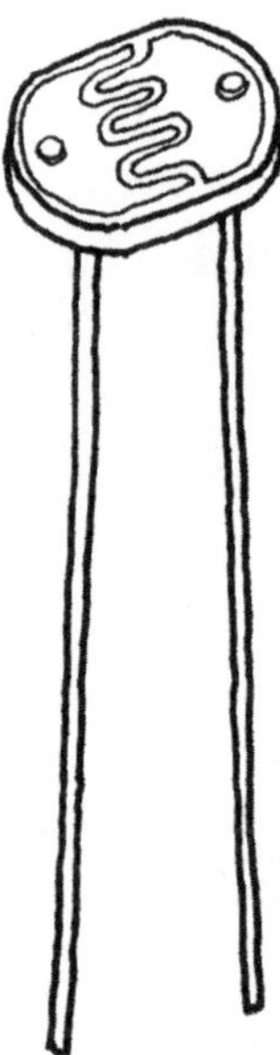

Abb. 5–5 Fotowiderstand (LDR, engl. für Light Dependent Resistor)

Wie sein englischer Name »Light dependend resistor« nahelegt, ist der *Fotowiderstand* eine Art Widerstand, der von Licht abhängig ist. Bei Dunkelheit ist der Widerstand eines LDR recht hoch, aber wenn du etwas Licht auf ihn scheinen lässt, sinkt der Widerstand schnell und er wird zu einem ziemlich guten Leiter für elektrischen Strom. Damit ist er eine Art lichtaktivierter Schalter.

Bau die in Abb. 4–5 dargestellte Schaltung (siehe »Einsatz eines Drucktasters zur Steuerung der LED« auf Seite 46 in Kapitel 4) und lade dann den Code aus Beispiel 4–2 in deinen Arduino hoch. Drück den Taster, um sicherzustellen, dass er funktioniert.

4 LDRs sind in dem im Vorwort genannten Set enthalten.

Jetzt entferne vorsichtig nur den Drucktaster und füge den LDR genau dort in die Schaltung ein, wo zuvor der Taster war. Die LED sollte aufleuchten. Bedecke den LDR mit deinen Händen, und die LED schaltet sich aus.

Du hast soeben deine erste echte sensorbetriebene LED gebaut. Das ist ein bedeutender Schritt, weil du erstmals in diesem Buch eine elektronische Komponente verwendest, die nicht nur ein einfaches mechanisches Gerät ist: Sie ist ein echter, leistungsstarker Sensor. Tatsächlich ist das nur ein kleines Beispiel dessen, wofür sich ein LDR einsetzen lässt.

Analoge Eingabe

Wie du im vorhergehenden Abschnitt gelernt hast, kann Arduino erkennen, ob auf einen der Pins eine Spannung angewandt wird, und meldet dies durch die Funktion `digitalRead()`. Diese Art der Entweder-oder-Reaktion ist in vielen Applikationen ausreichend, aber der Fotowiderstand, den wir gerade verwendet haben, kann uns nicht nur sagen, ob überhaupt Licht vorhanden ist, sondern auch, wie viel. Das ist der Unterschied zwischen einem Ein/Aus- oder *digitalen* Sensor (der uns sagt, ob etwas da ist oder nicht) und einem *analogen* Sensor, der uns sagen kann, wie viel von etwas da ist.

Um diese Art von Sensor ablesen zu können, müssen wir einen speziellen Arduino-Pin verwenden.

Dreh deinen Arduino herum, damit er der Abb. 5–6 entspricht.

Im oberen linken Teil des Boards siehst du sechs Pins mit der Kennzeichnung Analog In; das sind spezielle Pins, die dir nicht nur sagen können, ob eine Spannung auf sie angewandt wird, sondern die auch die Höhe dieser Spannung messen können, indem sie die `analogRead()`-Funktion verwenden. Die `analogRead()`-Funktion gibt eine Zahl zwischen 0 und 1023 wieder, die Spannungen zwischen 0 und 5 Volt repräsentiert. Wenn zum Beispiel eine Spannung von 2,5V auf Pin Nummer 0 angewandt wird, dann gibt `analogRead(0)` 512 wieder.

Wenn du jetzt diese Schaltung aufbaust, die du in Abb. 5–6 siehst, einen 10-kΩ-Widerstand verwendest und den im Beispiel 5–3 aufgeführten Code ausführst, dann siehst du die LED auf dem Board mit einer Rate blinken, die von der auf den Sensor scheinenden Lichtmenge abhängig ist.

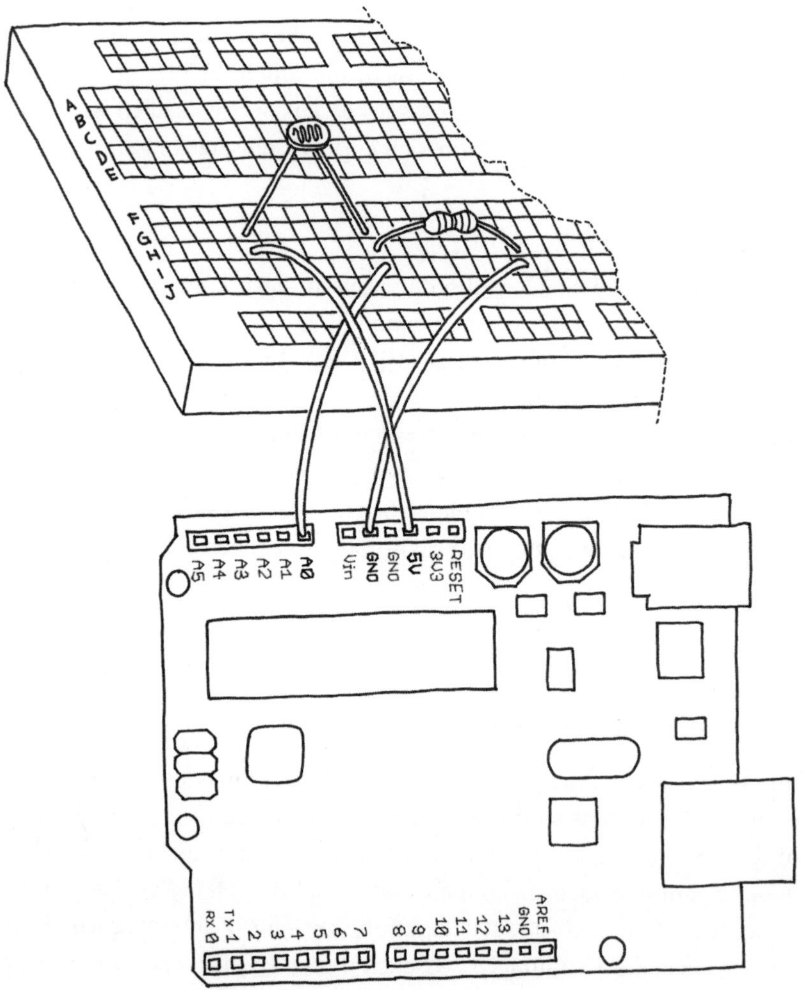

Abb. 5–6 Eine Schaltung mit einem analogen Sensor

Beispiel 5-3 LED mit einer durch den Wert der analogen Eingabe bestimmten Rate blinken lassen

```
const int LED = 13; // the pin for the LED

int val = 0;      // variable used to store the value
                  // coming from the sensor
void setup() {
  pinMode(LED, OUTPUT); // LED is as an OUTPUT
  // Note: Analogue pins are
  // automatically set as inputs
}

void loop() {

  val = analogRead(0); // read the value from
                       // the sensor

  digitalWrite(LED, HIGH); // turn the LED on

  delay(val); // stop the program for
              // some time

  digitalWrite(LED, LOW); // turn the LED off

  delay(val); // stop the program for
              // some time
}
```

Nun füge wie zuvor eine LED an Pin 9 hinzu und verwende dazu die in Abb. 5-4 gezeigte Schaltung. Da du bereits einiges auf der Platine stecken hast, musst du eine Stelle darauf finden, wo die LED, die Drähte und der Widerstand nicht die LDR-Schaltung überlappen. Vielleicht musst du ein paar Dinge verlagern, aber keine Sorge, das ist eine gute Übung, weil es dir hilft, Schaltungen und die Steckplatine zu verstehen.

Wenn du mit dem Hinzufügen der LED zu deiner LDR-Schaltung fertig bist, gib das Beispiel 5-4 ein und lade es dann auf deinen Arduino hoch.

Beispiel 5-4 LED auf eine vom Wert des analogen Eingangs bestimmte Helligkeit einstellen

```
const int LED = 9; // the pin for the LED

int val = 0;      // variable used to store the value
                  // coming from the sensor

void setup() {

  pinMode(LED, OUTPUT); // LED is as an OUTPUT

  // Note: Analogue pins are
  // automatically set as inputs
}

void loop() {

  val = analogRead(0); // read the value from
                       // the sensor
  analogWrite(LED, val/4); // turn the LED on at
                           // the brightness set
                           // by the sensor

  delay(10); // stop the program for
             // some time
}
```

Sobald es läuft, decke die LDR abwechselnd ab und wieder auf und schau, was mit der Helligkeit der LED passiert.

Versuche wiederum zu verstehen, was passiert. Das Programm ist wirklich sehr einfach, sogar viel einfacher als die vorhergehenden zwei Beispiele.

> Wir spezifizieren die Helligkeit der LED durch Teilen von `val` durch 4, da `analogRead()` eine Zahl bis 1023 wiedergibt und `analogWrite()` maximal 255 akzeptiert. Der Grund dafür ist, dass es immer wünschenswert ist, analoge Sensoren mit einer möglichst hohen Präzision abzulesen, während unsere Augen feinere Unterschiede in der Helligkeit einer LED nicht erkennen können. Falls du dich fragst, warum `analogRead()` keinen noch größeren Zahlenbereich wiedergibt – das liegt daran, dass es mehr Raum auf dem Stück Silikon im Kern des Mikrocontrollers einnehmen würde, und dies ginge auf Kosten irgendeiner anderen Funktionalität. Das Design von Mikrocontrollern ist immer ein sorgfältiges Zusammenspiel von Merkmalen, Raum, Hitze, Kosten und der Anzahl von Pins.

Versuche mit anderen analogen Sensoren

Der Fotowiderstand ist ein sehr nützlicher Sensor, aber Arduino kann Widerstand nicht direkt ablesen. Die Schaltung in Abb- 5–6 nimmt den Widerstand des LDR und wandelt ihn in eine Spannung um, die Arduino lesen kann.

Dieselbe Schaltung funktioniert für jeden Widerstandssensor. Hiervon gibt es viele verschiedene Arten wie Sensoren zum Messen von Kraft, Dehnung, Biegung oder Temperatur. Du könntest zum Beispiel einen *Thermistor* (temperaturabhängiger Widerstand) statt des LDR anschließen und damit eine LED erhalten, die ihre Helligkeit je nach Temperatur verändert.

> Wenn du mit einem Thermistor arbeitest, sei dir bewusst, dass keine direkte Verbindung zwischen dem von dir abgelesenen Wert und der tatsächlich gemessenen Temperatur besteht. Wenn du eine exakte Ablesung benötigst, dann solltest du die Zahlen nehmen, die beim Messen mit einem echten Thermometer vom analogen Pin kommen. Du könntest diese Zahlen in einer Tabelle nebeneinanderstellen und einen Weg erarbeiten, die analogen Ergebnisse mit tatsächlichen Temperaturen zu kalibrieren. Alternativ dazu könntest du einen digitalen Temperatursensor wie den TMP36 von Analog Devices verwenden.

Bis jetzt haben wir eine LED als Ausgabegerät verwendet. Es wäre schwierig, zum Beispiel die Temperatur zu messen, indem man versucht, die Helligkeit einer LED zu beurteilen. Wäre es nicht schön, wenn wir tatsächlich die Werte erhielten, die Arduino vom Sensor abliest? Wir könnten die LED die Werte in Morsecode blinken lassen, aber es gibt einen viel einfacheren Weg für Arduino, Informationen an uns Menschen zu senden, indem dasselbe USB-Kabel verwendet wird, das du zum Hochladen deiner Sketche auf den Arduino benutzt hast.

Serielle Kommunikation

Du hast am Anfang dieses Buches gelernt, dass der Arduino einen USB-Anschluss hat, der von der IDE zum Hochladen von Code auf den Mikrocontroller genutzt wird. Die gute Nachricht ist, dass, nachdem der

Sketch hochgefahren ist und läuft, der Sketch dieselbe Verbindung nutzen kann, um Mitteilungen an deinen Computer zu senden bzw. von ihm zu empfangen. Dafür verwenden wir das *serielle Objekt*.

In der Arduino-Programmiersprache ist ein *Objekt* eine Sammlung verwandter Fähigkeiten, die aus praktischen Gründen gebündelt sind, und das serielle Objekt erlaubt uns, über die USB-Verbindung zu kommunizieren. Du kannst dir das serielle Objekt als einen Weg vorstellen, eine Mitteilung zum oder vom Arduino zu schicken, Buchstabe für Buchstabe. Natürlich enthält das serielle Objekt eine Menge kompliziertes Zeug, um das wir uns nicht kümmern brauchen. Wir müssen nur lernen, wie man das serielle Objekt verwendet.

In diesem Beispiel nimmst du die letzte Schaltung, die wir mit dem Fotowiderstand gebaut haben, aber statt der Steuerung der Helligkeit einer LED sendest du die von `analogRead()` gelesenen Werte zurück an den Computer. Gib den Code aus Beispiel 5–5 in einen neuen Sketch ein. Du kannst ihn auch über den Link für die Beispielcodes von der *Katalogseite* der englischen Originalausgabe des Buches herunterladen (*https://makezine.com/go/arduino-4e-github/*).

Beispiel 5–5 Sende dem Computer die vom analogen Eingang 0 gelesenen Werte

```
const int SENSOR = 0; // select the input pin for the
                      // sensor resistor

int val = 0; // variable to store the value coming
             // from the sensor

void setup() {

 Serial.begin(9600); // open the serial port to send
                     // data back to the computer at
                     // 9600 bits per second
}

void loop() {

  val = analogRead(SENSOR); // read the value from
                            // the sensor
```

```
  Serial.println(val); // print the value to
                       // the serial port

  delay(100); // wait 100ms between
              // each send
}
```

Nachdem du den Code auf deinen Arduino hochgeladen hast, denkst du vielleicht, es passiert nichts Interessantes. Tatsächlich arbeitet dein Arduino einwandfrei: Er ist damit beschäftigt, den Lichtsensor abzulesen und Informationen an deinen Computer zu senden. Das Problem ist, dass nichts an deinem Computer anzeigt, dass die Informationen von deinem Arduino kommen.

Was du brauchst, ist eine Softwarefunktion namens Serial Monitor, und diese ist in die Arduino-IDE eingebaut.

Die Serial-Monitor-Schaltfläche befindet sich nahe der oberen rechten Ecke der Arduino-IDE. Sie sieht ein bisschen wie eine Lupe aus, als würdest du die Kommunikation vom Arduino zu deinem Computer ausspionieren.

Klicke die Serial-Monitor-Schaltfläche an, um den Monitor zu öffnen – im unteren Teil des Fensters siehst du dann die Zahlen vorbeirollen. Deck den Fotowiderstand zu, um es abzudunkeln, und schau, wie sich die Zahlen verändern. Beachte, dass die Zahlen nie unter Null gehen und nie über 1023, da dies der Zahlenbereich ist, den `analogRead()` produzieren kann.

Der serielle Kommunikationskanal zwischen Arduino und deinem Computer eröffnet eine völlig neue Welt voller Möglichkeiten. Es gibt viele Programmiersprachen, mit denen du Programme für deinen Computer schreiben kannst, der mit dem seriellen Port sprechen kann, und über den seriellen Port können jene Programme mit deinem Arduino sprechen.

Eine besonders gute Ergänzung zum Arduino ist die Programmiersprache »Processing«, da die Sprache und die IDE sich so ähnlich sind. Im Kapitel 6 unter »Programmieren« auf Seite 86 erfährst du mehr zu Processing, und deine Arduino-IDE schließt einige Beispiele ein, wie bspw. *File → Examples → 04.Communication → Dimmer* und *File → Examples → 04.Communication → Graph*. Du kannst auch viele Beispiele im Internet finden.

Antrieb größerer Lasten (Motoren, Lampen und dergleichen)

Jeder der Pins auf einem Arduino-Board kann nur für den Antrieb von Geräten verwendet werden, die sehr wenig Strom verbrauchen, wie zum Beispiel eine LED. Wenn du versuchst, etwas Größeres wie einen Motor oder eine Glühbirne zu betreiben, könnte der Pin seine Arbeit einstellen und den Mikrocontroller, das Herz deines Arduino, dauerhaft beschädigen.

Um sicherzugehen, sollte der Strom, der durch einen I/O-Pin des Arduino fließt, auf 20 mA beschränkt sein.

Aber keine Sorge: Es gibt eine Reihe einfacher Techniken, die es dir erlauben, Geräte zu steuern, die viel mehr Strom benötigen. Der Trick ähnelt ein bisschen dem Einsatz eines Hebels und Drehpunkts zum Heben einer sehr schweren Last. Indem ein langer Stock unter einen schweren Stein geschoben wird und ein Hebelpunkt an der richtigen Stelle ist, kannst du am langen Ende des Stocks ziehen, und das kurze Ende unter dem Stein hat erheblich mehr Kraft. Du ziehst mit einer geringen Kraft, und die Mechanik des Hebels wendet eine größere Kraft auf den Stein an.

In der Elektronik ist ein *MOSFET* hierfür eine Methode. Ein MOSFET ist ein elektronischer Schalter, der mit wenig Strom gesteuert werden, im Gegenzug aber sehr viel mehr Strom steuern kann. Ein MOSFET hat drei Pins. Du kannst dir einen MOSFET als Schalter zwischen zwei seiner Pins (*Drain* und *Source*) vorstellen, der von einem dritten Pin (*Gate*) gesteuert wird. Er ist so etwas wie ein Lichtschalter, bei dem das Gate durch das Teil, das du zum Ein- und Ausschalten des Lichts bewegst, repräsentiert wird. Ein Lichtschalter ist mechanisch, wird durch einen Finger gesteuert, aber ein MOSFET ist elektronisch, wird durch einen Pin von deinem Arduino gesteuert.

MOSFET steht für »Metalloxid-Halbleiter-Feldeffekttransistor«. Er ist ein spezieller Typ Transistor, der nach dem Feldeffektprinzip funktioniert. Das bedeutet, dass Strom durch ein Stück Halbleitermaterial (zwischen den *Drain*- und *Source*-Pins) fließt, wenn Spannung auf den *Gate*-Pin angewandt wird. Da das Gate durch eine Schicht Metalloxid vom Rest isoliert ist, fließt kein Strom vom Arduino in den MOSFET, wodurch er sehr leicht zu koppeln ist. MOSFETs sind ideal zum Ein- und Ausschalten großer Lasten bei hoher Frequenz.

In Abb. 5–7 siehst du, wie du einen MOSFET wie den IRF520 zum Ein- und Ausschalten eines an einem Ventilator angeschlossenen Motors einsetzen könntest. In dieser Schaltung nimmt der Motor seinen Strom tatsächlich vom VIN-Anschluss auf dem Arduino-Board, der für eine Spannung zwischen 7 und 12 Volt vorgesehen ist. Das ist ein weiterer Vorteil des MOSFET: Er erlaubt uns die Steuerung von Geräten, die eine andere Spannung als die vom Arduino verwendeten 5V benötigen.

Die schwarze Komponente mit dem weißen Band drumherum ist eine *Diode*, und in dieser Schaltung wird sie zum Schutz des MOSFET verwendet.

Praktischerweise können MOSFETs sehr schnell ein- und ausgeschaltet werden, sodass du dennoch PWM zum Steuern einer Lampe oder eines Motors über einen MOSFET verwenden kannst. In Abb. 5–7 ist der MOSFET am Stift 9 angeschlossen, sodass du `analogWrite()` zum Steuern der Drehzahl des Motors über PWM verwenden kannst. (Denk dran, dass nur die Pins 3, 5, 6, 9, 10 und 11 mit `analogWrite()` genutzt werden können.)

Zum Bau der Schaltung benötigst du einen IRF520-MOSFET und eine 1N4007-Diode. Wenn sich der Motor zufällig während des Hochladens dreht, ordne einen 10-kΩ-Widerstand zwischen Pin 9 und GND an[5].

In Kapitel 8 lernst du das *Relais* kennen, eine weitere Methode zum Steuern von Geräten, die mehr Strom benötigen.

Komplexe Sensoren

Wir definieren komplexe Sensoren als solche, die ihre Informationen auf eine Art und Weise liefern, dass sie nicht mit `digitalRead()` oder `analogRead()` allein gelesen werden können. Diese Sensoren haben in der Regel eine vollständige interne Schaltung, möglicherweise mit ihrem eigenen Mikrocontroller. Einige Beispiele für komplexe Sensoren sind digitale Temperatursensoren, Ultraschall- und Infrarot-Abstandssensoren sowie Beschleunigungsmesser. Ein Grund für diese Komplexität könnte sein, mehr Information oder Genauigkeit zu erreichen; beispielsweise haben manche Sensoren eindeutige Adressen, damit man viele Sensoren an den-

5 Alle diese Komponenten sind im Set enthalten, das im Vorwort erwähnt wird.

selben Drähten anschließen und trotzdem jeden einzeln um Meldung seiner Daten bitten kann.

Zum Glück bietet Arduino eine Vielfalt an Mechanismen zum Lesen dieser komplexen Sensoren. Du wirst einige von ihnen in Kapitel 8 sehen unter »Testen der Echtzeituhr (RTC)« auf Seite 111 zum Ablesen einer Echtzeituhr und unter »Testen des Temperatur- und Feuchtigkeitssensors« auf Seite 131 zum Ablesen eines Temperatur- und Feuchtigkeitssensors.

Weitere Beispiele findest du auf der Arduino-Website, indem du nach »Tutorials« sowie unter *Community → Project Hub* suchst.

Tom Igoes *Making Things Talk*, 3. Auflage (Make Community LLC 2017, in englischer Sprache), deckt einen weiten Bereich komplexer Sensoren ab.

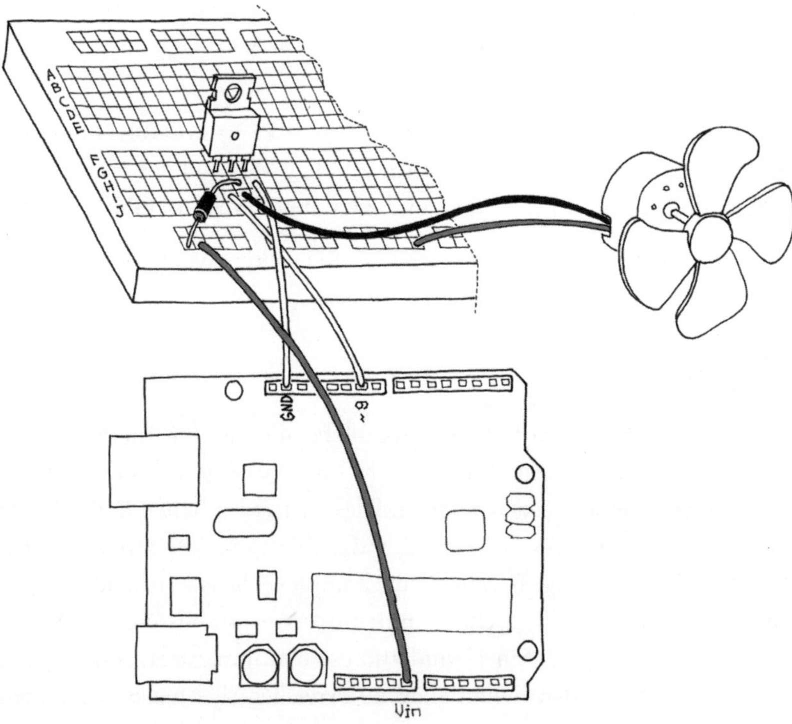

Abb. 5–7 Eine Motorschaltung für Arduino

Das Arduino-Alphabet

In den vorangegangenen Kapiteln hast du die Grundlagen von Arduino und die dir zur Verfügung stehenden Basisbausteine kennengelernt. Lass uns nun sehen, was das »Arduino-Alphabet« ausmacht.

Digitaler Ausgang
Wir haben ihn zum Steuern einer LED verwendet, aber mit der richtigen Schaltung kann er zum Steuern von Motoren, zum Erzeugen von Sounds und für vieles mehr genutzt werden.

Analoger Ausgang
Dieser bietet uns die Möglichkeit, die Helligkeit der LED zu steuern, sie also nicht nur ein- oder auszuschalten. Wir können sogar die Drehzahl eines Motors mit ihm steuern.

Digitaler Eingang
Dieser erlaubt uns das Ablesen des Zustands von Sensoren, die einfach nur ja oder nein sagen, wie Drucktastschalter oder Neigungsschalter.

Analoger Eingang
Wir können Signale von Sensoren lesen, die mehr Informationen als lediglich ein oder aus haben, wie ein Potenziometer, das uns mitteilen kann, wie weit es gedreht wurde, oder ein Lichtsensor, der uns sagen kann, wie viel Licht auf ihn scheint.

Serielle Kommunikation
Diese erlaubt uns die Kommunikation mit einem Computer und den Austausch von Daten oder einfach das Beobachten des Sketches, der auf dem Arduino läuft.

Jetzt, da du das Alphabet erlernt hast, können wir mit dem Schreiben der Poesie beginnen!

6 Mit Processing eine Arduino-Lampe ins Netz bringen

In diesem Kapitel werden wir sehen, wie wir eine funktionierende Anwendung zusammenstellen, die das in den vorangegangenen Kapiteln Erlernte nutzt. Dieses Kapitel soll dir zeigen, wie jedes einzelne Beispiel als Baustein für ein komplexes Projekt verwendet werden kann.

> *Hier kommt der Möchtegern-Designer in mir zum Vorschein. Wir werden die 21.-Jahrhundert-Version einer klassischen Lampe meines bevorzugten italienischen Designers Joe Colombo anfertigen. Das Objekt, das wir bauen werden, ist von einer Lampe namens Aton aus dem Jahr 1964 inspiriert.*
>
> *– Massimo*

Wie du in Abb. 6–1 siehst, ist die Lampe eine einfache Kugel, die auf einem Fuß mit einem großen Loch sitzt, das verhindert, dass die Kugel auf deinen Tisch herunterrollt. Dieses Design erlaubt dir, die Lampe in verschiedene Richtungen auszurichten.

In Bezug auf die Funktionalität wollen wir ein Gerät bauen, das sich mit dem Internet verbindet, die aktuelle Artikelliste des Make-Blogs (*http://blog.makezine.com*) abruft und zählt, wie oft die Wörter »Peace«, »Love« und »Arduino« erwähnt werden. Mit diesen Werten erzeugen wir eine Farbe und stellen sie auf der Lampe dar. Die Lampe selbst hat einen Taster, den wir zum Ein- und Ausschalten verwenden können, und einen Lichtsensor für die automatische Aktivierung.

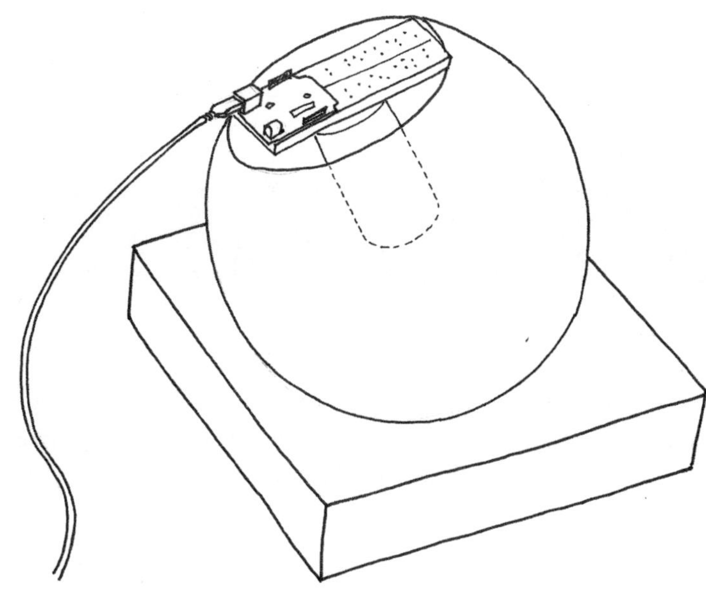

Abb. 6–1 Die fertige Lampe

Planung

Schauen wir uns an, was wir erreichen wollen und welche Dinge wir dafür brauchen. Zuerst benötigen wir Arduino, um eine Verbindung zum Internet herstellen zu können. Da das Arduino-Board nur einen USB-Port hat, können wir es nicht direkt mit einem Internetanschluss verbinden, sodass wir uns überlegen müssen, wie wir die beiden überbrücken. Normalerweise führen Leute eine Anwendung auf einem Computer aus, der sich mit dem Internet verbindet, die Daten verarbeitet und Arduino etwas einfache, gefilterte Information zusendet.

Der Arduino ist ein simpler Computer mit kleinem Speicher; er kann große Dateien nicht einfach verarbeiten, und wenn wir eine Verbindung mit einem RSS-Feed herstellen, erhalten wir eine sehr ausführliche XML-Datei, die erheblich mehr RAM erfordern würde. Andererseits hat dein Laptop- oder Desktop-Computer viel mehr RAM und ist für diese Art von Arbeit weit besser geeignet, sodass wir zum Vereinfachen der XML einen Proxy implementieren, indem wir die Programmiersprache für die Ausführung auf deinem Computer verwenden.

Processing

Arduino basiert auf Processing. Wir lieben diese Sprache und verwenden sie, um Anfängern das Programmieren beizubringen und um schönen Code zu schreiben. Processing und der Arduino bilden ein perfektes Team. Ein weiterer Vorteil ist, dass Processing quelloffen ist und auf allen wichtigen Plattformen läuft (macOS, Linux und Windows). Es kann auch eigenständige Anwendungen erzeugen, die auf diesen Plattformen laufen. Darüber hinaus gibt es eine lebhafte und hilfsbereite Processing-Community, und du findest Tausende vorgefertigter Beispielprogramme.

Hol dir Processing (engl. für »Verarbeitung«) von *https://processing.org/download*.

Der Proxy erledigt die folgende Arbeit für uns: Er lädt den RSS-Feed von *http://makezine.com* herunter und extrahiert alle Wörter aus der sich ergebenden XML-Datei. Dann, beim Durchgehen aller Wörter, zählt er die Anzahl der im Text auftauchenden Wörter »Peace«, »Love« und »Arduino«. Mit diesen drei Zahlen berechnen wir einen Farbwert und schicken ihn an Arduino. Der Arduino-Code sendet wiederum die vom Sensor gemessene Lichtmenge an den Computer, die dann vom Processing-Code auf dem Computermonitor angezeigt wird.

Auf der Hardwareseite kombinieren wir das Drucktastschalter-Beispiel, das Lichtsensor-Beispiel, die PWM-LED-Steuerung (mit 3 multipliziert!) und die serielle Kommunikation. Schau, ob du jede dieser Schaltungen identifizieren kannst, während du sie in »Zusammenbau der Schaltung« auf Seite 93 baust. So werden normalerweise Projekte durchgeführt.

Da es sich bei Arduino um ein einfaches Gerät handelt, müssen wir auch die Farbe auf eine einfache Art und Weise festlegen. Wir verwenden die standardisierte Form, in der Farben in HTML angegeben werden: # gefolgt von sechs hexadezimalen Zeichen.

Hexadezimale Zahlen sind praktisch, da jede 8-Bit-Zahl in genau zwei Zeichen gespeichert wird; bei Dezimalzahlen variiert dies von ein bis drei Zeichen. Die Berechenbarkeit macht zudem den Code einfacher: Wir warten, bis wir ein # sehen, und dann lesen wir die folgenden sechs Zeichen in einen *Puffer* ein (eine als vorübergehender Wartebereich für Daten verwendete Variable). Abschließend wandeln wir jede Gruppe aus zwei Zeichen in ein Byte um, das die Helligkeit einer der drei LEDs repräsentiert.

Programmieren

Die zwei auszuführenden Sketche: der Processing-Sketch und der Arduino-Sketch. Beispiel 6–1 ist der Code für den Processing-Sketch. Du kannst ihn auch über den Link für die Beispielcodes von der *Katalogseite* der englischen Originalausgabe des Buches herunterladen (*https://makezine.com/go/arduino-4e-github/*).

Beispiel 6–1 Arduino-Netzwerk-Lampe

Teile des Codes sind von einem Blog-Beitrag von Tod E. Kurt inspiriert (*http://todbot.com*).

```
import processing.serial.*;
import java.net.*;
import java.io.*;
import java.util.*;

String feed = "http://makezine.com/feed/";

int interval = 5 * 60 * 1000; // retrieve feed every five
minutes;
int lastTime;                 // the last time we fetched the
content

int love    = 0;
int peace   = 0;
int arduino = 0;

int light = 0; // light level measured by the lamp

Serial port;
color c;
String cs;

String buffer = ""; // Accumulates characters coming from Arduino

PFont font;

void setup() {
  size(640, 480);
  frameRate(10);    // we don't need fast updates
```

```
  font = createFont("Helvetica", 24);
  fill(255);
  textFont(font, 32);

  // IMPORTANT NOTE:
  // The first serial port retrieved by Serial.list()
  // should be your Arduino. If not, uncomment the next
  // line by deleting the // before it, and re-run the
  // sketch to see a list of serial ports. Then, change
  // the 0 in between [ and ] to the number of the port
  // that your Arduino is connected to.
  //println(Serial.list());
  String arduinoPort = Serial.list()[0];

  port = new Serial(this, arduinoPort, 9600); // connect to Arduino

  lastTime = millis();
  fetchData();
}

void draw() {
  background( c );
  int n = (lastTime + interval - millis())/1000;

  // Build a colour based on the 3 values
  c = color(peace, love, arduino);
  cs = "#" + hex(c, 6); // Prepare a string to be sent to Arduino

  text("Arduino Networked Lamp", 10, 40);
  text("Reading feed:", 10, 100);
  text(feed, 10, 140);

  text("Next update in "+ n + " seconds", 10, 450);
  text("peace", 10, 200);
  text(" " + peace, 130, 200);
  rect(200, 172, peace, 28);

  text("love ", 10, 240);
  text(" " + love, 130, 240);
  rect(200, 212, love, 28);

  text("arduino ", 10, 280);
  text(" " + arduino, 130, 280);
  rect(200, 252, arduino, 28);
```

```
    // write the colour string to the screen
    text("sending", 10, 340);
    text(cs, 200, 340);

    text("light level", 10, 380);
    rect(200, 352, light/10.23, 28); // this turns 1023 into 100

    if (n <= 0) {
      fetchData();
      lastTime = millis();
    }

    port.write(cs); // send data to Arduino

    if (port.available() > 0) { // check if there is data waiting
      int inByte = port.read(); // read one byte
      if (inByte != 10) { // if byte is not newline
        buffer = buffer + char(inByte); // just add it to the buffer
      } else {

        // newline reached, let's process the data
        if (buffer.length() > 1) { // make sure there is enough data

          // chop off the last character, it's a carriage return
          // (a carriage return is the character at the end of a
          // line of text)
          buffer = buffer.substring(0, buffer.length() -1);

          // turn the buffer from string into an integer number
          light = int(buffer);

          // clean the buffer for the next read cycle
          buffer = "";

          // We're likely falling behind in taking readings
          // from Arduino. So let's clear the backlog of
          // incoming sensor readings so the next reading is
          // up-to-date.
          port.clear();
        }
      }
    }
  }

  void fetchData() {
    // we use these strings to parse the feed
```

```
  String data;
  String chunk;

  // zero the counters
  love    = 0;
  peace   = 0;
  arduino = 0;
  try {
    URL url = new URL(feed);  // An object to represent the URL
    // prepare a connection
    URLConnection conn = url.openConnection();
    conn.connect(); // now connect to the Website

    // this is a bit of virtual plumbing as we connect
    // the data coming from the connection to a buffered
    // reader that reads the data one line at a time.
    BufferedReader in = new
      BufferedReader(new InputStreamReader(conn.getInput
Stream()));

    // read each line from the feed
    while ( (data = in.readLine()) != null) {

      StringTokenizer st =
        new StringTokenizer(data, "\"<>,.()[] ");// break it down
      while (st.hasMoreTokens ()) {
        // each chunk of data is made lowercase
        chunk= st.nextToken().toLowerCase() ;

        if (chunk.indexOf("love") >= 0 ) // found "love"?
          love++;    // increment love by 1
        if (chunk.indexOf("peace") >= 0)    // found "peace"?
          peace++;   // increment peace by 1
        if (chunk.indexOf("arduino") >= 0) // found "arduino"?
          arduino++; // increment arduino by 1
      }
    }

    // Set 64 to be the maximum number of references we care about.
    if (peace > 64)   peace = 64;
    if (love > 64)    love = 64;
    if (arduino > 64) arduino = 64;
    peace = peace * 4;      // multiply by 4 so that the max is
255,
    love = love * 4;        // which comes in handy when building a
    arduino = arduino * 4; // colour that is made of 4 bytes
(ARGB)
```

```
    }
    catch (Exception ex) { // If there was an error, stop the sketch
      ex.printStackTrace(); System.out.
      println("ERROR: "+ex.getMessage());
    }
  }
```

Eine Sache gilt es noch zu tun, bevor der Processing-Sketch korrekt abläuft: Du musst bestätigen, dass der Sketch den korrekten seriellen Port für die Kommunikation mit Arduino verwendet. Du musst warten, bis du die Arduino-Schaltung zusammengebaut und den Arduino-Sketch hochgeladen hast, bevor du das bestätigen kannst. Auf manchen Systemen läuft dieser Processing-Sketch ganz ordentlich. Wenn du allerdings keine Aktivität auf dem Arduino erkennst und keine Angabe vom Lichtsensor auf dem Bildschirm erscheint, suche nach dem Kommentar `WICHTIGER HINWEIS` im Processing-Sketch und folge den dortigen Anweisungen.

> Wenn du unter MacOS arbeitest, ist die Wahrscheinlichkeit hoch, dass dein Arduino am letzten aufgelisteten seriellen Port ist. Wenn das der Fall ist, kannst du die `0` in `Serial.list()[0]` mit `Serial.list().length -1` ersetzen. Das zieht von der Länge der Liste aller seriellen Ports einen ab; Bereichsindizes zählen ab Null, aber `length` nennt dir die Größe der Liste (ab Eins zählend), sodass du eins abziehen musst, um den tatsächlichen Index zu erhalten.

Beispiel 6–2 ist der Arduino-Sketch. Du kannst ihn auch über den Link für die Beispielcodes von der *Katalogseite* der englischen Originalausgabe des Buches herunterladen (*https://makezine.com/go/arduino-4e-github/*).

Beispiel 6–2 Arduino-Netzwerk-Lampe (Arduino-Sketch)

```
const int SENSOR = 0;
const int R_LED = 9;
const int G_LED = 10;
const int B_LED = 11;
const int BUTTON = 12;

int val = 0; // variable to store the value coming from the sensor

int btn = LOW;
int old_btn = LOW;
int state = 0;
char buffer[7] ;
int pointer = 0;
byte inByte = 0;

byte r = 0;
byte g = 0;
byte b = 0;

void setup() {
  Serial.begin(9600);  // open the serial port
  pinMode(BUTTON, INPUT);
}

void loop() {
  val = analogRead(SENSOR); // read the value from the sensor
  Serial.println(val);      // print the value to
                            // the serial port

  if (Serial.available() > 0) {

    // read the incoming byte:
    inByte = Serial.read();

    // If the marker's found, next 6 characters are the colour
    if (inByte == '#') {

      while (pointer < 6) { // accumulate 6 chars
        buffer[pointer] = Serial.read(); // store in the buffer
        pointer++; // move the pointer forward by 1
      }

      // now we have the 3 numbers stored as hex numbers
      // we need to decode them into 3 bytes r, g and b
```

```
      r = hex2dec(buffer[1]) + hex2dec(buffer[0]) * 16;
      g = hex2dec(buffer[3]) + hex2dec(buffer[2]) * 16;
      b = hex2dec(buffer[5]) + hex2dec(buffer[4]) * 16;

      pointer = 0; // reset the pointer so we can reuse the buffer

    }
  }

  btn = digitalRead(BUTTON); // read input value and store it

  // Check if there was a transition
  if ((btn == HIGH) && (old_btn == LOW)){
    state = 1 - state;
  }

  old_btn = btn; // val is now old, let's store it

  if (state == 1) { // if the lamp is on

    analogWrite(R_LED, r); // turn the leds on
    analogWrite(G_LED, g); // at the colour
    analogWrite(B_LED, b); // sent by the computer
  } else {

    analogWrite(R_LED, 0); // otherwise turn off
    analogWrite(G_LED, 0);
    analogWrite(B_LED, 0);
   }

  delay(100);                    // wait 100ms between each send
}

int hex2dec(byte c) { // converts one HEX character into a number
    if (c >= '0' && c <= '9') {
      return c - '0';
    } else if (c >= 'A' && c <= 'F') {
      return c - 'A' + 10;
    }
}
```

Zusammenbau der Schaltung

Abb. 6–2 zeigt den Zusammenbau der Schaltung. Verwende genau wie bei der »Lichtsteuerung mit PWM« auf Seite 60 in Kapitel 5 einen 220-Ω-Widerstand (rot-rot-braun) für jede LED und genau wie bei »Analoge Eingabe« auf Seite 71 einen 10-kΩ-Widerstand mit dem Fotowiderstand.

Erinnere dich, dass LEDs wie bei der »Lichtsteuerung mit PWM« auf Seite 60 polarisiert sind: In dieser Schaltung muss die Anode (langer Leiter, positiv) auf die rechte Seite gehen, die Kathode (kurzer Leiter, negativ) nach links. Abb. 6–2 zeigt auch die abgeflachte Seite der LED, die die Kathode kennzeichnet.

Bau die Schaltung wie dargestellt, verwende eine rote, eine grüne und eine blaue LED. Als Nächstes lade die Sketche in Arduino und Processing. Lade den Arduino-Sketch in den Arduino hoch, dann führe den Processing-Sketch aus und probiere ihn aus (du musst den Taster drücken, damit sich die Lampe einschaltet). Wenn du irgendwelche Probleme hast, schau in Kapitel 11 nach.

Statt drei separate LEDs zu verwenden, kannst du eine einzelne RGB-LED einsetzen, die vier Leiter aufweist. Du schließt sie auf sehr ähnliche Weise wie die in Abb. 6–2 gezeigten LEDs an, mit einer Änderung: Statt dreier separater Anschlüsse am Masse-Pin des Arduino führt ein einzelner Leiter (*gemeinsame Kathode* genannt) zur Masse.

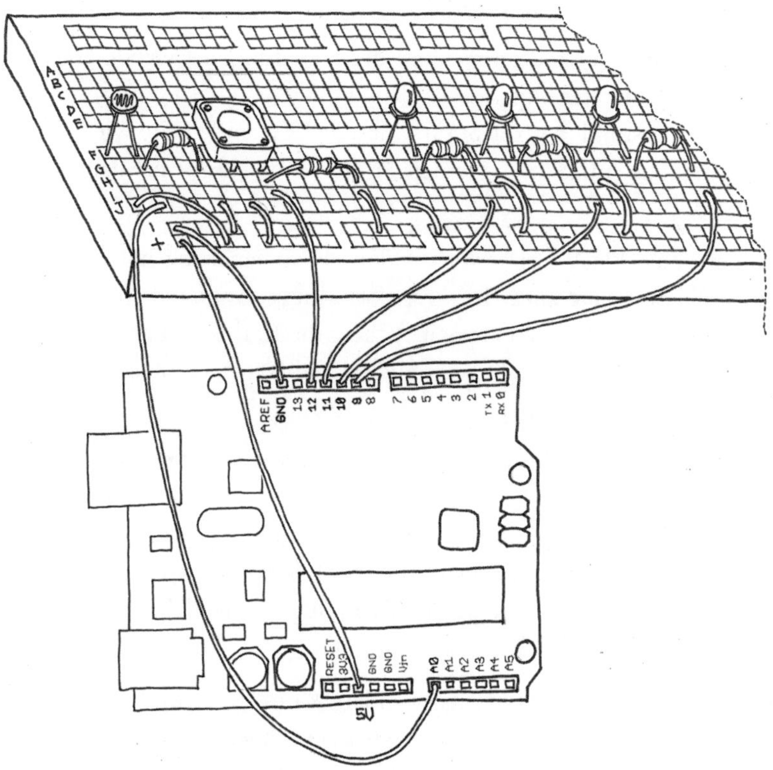

Abb. 6–2 Die Schaltung für die Arduino-Netzwerk-Lampe

Adafruit verkauft eine RGB-LED mit vier Leitern für ein paar Euro: *https://www.adafruit.com/product/159*. Im Gegensatz zu einzelnen einfarbigen LEDs ist der längste Leiter bei dieser Art von RGB-LED jener, der zur Masse führt. Die drei kürzeren Leiter müssen an den Arduino-Pins 9, 10 und 11 angeschlossen werden (mit einem 220-Ω-Widerstand zwischen den Leitern und den Pins, genau wie bei den separaten roten, grünen und blauen LEDs).

Das im Vorwort erwähnte Set enthält ebenfalls eine RGB-LED.

Der Arduino-Sketch ist für den Betrieb mit einer RGB-LED mit *gemeinsamer Kathode* ausgelegt (bei der der lange Anschlussdraht mit Masse verbunden wird). Wenn du eine falsche Ausgabe erhältst, hast du möglicherweise eine RGB-LED mit *gemeinsamer Anode*. Wenn das der Fall ist, ändere den Code an den Stellen, wo du die Intensität der LED einstellst, wie dargestellt (du kehrst die Werte im Grunde genommen um; wo du 0 verwendet hattest, nutzt du jetzt 255):

```
if (state == 1) { // wenn die Lampe an ist
  analogWrite(R_LED, 255 - r); // schalte die LEDs
  analogWrite(G_LED, 255 - g); // in der vom Computer
  analogWrite(B_LED, 255 - b); // gesendeten Farbe ein
} else {
  analogWrite(R_LED, 255); // andernfalls abschalten
  analogWrite(G_LED, 255);
  analogWrite(B_LED, 255);
}
```

Lass uns nun die Konstruktion abschließen, indem wir die Steckplatine in eine Glaskugel stecken. Der einfachste und billigste Weg ist hier der Kauf einer FADO-Tischleuchte von IKEA. Diese wird gegenwärtig für etwa 15 € angeboten.

So wird es zusammengebaut

Entpacke die Lampe und entferne das Kabel, das von unten her in die Lampe hineinführt. Du wirst sie nicht mehr an die Wandsteckdose anschließen.

Du kannst zum Befestigen des Arduino auf der Steckplatine ein Gummiband verwenden und dann die Steckplatine mit Heißleim an die Rückseite der Lampe kleben, wie in Abb. 6–1 dargestellt. Lass etwas Platz, damit du die LED einsetzen kannst, und klebe sie dann fest.

Löte längere Drähte an die RGB-LED und klebe diese dort fest, wo die Glühbirne saß. Verbinde die Drähte der LED mit der Steckplatine (an der Stelle, an der sie sich befanden, bevor du sie entfernt hast). Du kannst ein wenig Zeit sparen, indem du dir vergegenwärtigst, dass du nur eine Verbindung zur Masse benötigst, egal ob du die RGB-LED oder drei separate LEDs verwendest.

Such dir jetzt ein schönes Stück Holz mit einem Loch in der Mitte, das als Ständer für die Kugel dienen kann. Oder schneide den oberen Teil des Kartons, in dem die Lampe verpackt war, so zurecht, dass er eine Höhe von etwa 5 cm erhält. Dann schneide ein Loch mit zur Lampe passenden Durchmesser hinein. Verstärke die Innenseite des Kartons mit Heißleim an allen inneren Kanten, damit der Sockel stabiler wird.

Platziere die Kugel auf dem Ständer, führe das USB-Kabel oben aus der Lampe heraus und verbinde es mit dem Computer.

Starte deinen Processing-Code, drück den Ein/Aus-Taster und erlebe, wie die Lampe zum Leben erwacht. Lade deine Freunde ein und bring sie zum Staunen!

Versuche zur Übung, Code hinzuzufügen, der die Lampe einschaltet, wenn es im Zimmer dunkel wird. Weitere mögliche Verfeinerungen wären:

- Füge Neigungssensoren hinzu, um die Lampe durch Drehen in verschiedene Richtungen ein- oder auszuschalten.
- Füge einen PIR-Sensor hinzu, der erkennt, wenn jemand im Raum ist, und der dafür sorgt, dass sie ausgeschaltet wird, wenn niemand mehr da ist.
- Erstelle verschiedene Modi, damit du die Farbe manuell steuern bzw. mehrere Farben ineinander übergehen lassen kannst.

Denk dir verschiedene Dinge aus, experimentiere und habe Spaß!

7 Die Arduino-Cloud

Die Arduino-Cloud ist ein von Arduino entwickelter Online-Service, der es jedem ermöglicht, angeschlossene Geräte allein mithilfe eines Browsers zu bauen und zu managen. Ihre Hauptmodule sind:

- Web Editor – eine voll funktionsfähige Arduino-IDE, die als Website implementiert ist. Du benötigst lediglich einen Webbrowser zum Schreiben, Kompilieren und Hochladen von Arduino-Code.
- IoT Cloud – ein Service, mit dem du mit einer minimalen Menge an Code (was man heutzutage als »Low Code« bezeichnet) angeschlossene Geräte erzeugen, programmieren und managen kannst. Du kannst zum Beispiel ganz einfach ein Gerät zum Bewässern deiner Pflanzen bauen und es von deinem Smartphone aus steuern, während du am Strand an deiner Bräune arbeitest.
- Project Hub – ein Speicher mit buchstäblich Tausenden von Projekten und Anleitungen, von der Community erstellt. Hervorragend geeignet für den Anfang, wenn du nach einem tollen Einstiegsprojekt suchst.

Lass uns jedes einzelne Modul genauer betrachten.

Arduino Cloud IDE

Die Arduino Cloud IDE (bisher unter dem Namen Arduino Create bekannt) ist eine cloudbasierte Entwicklungsumgebung für Arduino, die sich mit jedem modernen Internetbrowser nutzen lässt. Du kannst dich ganz einfach von jedem Ort der Welt aus in eine voll funktionsfähige Arduino-IDE einloggen, die deinen Code in der Cloud speichert. Das ist besonders nützlich, wenn du auf einem Chromebook bist oder diverse unterschiedliche Computer verwendest und überall dasselbe Setup haben möchtest. Im Notfall kannst du den Computer einer anderen Person leihen und darin alle deine Dateien und Bibliotheken auffinden. Ein besonderes Merkmal der Cloud-IDE ist, dass der Arduino-Sketch-Ordner auch Schaltpläne und Bestückungspläne aufnehmen kann. Du musst lediglich ein Bild namens *schematic.png* und *layout.png* im Ordner ablegen und dann werden sie als Registerkarte in deiner IDE angezeigt. Ganz leicht! Ein weiterer interessanter Vorteil der Cloud-IDE ist, dass jede einzelne uns bekannte Arduino-Bibliothek (ein paar Tausend!) vorinstalliert ist, sodass du keine Zeit verschwenden musst, um nach Bibliotheken zu suchen und diese zu installieren. Nimm sie einfach mit auf – sie sind schon da. Zum Loslegen brauchst du nur zu *https://cloud.arduino.cc* zu gehen, wo du gebeten wirst, dich einzuloggen oder ein Arduino-Konto anzulegen. Sobald du drin bist, siehst du diesen Bildschirm, auf dem du dein Sketchbook und alles andere findest, was du brauchst.

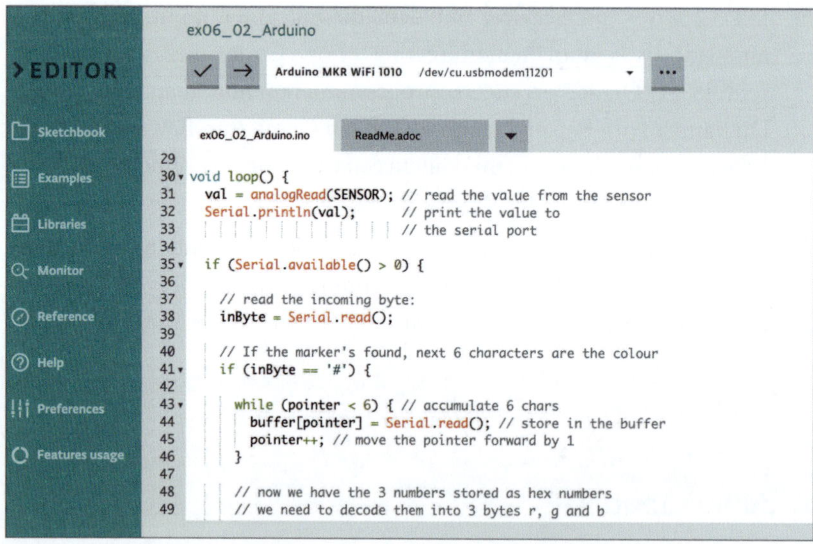

Abb. 7-1 Arduino Cloud IDE

Wenn du die neue Arduino IDE 2.0 verwendest, kannst du das Sketchbook, das du in der Cloud siehst, mit jenem auf deinem Computer synchronisieren (ungefähr so wie bei Dropbox und ähnlichen Services). Wenn du zum ersten Mal die Cloud-IDE verwendest, wirst du gebeten, ein ganz kleines Programm zu installieren, den Arduino Create Agent, der deinem Browser erlaubt, mit den seriellen Ports zu kommunizieren, damit du deine Sketche auf tatsächliche Boards hochladen kannst.

Bei bestimmten Arten von Boards wie die MKRs, Nano 33 IoT und Ähnlichen kannst du ein Merkmal namens OTA (Over-the-Air-Updates) einschließen, das dir erlaubt, neuen Code über einen Internetanschluss auf das Board zu laden. Ziemlich praktisch, oder? Das Angebot einer vollständigen und detaillierten Beschreibung der Funktion der Cloud-IDE übersteigt den Umfang dieses Einführungsbuches, aber unter *https://cloud.arduino.cc* erfährst du mehr.

Project Hub

Ein sehr leistungsstarkes Merkmal der Arduino-Cloud ist der »Project Hub«, ein Ort, an dem du buchstäblich Tausende Anleitungen und Projekte für jedes Arduino-Board findest, die alle möglichen Themen abdecken: von Musik bis zu Installationen, von Hausautomatisierung bis zum Gärtnern, von Haustierfütterung bis zu Robotern. Einige der Projekte sind sehr ausgeklügelt und sehr gut dokumentiert – wenn du nach einem Projekt für den Start mit Arduino suchst, bist du hier richtig!

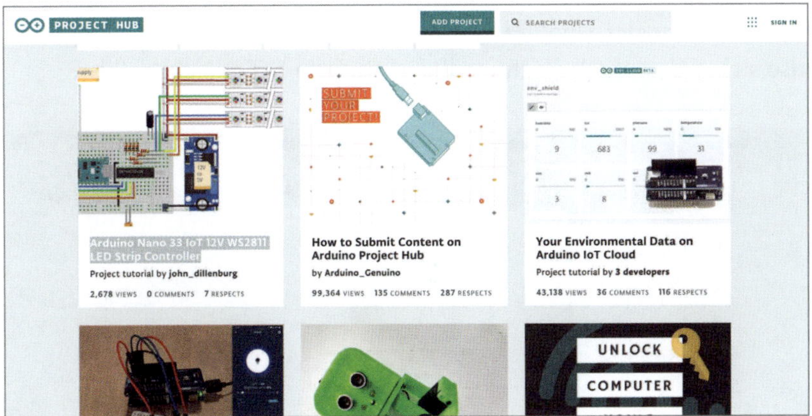

Abb. 7–2 Der Arduino Project Hub

IoT Cloud

Eine IoT Cloud ist ein Online-Service, der als Brücke zwischen deinen angeschlossenen Geräten und beispielsweise einer Handy-App, einem Web-Dashboard oder anderen Geräten dienen kann. Wenn du einen IoT-kompatiblen Arduino oder ein ähnliches Board hast, erkennt der IoT-Cloud-Service dieses, sobald eine Verbindung besteht.

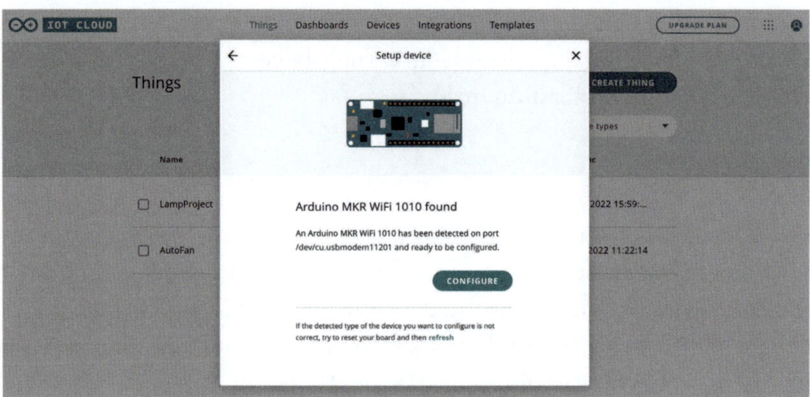

Abb. 7–3 Verbindung eines Arduino mit der IoT Cloud

Wenn du aber ein nicht-IoT-kompatibles Board verwendest, wie zum Beispiel ein normales Uno, dann erhältst du die folgende Mitteilung; stell also sicher, dass du das richtige Board für dein IoT-Projekt wählst.

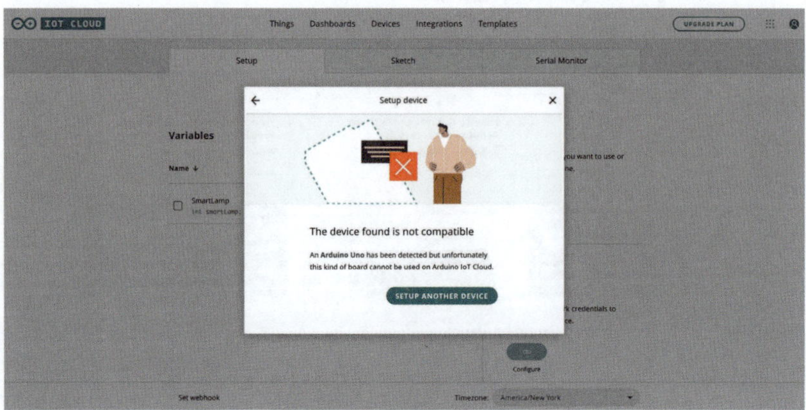

Abb. 7–4 Nichtkompatible Geräte laufen nicht in der IoT Cloud.

Angenommen, du hast gerade ein Gerät gebaut, das deinem Hund Leckerlis auswirft, und du möchtest es mit deinem Smartphone steuern. Dann kannst du einen Arduino mit WLAN verwenden und einen Sketch entwickeln, der einen simplen Internetserver (du findest tonnenweise davon im Internet) implementiert, und wenn sich das Gerät mit deinem Haus-WLAN verbindet, dann kannst du es mit deinem Handy oder Computer steuern.

Wenn du nun das Haus verlässt, um beispielsweise einkaufen zu gehen, wirst du feststellen, dass du keine Verbindung mehr zu deinem Gerät aufbauen kannst, weil jede Verbindung zu ihm, die von außerhalb kommt, durch deine Firewall blockiert wird. Die Firewall ist normalerweise ein Teil der Software, die auf dem von deinem Internetanbieter bereitgestellten Internet-Router/Zugangspunkt läuft. Ihre Aufgabe ist es, deine Geräte (dein Computer, Tablet, Handy, Smart-Thermostat usw.) aus deinem Zuhause heraus eine Verbindung zum Internet aufbauen zu lassen, während jede von außen initiierte Verbindung blockiert wird. Das ist enorm wichtig, um dein Zuhause, deine Geräte und dein Privatleben vor böswilligen »Hackern« zu schützen.

Während es technisch möglich ist, ein »Loch« in der Firewall zu öffnen, um einer bestimmten Verbindung den Zugang zu einem bestimmten Gerät zu erlauben, ist es in der Tat sehr mühsam, und jeder »Zugangspunkt« geht hierbei anders vor. Die beste Lösung hierfür ist ein externer Service, der eine Verbindung von allen deinen Geräten in aller Welt empfängt und sie miteinander sprechen lässt. Hier kommt die IoT Cloud ins Spiel.

Funktionen der Arduino IoT Cloud

Neben dem »Überbrücken« zwischen Geräten bietet die Arduino IoT Cloud eine ganze Reihe nützlicher Funktionen:

- Dashboard: eine Benutzerschnittstelle zum Überwachen und Steuern mehrerer Geräte, ohne eine einzige Zeile Code schreiben zu müssen. Du ziehst einfach Elemente (wie zum Beispiel einen Slider, eine Schaltfläche oder eine Anzeige) heraus und legst sie woanders ab, wählst Variablen von verschiedenen »Dingen« und in Nullkommanichts hast du ein funktionierendes Dashboard.

- automatische Codeerstellung: Wenn du die grundlegenden Eigenschaften eines »Dings« über eine Internetschnittstelle definierst, drückst du eine Schaltfläche und du bekommst den kompletten Sketch für dich geschrieben, mit ausgeklügelter Logik zum Managen der Verbindung zur Cloud. Du musst dann nur noch den Code hinzufügen, der Daten von Sensoren liest und Daten an Aktoren sendet. Der Rest der Arbeit der Kommunikation mit der Cloud wird automatisch durch den Code gehandhabt, den Arduino für dich erstellt. All das findet sich in der Arduino Cloud Web IDE, in der du deinen Sketch bearbeiten kannst, ohne den Browser zu verlassen.
- Datenerfassung: Die Arduino-Cloud besitzt die Fähigkeit, die historischen Werte bestimmter Variablen zu speichern, damit du prüfen kannst, wie sich manche Menge im Lauf der Zeit verändert hat, und dann die Daten näher analysieren kannst.
- Handy-App: Es gibt eine kostenlose Handy-App, mit der du über dein Smartphone mit deinen Geräten interagieren kannst.
- Node-RED-Integration: Node-RED ist ein beliebtes visuelles Programmier-Tool, das von vielen Leuten zum Automatisieren ihres Smart Homes genutzt wird. Die Arduino-Cloud bietet eine kostenlose »Node«, mit der du Node-RED für die Interaktion mit deinen Geräten nutzen kannst, um sie in komplexen Automatisierungen zu integrieren, wobei sie sich mit Hunderten unterschiedlichen APIs verbinden.
- Webhooks: Du kannst die Arduino-Cloud anweisen, bei jeder Datenänderung den aktuellen Zustand eines Gerätes an eine bestimmte URL zu senden. Das ermöglicht dir, die Cloud mit Services wie IFTT, Zapier oder Google Apps zu integrieren.
- API: Wenn du weißt, wie man mit Sprachen wie Python oder JavaScript programmiert, dann kannst du Anwendungen bauen, die über ihre API mit der Arduino-Cloud interagieren.
- Alexa-Integration: Die Arduino-Cloud kann mit dem smarten Lautsprecher Amazon Alexa sprechen und lässt dich deine Geräte per Sprachbefehl steuern.

Auf *https://cloud.arduino.cc* findest du detailliertere Informationen.

Arduino-Cloud-Tarife

Die Arduino-Cloud ist für viele Benutzer kostenlos, aber wenn du eine Menge Geräte steuern oder Dashboards mit jemand anderem teilen möchtest, dann musst du wohl einen Tarif wählen. Diese beginnen bei $ 1,99 im Monat. Du kannst dir die verschiedenen Tarife hier ansehen: *https://store.arduino.cc/digital/create*.

8 Automatisches Gartenbewässerungssystem

In Kapitel 6 hast du das, was du über Arduino gelernt hast, mit einem Projekt, der Arduino-Netzwerk-Lampe, kombiniert. Teil des Vergnügens war, einige der einfachen Übungen mit einem praktischen Projekt zu verknüpfen. Du hast auch die Programmiersprache Processing kennengelernt und wie man sie zur Einrichtung eines Proxys auf deinem Computer verwenden kann, um Dinge zu tun, die mit deinem Arduino schwierig oder gar unmöglich wären.

In diesem Kapitel wirst du erneut einfache Beispiele mit einigen neuen Ideen verknüpfen, um ein praktisches Projekt durchzuführen. Unterwegs lernst du mehr zu Elektronik, Kommunikation und Programmieren, und wir werden einen Blick auf Konstruktionstechniken werfen.

Das Ziel dieses Projekts ist, automatisch jeden Tag das Wasser zur richtigen Zeit ein- und auszuschalten, außer wenn es regnet.

Auch wenn du keinen Garten besitzt, kannst du dennoch mit diesem Projekt Spaß haben. Wenn du nur eine kleine Hauspflanze hast, die du gießen möchtest, versuche dies mit nur einem Ventil zu bauen. Wenn du jeden Tag um 17 Uhr ein leckeres Getränk deiner Wahl zapfen möchtest, ziehe den Einsatz einer für Lebensmittel geeigneten Pumpe statt des Wasserventils in Erwägung. Adafruit verkauft zum Beispiel eine peristaltische Flüssigkeitspumpe mit Silikonschlauch (*https://www.adafruit.com/product/1150*).

> *Als Professor lehre ich viele Studenten, etwas zu bauen. Mit der Zeit wurde mir bewusst, dass Studenten manchmal denken, ich würde von Anfang an genau wissen, wie ein Projekt zu bauen sei. Tatsächlich ist die Entwicklung eines Projekts ein Vorgang, der extrem iterativ, also nur Schritt für Schritt vorangeht.*
>
> *– Michael*

Um ein Projekt neu anzulegen, beginne mit einer Idee und skizziere kleine Teile davon; dabei erfordert dies manchmal Änderungen an der ursprünglichen Idee. Wir müssen häufig einen Umweg machen, um zu lernen, wie ein neues Elektronikteil funktioniert, oder um ein Programmierkonzept zu verstehen, dem wir zuvor nie begegnet sind, oder um uns selbst daran zu erinnern, wie ein Merkmal des Arduino zu nutzen ist, das wir lange nicht genutzt haben oder das uns neu ist. Manchmal müssen wir in Fachbüchern nachschlagen, im Internet schauen oder jemanden um Rat bitten. Wir prüfen viele Beispiele, Anleitungen und Projekte, die etwas von dem enthalten, womit wir es zu tun haben. Wir entnehmen Teile von hier und da und kombinieren sie – vielleicht zunächst nur sehr grob, wie bei Frankensteins Monster, um zu sehen, wie Dinge zusammen funktionieren.

Während das Projekt vom Konzept über grobes Design bis zum Testen von Teilen der Hardware und Software immer weiter voranschreitet, müssen wir immer wieder zurückschauen und Änderungen an etwas vornehmen, das wir vorher getan haben, damit alles richtig zusammenarbeitet. Wir kennen keinen einzigen Ingenieur, der mit einem leeren Blatt Papier anfängt, ein ganzes Projekt von Anfang bis Ende entwirft, das dann genau nach Plan funktioniert, ohne jemals zurückzugehen und etwas ändern zu müssen.

Alles zuvor Genannte gilt sowohl für Hardware als auch für Software.

Was wir damit ausdrücken wollen: Auch du als Anfänger bist bereit, Projekte zu entwerfen. Beginne mit dem, was du weißt, und füge langsam Funktionen hinzu, eine neue Idee oder ein neues Teil nach dem anderen. Hab keine Angst, spannenden Ideen nachzugehen, die keinen unmittelbaren Nutzen haben.

> *Wann immer ich von einem Elektronikteil, einem Programmierkonzept oder einem interessant klingenden Trick höre, probiere ich es aus, auch wenn ich dafür keinen sofortigen Nutzen habe. Dieses Wissen wird dann ein weiteres Werkzeug in meinem Werkzeugkasten. Wenn du nicht mehr vorankommst oder etwas nicht weißt, denk dran, dass selbst professionelle Ingenieure ständig Neues lernen müssen.*
>
> *– Michael*

Dank der breiten und großzügigen Arduino-Community hast du über das Internet viele Ressourcen zur Verfügung, und solange du kein Eremit auf einer Bergspitze bist, kannst du wahrscheinlich in deiner Gegend ein Arduino Meetup, einen Club, Makerspace, Hackerspace oder sogar einen Menschen finden, der dir helfen kann.

Zu einigen Hinweisen, wie du das Beste aus Online-Ressourcen machst, schau unter »Online Hilfe bekommen« auf Seite 226 nach.

Ergänzend zum weiteren Lehren zu Elektronik, Programmieren und Konstruktion werde ich dir einen Einblick in den Entwurfsvorgang bieten. Du wirst sehen, dass manche der einfachsten Schaltungen oder Sketche immer wieder modifiziert werden, bis wir endlich beim angezielten Projekt ankommen. Dennoch habe ich einige Schritte ausgelassen, um zu vermeiden, dass dieses Kapitel ein ganzes Buch für sich wird. Iterationen brauchen Zeit!

Planung

Beginne wie in Kapitel 6 darüber nachzudenken, was du erreichen willst und welche Teile du benötigst.

Dieses Projekt verwendet gewöhnliche elektrische Wasserventile für den Garten, die es in jedem Baumarkt gibt. Wenn du schon im Laden bist, kannst du noch eine Stromquelle oder einen Transformator besorgen, der sich für diese Ventile eignet. In Kapitel 5 hast du den Einsatz eines MOSFET zum Steuern eines Motors erlernt. Das könnte auch für die Wasserventile funktionieren, allerdings könnten manche Wasserventile *Wechselstrom* (AC) benötigen, und MOSFETs können nur *Gleichstrom* (DC) steuern. Um Wechselstrom steuern zu können, benötigst du ein Relais, das sowohl Wechsel- als auch Gleichstrom steuern kann.

> In »Antrieb größerer Lasten (Motoren, Lampen und dergleichen)« auf Seite 78 in Kapitel 5 hast du gelernt, dass ein MOSFET eine Art Transistor ist, in dem der *Gate*-Pin steuern kann, ob Strom zwischen den *Drain*- und *Source*-Pins fließt. In diesem Sinne ist ein MOSFET ein Schalter. Ein Relais ist auch ein Schalter. Im Relais befindet sich ein winziger mechanischer Schalter, der von einem Elektromagneten gesteuert wird: Durch Ein- und Ausschalten des Elektromagneten kannst du steuern, ob Strom durch den mechanischen Schalter fließt.

Um zu wissen, wann das Wasser ein- und ausgeschaltet werden soll, benötigen wir eine Art Uhr. Du könntest das in unserem Programm mit der im Arduino integrierten Zeitschaltuhr versuchen, aber das wäre kompliziert. Und noch schlimmer: Sie ist nicht besonders genau. Tatsächlich existiert ein solches Gerät, ist recht kostengünstig und lässt sich leicht mit Arduino einsetzen. Die RTC (Real Time Clock, zu Deutsch Echtzeituhr) ähnelt dem Gerät in deinem Computer, das Datum und Zeit im Auge behält, wenn du ihn längere Zeit ausgeschaltet lässt.

Wir benötigen außerdem einen Sensor, der uns sagt, ob es regnet. Wir verwenden einen Temperatur- und Feuchtigkeitssensor, da diese preisgünstig und leicht einsetzbar sind. Wir müssen die Temperatur nicht unbedingt wissen, aber du erhältst die Zusatzfunktion »frei Haus«, und sie könnte sich als nützlich erweisen.

Abschließend benötigen wir eine Möglichkeit, die Ein- und Ausschaltzeiten einzustellen, d.h. die *Benutzerschnittstelle*. Damit dieses Projekt nicht aus dem Ruder läuft, verwenden wir den seriellen Monitor als Benutzerschnittstelle. Wenn du mit der Zeit Arduino besser beherrschst, könntest du diesen durch ein LCD-Display und einen Drucktaster ersetzen.

Bevor du mit dem Programmieren beginnst, musst du darüber nachdenken, wie die Hardware angeschlossen werden soll. Ich benutze gern ein grobes Blockdiagramm, das mir hilft, alle benötigten Teile zu sehen und mir zu überlegen, wie sie verbunden werden sollten. Am Schluss musst du genau wissen, wie die Dinge anzuschließen sind, aber im Blockdiagramm (Abb. 8–1) verwenden wir nur einen Strich, um eine Art von Verbindung zu symbolisieren.

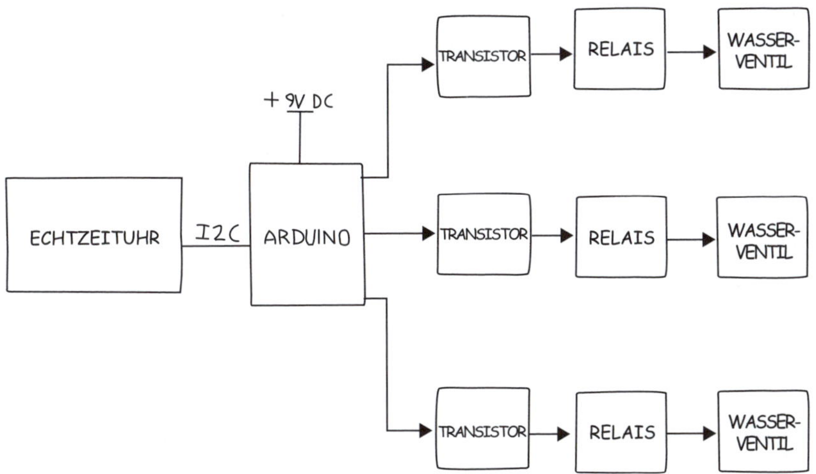

Abb. 8–1 Blockdiagramm mit Echtzeituhr, Arduino, MOSFETs, Relais, Ventilen und Stromzufuhr

In diesem Diagramm gehen wir von drei separaten Wasserventilen aus, aber du siehst, wie davon abgeleitet werden kann, je nachdem, wie dein Bedarf aussieht.

Da dies ein fortgeschritteneres Projekt ist, werde ich Konstruktionstechniken vorstellen. Dieses Projekt soll monate- oder sogar jahrelang zuverlässig arbeiten – du hast hier also ein anderes Ziel als bei einem simplen Beispiel, das dir nur zeigen soll, wie etwas funktioniert. Die lötfreie Steckplatine, die du vorher genutzt hast, eignet sich hervorragend fürs Prototyping oder Experimentieren, aber aus Gründen der Zuverlässigkeit löten wir bei diesem Projekt die Komponenten auf ein *Proto-Shield*. Wir werden uns sowohl Gedanken über die Stromzufuhr machen als auch über alle Verbindungen zu den diversen externen Teilen wie die Wasserventile. Wir schauen uns sogar an, wie dieses Projekt mit einer Art von Gehäuse geschützt werden kann.

> Bei *Shields* handelt es sich um Boards, die genau in die Pins des Arduino passen und zusätzliche Funktionen bereitstellen. Das Arduino Proto-Shield ist ein spezielles Shield, das dazu vorgesehen ist, dass du darauf deine eigene Schaltung aufbauen kannst.

Eine weitere Funktion, die für deine an Komplexität zunehmenden Projekte nützlich ist, ist eine Zustandsanzeige. Das ist beim Debugging hilfreich und insbesondere dann, wenn Teile deines Systems weit entfernt sind, wie die Wasserventile. Wir fügen LEDs hinzu, um anzuzeigen, dass die Wasserventile aktiviert sind. Vergiss nicht die Widerstände für die LEDs.

Nun, da wir einige weitere Details haben, lege ich gern eine vorläufige Einkaufsliste an. Bei komplexen Systemen gehe ich davon aus, dass ich Änderungen vornehmen muss: Wenn ich zum Beispiel am Sketch arbeite, stelle ich vielleicht fest, dass ich ein weiteres Teil benötige. (Die abschließende, vollständige Einkaufsliste findet sich als »Einkaufsliste für das Bewässerungsprojekt« auf Seite 188.)

Keine Sorge, wenn du nicht alle diese Teile kennst. Wir gehen im Weiteren detailliert auf sie ein:

- eine Echtzeituhr (RTC)
- ein Temperatur- und Feuchtigkeitssensor
- ein Proto-Shield
- drei elektrische Wasserventile
- ein Transformator oder Netzgerät für die Wasserventile
- drei Relais zum Steuern der Wasserventile
- drei Relaissockel
- drei LEDs als Anzeigen der Ventilaktivierung
- drei Widerstände für LEDs
- ein Netzgerät für Arduino (damit er läuft, auch wenn kein Computer angeschlossen ist)

Jetzt, wo du eine vorläufige Liste hast, lass uns jedes Teil ansehen und die Details ausarbeiten. Lass uns mit der RTC beginnen

Testen der Echtzeituhr (RTC)

Wenn ich den Einsatz eines mir neuen Gerätes plane, dann möchte ich zuerst sicherstellen, dass ich dessen Funktion verstehe, bevor ich das vollständige System entwerfe. Da die RTC für dich neu ist, schauen wir uns an, wie sie funktioniert.

Das wesentliche Teil einer RTC ist der Chip selbst. Der am häufigsten verwendete ist der DS1307, der für die korrekte Zeiteinhaltung einen Quarzkristall und eine Batterie benötigt, damit er weiterläuft, wenn der Rest des Systems abgeschaltet ist. Statt dieses selbst zu bauen, verwenden wir eins der vielen verfügbaren RTC-Module, was uns – für kleines Geld – Zeit einspart.

DS1307-RTC-Module sind von vielen verschiedenen Quellen erhältlich. Zum Glück funktionieren sie alle ähnlich und stellen auf ähnliche Weise Schnittstellen her. Ich entschied mich für das TinyRTC, erhältlich z. B. bei Reichelt Elektronik.

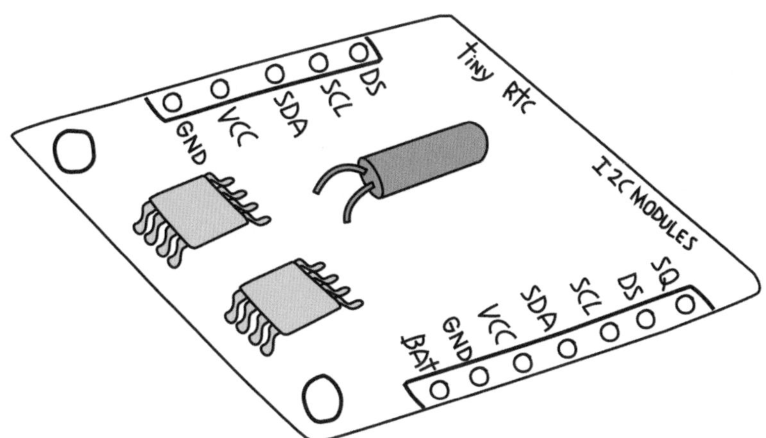

Abb. 8–2 TinyRTC-Echtzeitmodul

Beachte, dass die Pins nicht immer enthalten sind; diese musst du gegebenenfalls separat bestellen und anlöten. Du kannst Pins und Stiftleisten aus vielen Quellen beziehen – Adafruit-Teil #392 schließt beispielsweise eine Menge Pins für dieses und zukünftige Projekte ein (*https://www.adafruit.com/product/392*), und Händler wie Reichelt, Segor und Watterott bieten vergleichbares für den deutschen Markt an.

Wenn Löten für dich neu ist, gibt es einen Link zu einer hervorragenden Anleitung in »Löten deines Projekts auf das Proto-Shield« auf Seite 167.

Dieses Gerät verwendet eine Schnittstelle namens I2C, die manchmal auch Two Wire Interface (Zweidraht-Schnittstelle; TWI) oder einfach Draht (Wire) genannt wird. Arduino stellt eine eingebaute Bibliothek für die I2C-Schnittstelle zur Verfügung (mit dem praktischen Namen *Wire*), und Adafruit bietet eine Bibliothek für das DS1307 an, RTClib genannt. Zum Installieren der RTClib führe in der Arduino-IDE Folgendes aus:

1. Öffne den Library Manager durch Wahl von *Sketch → Include Library → Manage Libraries*.
2. Gib im Kasten »Filter your search« RTClib ein.
3. Klicke auf die Schaltfläche »Install« für die RTClib von Adafruit.
4. Klicke auf die Schaltfläche »Close«.

Über die zu dieser Bibliothek gehörenden Beispiele kannst du prüfen, ob du die Bibliothek korrekt installiert hast. Dafür musst du keine Schaltung bauen, und genau genommen brauchst du noch nicht einmal deinen Arduino griffbereit zu haben. Öffne in der Arduino-IDE das File-Menü und wähle *Examples → RTClib → ds1307* zum Öffnen eines Beispielprogramms. Statt die Upload-Schaltfläche anzuklicken, klicke auf die Verify-Schaltfläche (siehe Abb. 4–2). Wenn du die Mitteilung »Done compiling« erhältst, hast du die Bibliothek korrekt installiert.

Nach der Installation einer neuen Bibliothek ist es ratsam zu prüfen, ob die Bibliothek und auch alle Bibliotheken, von denen sie abhängig ist, korrekt installiert worden sind, bevor du versuchst, dein eigenes Programm zu schreiben.

Die meisten für Arduino geschriebenen Bibliotheken umfassen Beispiele, und da sie vermutlich von denselben Leuten kommen, die die Bibliothek verfasst haben, werden sie sehr wahrscheinlich korrekt sein.

Das TinyRTC-Modul wird mit zwei Pin-Sätzen geliefert: Einer besteht aus fünf, der andere aus sieben Positionen. Die meisten der Pins sind dupliziert, und andere Pins bieten zusätzliche Funktionen. Zum Testen der RTC musst du dir nur zu vier Pins Gedanken machen: die beiden Pins, die die I2C-Schnittstelle bilden, Strom und Masse. Der RTC müssen über ihren mit VCC gekennzeichneten Pin 5 V zugeführt werden, und ihre Masse (GND) muss an der Masse des Arduino angeschlossen werden.

Auf der Hardwareseite wird die I2C durch zwei spezifische Arduino-Pins (SDA und SCL) unterstützt, wie es in der Referenz der Arduino-Wire-Bibliothek (*https://arduino.cc/en/reference/wire*) beschrieben wird.

Für einen Schnelltest kannst du dich eines gängigen Tricks bedienen: Für Geräte, die sehr wenig Strom benötigen, wie die RTC, kannst du die digitalen Ausgänge für die Stromversorgung nutzen, indem du einen Pin auf HIGH und einen anderen auf LOW einstellst, wenn die Pins korrekt angeordnet sind. Ein I/O-Pin, der als digitaler Ausgang auf HIGH gesetzt ist, entspricht im Prinzip 5 V, und ein I/O-Pin, der als digitaler Ausgang auf LOW gesetzt ist, entspricht im Grunde der Masse.

Auf einem Uno ist SCL A5 und SDA A4. Zusätzlich zu diesen beiden Schnittstellen-Pins müssen wir VCC und GND an irgendwelchen anderen I/O-Pins anschließen, um für 5 V und GND bereitzustellen. Dies lässt sich durch Ausrichten der TinyRTC entsprechend Abb. 8–3 auf den analogen Eingangs-Pins des Arduino Uno bewerkstelligen. Du kannst auch eine Steckplatine und Schaltdraht verwenden, um die Verbindung herzustellen.

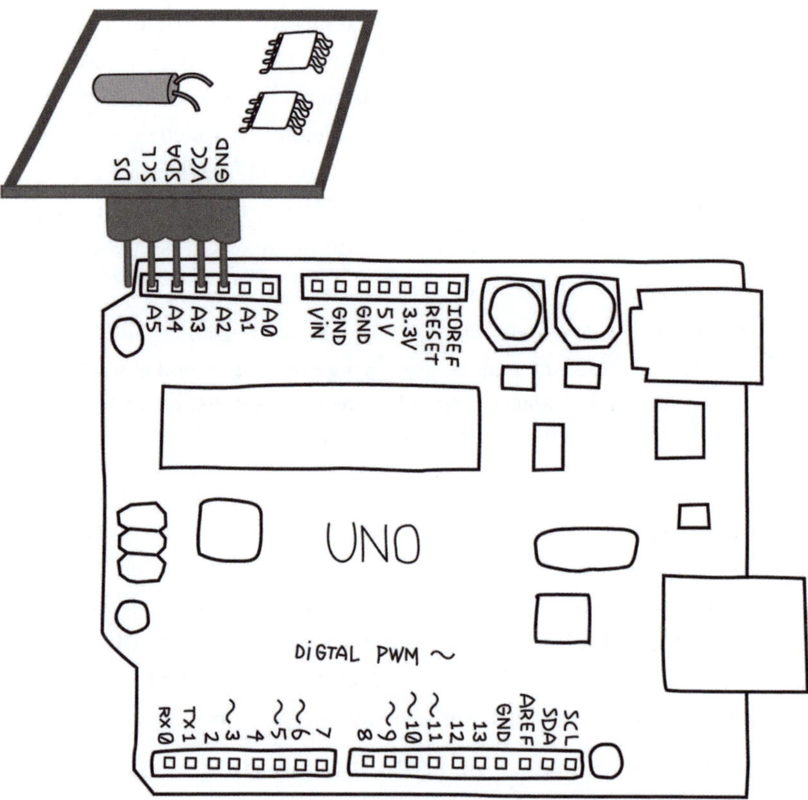

Abb. 8–3 Direkt in die analogen Eingangs-Pins des Arduino Uno gesteckte TinyRTC. Der Versatz ist beabsichtigt und ermöglicht das Einstecken von SCL in A5 und von SDA in A4.

Auf manchen Arduinos mit anderen Mikrocontrollern können die I2C-Signale (SDA und SCL) auf anderen Pins sein. Aus diesem Grund erfüllen alle aktuellen Arduinos mit Uno-R3-Plattform ein neues Standard-Pin-Layout, bei dem die I2C-Pins nach AREF hinzugefügt werden. Sie stellen eine Ergänzung dar. Weitere Pins, die als 12C-Pins fungieren, werden dupliziert.

Die analogen Eingänge A4 und A5 kümmern sich um die I2C-Kommunikation, während A2 und A3 für Strom und Masse sorgen. A3 muss 5 V an den mit VCC gekennzeichneten RTC-Pin liefern, weshalb wir ihn auf HIGH einstellen, während A2 für Masse auf LOW gesetzt wird.

Jetzt sind wir für einen Test bereit! Öffne in der Arduino-IDE das File-Menü und wähle *Examples → RTClib → ds1307* zum Öffnen des Beispielprogramms. Denk dran, dass du vor dem Kompilieren und Hochladen die Pins A2 und A3 für die Stromversorgung der TinyRTC einrichten musst. Füge die folgenden vier Zeilen gleich ganz oben zu setup() hinzu:

```
void setup() {
  pinMode(A3, OUTPUT);
  pinMode(A2, OUTPUT);
  digitalWrite(A3, HIGH);
  digitalWrite(A2, LOW);
```

Wenn du ein Board verwendest, das anders verdrahtet ist, musst du eine Steckplatine und Schaltdrähte für den Anschluss verwenden, sodass du diese zusätzlichen Codezeilen nicht hinzufügen solltest. Achte nur darauf, dass das Board wie vom Hersteller angewiesen verdrahtet wird.

Du kannst das Beispiel mit dieser Modifikation auch über den Link für die Beispielcodes von der *Katalogseite* der englischen Originalausgabe des Buches herunterladen (*https://makezine.com/go/arduino-4e-github/*).

Beachte hier, dass das Beispiel den seriellen Port bei 57.600 Baud öffnet.

Jetzt kannst du hochladen und nach Abschluss des Hochladens den seriellen Monitor öffnen. Prüfe den Auswahlkasten für die Baudrate unten rechts im seriellen Monitor und wähle »57600 Baud«. Die Ausgabe sollte in etwa so aussehen:

```
2013/10/20 15:6:22
 since midnight 1/1/1970 = 1382281582s = 15998d
 now + 7d + 30s: 2013/10/27 15:6:52

2013/10/20 15:6:25
 since midnight 1/1/1970 = 1382281585s = 15998d
 now + 7d + 30s: 2013/10/27 15:6:55
```

Beachte, dass Datum und Uhrzeit falsch sein könnten, aber die Sekunden sollten hochzählen. Wenn du eine Fehlermeldung erhältst, prüfe, ob die RTC in der richtigen Position ist, das heißt, ob SCL an A5 angeschlossen ist, usw. Kontrolliere außerdem, ob du die Pins A2 und A3 in `setup()` korrekt eingerichtet hast.

Zum Einstellen der korrekten Uhrzeit schau dir die `setup()`-Funktion an. An deren Ende siehst du diese Zeile:

```
rtc.adjust(DateTime(__DATE__,__TIME__));
```

Diese Zeile nimmt das Datum und die Uhrzeit, zu der der Sketch kompiliert wurde (`__DATE__` bzw. `__TIME__`), und verwendet diese zum Einrichten der RTC. Natürlich kann sie um ein oder zwei Sekunden abweichen, aber das ist für unsere Zwecke ausreichend genau.

Kopiere die Zeile, damit sie außerhalb der `if()`-Bedingung ist, z.B. gleich unter `rtc.begin()`:

```
rtc.begin();
rtc.adjust(DateTime(__DATE__,__TIME__));
```

Kompiliere den Sketch und lade ihn hoch – nun sollte der serielle Monitor das korrekte Datum und die korrekte Uhrzeit anzeigen:

```
014/5/28 16:12:35
 since midnight 1/1/1970 = 1401293555s = 16218d
 now + 7d + 30s: 2014/6/4 16:13:5
```

Wenn natürlich die Einstellung von Datum und Uhrzeit deines Computers falsch ist, spiegelt sich das hier wider.

Nachdem du die Uhrzeit der RTC eingestellt hast, solltest du `rtc.adjust` auskommentieren (und den Code hochladen), denn sonst stellst du immer wieder die Zeit zu dem Zeitpunkt zurück, an dem der Sketch kompiliert wurde. Die RTC wird nun auf Jahre hinaus diese Zeit beibehalten.

Zu weiteren Informationen zur Bibliothek und zu Beispielen lies Arduino Library und Understanding the Code in der Adafruit-Anleitung zu ihrem DS1307 Breakout Board Kit (*https://learn.adafruit.com/ds1307-real-time-clock-breakout-board-kit?view=all*).

Beachte, dass trotz der Unterschiede des Adafruit-Boards der Code derselbe ist.

Jetzt, wo du mit der RTC vertraut bist, wenden wir uns den Relais zu.

Testen der Relais

Welche Art von Relais brauchen wir? Das hängt davon ab, wie viel Strom die Wasserventile benötigen. Die meisten Gartenventile scheinen 300 mA zu verwenden. Das ist eine geringe Strommenge, und daher reicht ein kleines Relais aus. Es gibt Relais, die mit unterschiedlichen Spannungen betrieben werden können; wir werden eins verwenden, das mit 5 V arbeitet, damit wir keine weitere Stromversorgung benötigen. Abb. 8–4 zeigt ein beliebtes kleines 5-V-Relais.

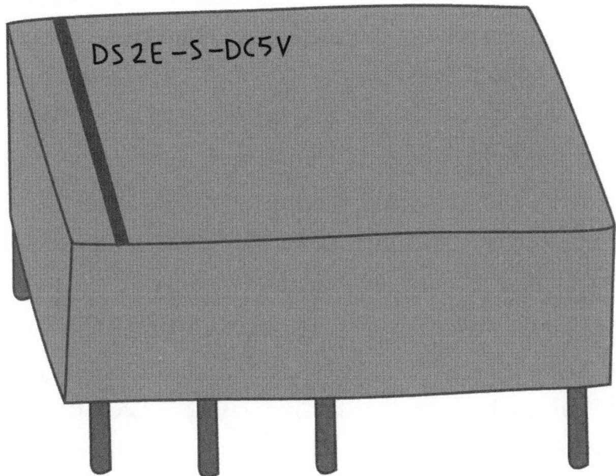

Abb. 8–4 5-V-Relais

Fast jedes elektronische Gerät hat etwas, das sich *Datenblatt* nennt und auf dem alle technischen Details zum Gerät dokumentiert sind. Anfänger können von den vielen Informationen ein wenig erschlagen sein – normalerweise benötigst du aber nur einen winzigen Teil davon. Während du an Erfahrung zulegst, wirst du lernen, was wichtig ist und wie du es schnell findest. Wenn du im Datenblatt für das von uns gewählte Relais nachschaust, siehst du, dass es bis zu 2 Ampere und 30 Volt Gleichstrom (DC) oder 1 Ampere und 125 V Wechselstrom (AC) verarbeiten kann, was für uns mehr als genug ist. Dieses Relais hat auch den Vorteil, dass es mit unserer lötfreien Steckplatine sowie mit dem später von dir verwendeten Proto-Shield kompatibel ist.

Wann immer du etwas mit einem Arduino-Ausgang steuern möchtest, musst du daran denken, dass ein Arduino-Pin nur Geräte mit Strom versorgen sollte, die bis zu 20 mA benötigen (siehe »Antrieb größerer Lasten (Motoren, Lampen und dergleichen)« auf Seite 78). Wenn du im Datenblatt nach dem von diesem Relais benötigten Strom suchst, wirst du nichts finden. Du findest aber den Widerstand. Jetzt musst du ein bisschen rechnen, denn aufgrund der Kenntnis des Widerstands des Relais (125 Ω) und der Spannung, die der Arduino über die I/O-Pins abgibt (5 V), kannst du den Strom mithilfe des Ohm'schen Gesetzes berechnen, das du gegen Ende von »Was ist Elektrizität?« auf Seite 42 kennengelernt hast. Durch Teilen der Spannung (5 V) durch den Widerstand (125 Ω) erhalten wir den Strom: 40 mA.

Da das über unserem Limit ist, benötigen wir MOSFETs. Zur Abwechslung verwenden wir einen anderen MOSFET als jenen, den wir in »Antrieb größerer Lasten (Motoren, Lampen und dergleichen)« auf Seite 78 eingesetzt haben. Wir verwenden den 2N7000, dessen Datenblatt du auf der Website von Onsemi Semiconductor findest.

Genau wie in »Antrieb größerer Lasten (Motoren, Lampen und dergleichen)« auf Seite 78 wird das Gate vom Arduino-I/O-Pin gesteuert, und Drain und Source bilden den Schalter, der das Relais steuert. Du musst drei 2N7000-MOSFETs zur Einkaufsliste hinzufügen, einen für jedes Relais.

Um zu verhindern, dass die MOSFET-Gates massefrei sind, füge drei 10-kΩ-Widerstände zu deiner Einkaufsliste hinzu, einen für jedes Relais.

> Wenn du einen Arduino einschaltest oder zurücksetzt, beginnen alle digitalen Pins als Eingänge, bis dein Programm anläuft und dein `pinMode()` etwaige Pins in Ausgänge umwandelt. Das ist wichtig, denn in der kurzen Zeitspanne, bevor die `pinMode()`-Funktion deinen Pin in einen Ausgang umwandelt, ist das Gate weder HIGH noch LOW: Es ist *massefrei*, was bedeutet, dass der MOSFET sich einfach einschalten könnte, wodurch das Wasser kurz eingeschaltet werden würde. Auch wenn das bei den meisten Projekten nicht gleich den Weltuntergang bedeutet, ist es eine gute Angewohnheit, dies zu berücksichtigen. Wie in »Antrieb größerer Lasten (Motoren, Lampen und dergleichen)« auf Seite 78 in Kapitel 5 angedeutet, verhindert ein 10-kΩ-Widerstand zwischen I/O-Pin und Masse dies. 10 kΩ ist ein ausreichend kleiner Widerstand, der sicherstellt, dass das

Gate nicht »massefrei« ist, aber es ist dennoch groß genug, dass es uns nicht behindert, wenn wir das Wasser aufdrehen wollen.

Ein auf diese Weise verwendeter Widerstand nennt sich *Pulldown*-Widerstand, weil er das Gate auf Masse »hinabzieht«. Manchmal muss eine Verbindung auf 5V »hochgezogen« werden; in diesem Fall wird er *Pullup*-Widerstand genannt.

Wann immer wir ein Relais oder einen Motor steuern, sollten wir eine Diode hinzufügen, um die MOSFETs vor der beim Abschalten des Relais vom kollabierenden Magnetfeld erzeugten *Rückspannung* zu schützen. Unser MOSFET besitzt zwar eine eingebaute Diode, diese ist jedoch relativ klein. Für die Zuverlässigkeit ist es daher ratsam, eine zusätzliche, externe Diode hinzuzufügen – ein weiterer Posten also für deinen Einkaufszettel, diesmal drei 1N4148-Dioden (oder entsprechende). Wenn wir schon dabei sind, sollten wir die Teilenummer des Relais ergänzen, und weil wir die Art des Relais kennen, können wir auch den korrekten Sockel dafür angeben. Hier sind die Ergänzungen, die die Einkaufsliste in das von uns so genannte Stadium Revision 0.1 bringen:

- drei MOSFETs zum Steuern der Relais; 2N7000
- drei Widerstände; 10 kΩ
- drei Dioden; 1N4148 oder entsprechend
- drei Relais; DS2E-S-DC5V

Klingt fast so, als würde diese Schaltung komplex werden, oder? Es ist schwierig, sich vorzustellen, wie all diese Komponenten miteinander verbunden werden sollen.

Zum Glück gibt es zum Erfassen dieser Information ein schlaues System. Es nennt sich *Schaltplan*.

Elektronische Schaltpläne

Die meisten elektronischen Schaltungen werden vollständig durch zwei Dinge definiert, nämlich 1. dadurch, welche Komponenten verwendet werden und 2., wie sie verbunden werden. Durch möglichst genaues Erfassen allein dieser Informationen ist ein Schaltplan die beste Methode zur Darstellung und Kommunikation einer elektronischen Schaltung.

Ein Schaltplan gibt bewusst nicht die Größe, Form oder Farbe der Komponenten wieder oder wie sie physisch nebeneinander angeordnet sind, denn diese Informationen sind für die Definition des Schaltplans nicht relevant – sie sind Konstruktionsdetails für eine bestimmte Implementierung dieser Schaltung.

Jede Komponente wird durch ein Schaltplansymbol dargestellt, das eindeutig die Komponente identifiziert, aber nichts hinsichtlich ihrer Größe, Farbe usw. aussagt.

In manchen Fällen sehen Schaltplansymbole den durch sie dargestellten Komponenten sehr ähnlich, manchmal wiederum sehen sie völlig anders aus. Insbesondere das Schaltplansymbol für einen Arduino ähnelt überhaupt nicht einem Arduino. Aus Sicht eines Schaltplans spielt hinsichtlich eines Arduino nur eine Rolle, dass er bestimmte Pins hat (Strom, Eingänge, Ausgänge usw.). Daher wird er als ganz einfacher Kasten gezeichnet, an dem nur die Pins angezeigt werden.

Schaltplansymbole und Schaltpläne sind dafür vorgesehen, ihre Funktionen so schnell und deutlich wie möglich zu vermitteln. Dafür hat sich eine Reihe von Konventionen eingebürgert – zwei der wichtigsten hiervon sind die folgenden:

- Die geringste Spannung wird am unteren Rand des Schaltplans dargestellt, die höchste am oberen Rand. Normalerweise bedeutet das, dass der GND-Anschluss unten ist und 5V (oder eine höhere Spannung, falls eine solche verwendet wird) oben.
- Die Information verläuft von links nach rechts. Somit werden Sensoren und andere Eingabegeräte links dargestellt und Ausgaben wie Motoren, LEDs, Relais und Wasserventile rechts. Wenn die Informationen vom Arduino über einen MOSFET und ein Relais zu einem Wasserventil übertragen werden, werden sie in einem Schaltplan in dieser Reihenfolge von links nach rechts dargestellt, obwohl du beim Bau deiner Schaltung andere Prioritäten haben wirst und dein Layout ganz anders aussehen könnte.

Das Schaltplansymbol für einen Arduino spiegelt diese Konventionen ebenfalls wider: VIN, 5V und 3V3 sind oben, GND ist unten und die verschiedenen Regler (RESET, AREF usw.) sind links, weil sie auf dem Arduino Eingänge sind. Obwohl der Arduino drei GND-Pins hat, wird nur einer als Schaltplansymbol dargestellt, da sie elektrisch identisch sind. Da die digitalen und analogen Pins entweder Ein- oder Ausgänge sein können, ist ihre Anordnung etwas willkürlich.

Im Anhang D erfährst du mehr zu Schaltplänen.

Zurück zum aktuellen Projekt: Abb. 8–5 zeigt den Schaltplan für die von uns besprochene Schaltung. Denk dran, dass das Ziel die Bestätigung ist, mittels eines MOSFET ein Relais steuern zu können (obwohl das endgültige System drei Wasserventile haben wird, brauchen wir zur Bestätigung, dass der Plan funktioniert, nur eines zu prüfen).

> Beachte die Pin-Nummern neben dem Schaltplansymbol für das Relais. Diese sind wichtig, da sie dir mitteilen, welcher Pin drinnen woran angeschlossen ist. Es ist wichtig, dies zu verstehen, um deine Schaltung richtig zu verdrahten. Beachte, dass der Pin-Abstand nicht gleich ist: Pins 1 und 4 sind weiter auseinander als Pins 4 und 8. Beachte auch, dass oben zwischen den Pins 8 und 9 ein schwarzer Streifen ist. Beachte abschließend, dass die Pin-Nummern von unten gesehen werden.

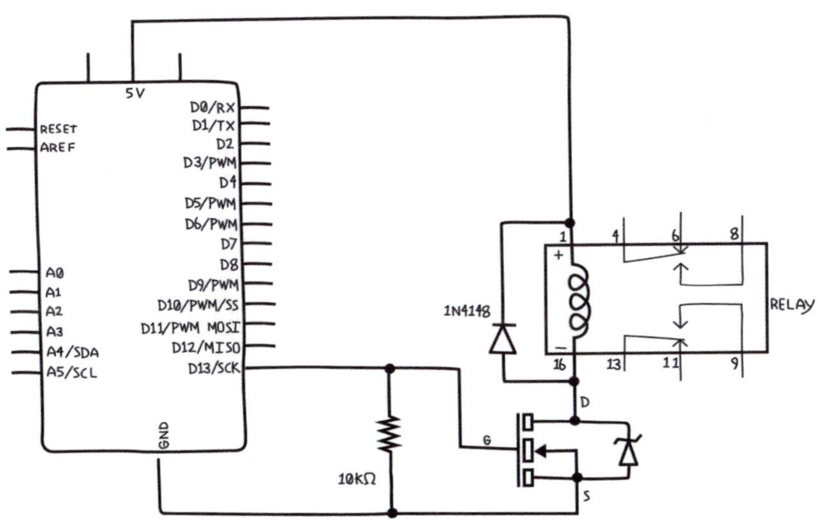

Abb. 8–5 Schematische Darstellung eines Schaltplans zum Testen der Arduino-Steuerung eines Relais

Als Referenz ist Abb. 8–6 eine Darstellung derselben Schaltung auf einer lötfreien Steckplatine in dem bisher von uns verwendeten Stil: die bildhafte Darstellung eines Schaltplans im Gegensatz zur schematischen Darstellung in Abb. 8–5.

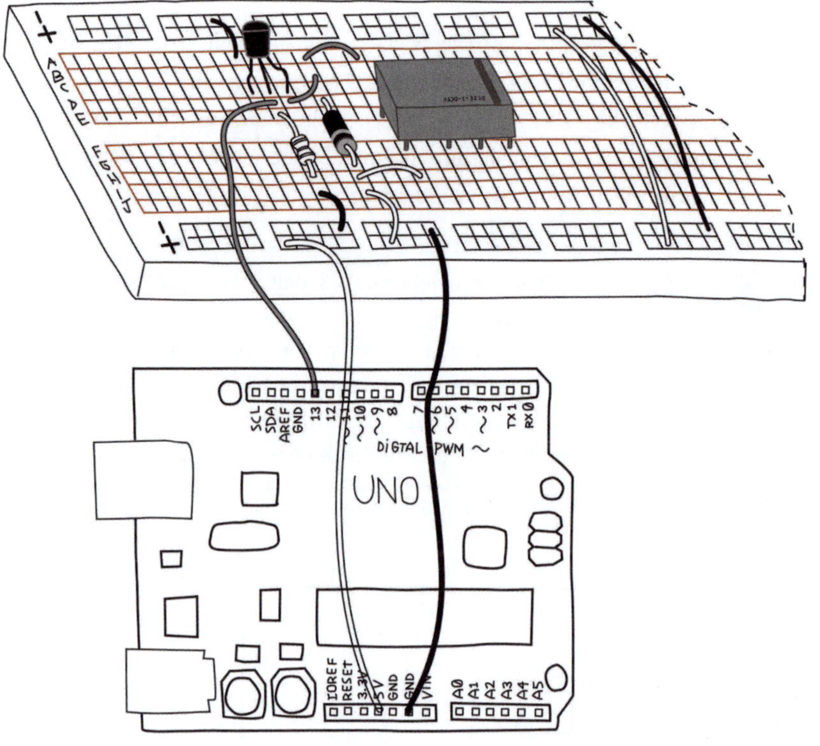

Abb. 8–6 Bildhafte Darstellung eines Schaltplans zum Testen der Arduino-Steuerung eines Relais

Genau wie das Relais muss der MOSFET richtig identifiziert und korrekt verdrahtet werden. Der MOSFET hat eine abgerundete und eine flache Seite, wie in Abb. 8–6 dargestellt. Das ist notwendig, um die richtige Anordnung der Pins anzuzeigen. Diese Anordnung ist eine Besonderheit des 2N7000, die aber nicht unbedingt allgemeingültig ist. Andere MOSFETs könnten eine andere Anordnung der Pins aufweisen. Du musst immer das Datenblatt prüfen, um die Anordnung der Pins für deinen bestimmten MOSFET herauszufinden.

Achte auf die Dioden, den MOSFET und das Relais: Die Dioden sind polarisiert, beim MOSFET muss die abgeflachte Seite in die richtige Richtung weisen, und beim Relais muss der Streifen am richtigen Ende sein, damit alles funktioniert.

Wenn du Abb. 8–5 und Anhang D anschaust, wirst du feststellen, dass einige Komponenten, wie Widerstände, Lichtsensoren und (manche) Kondensatoren, Schaltplansymbole besitzen, die *symmetrisch* sind – sie sehen also, wenn man sie umdreht, genau gleich aus –, während andere Komponenten, wie LEDs, Dioden und MOSFETs, nicht symmetrisch sind. Widerstände, Lichtsensoren und (manche) Kondensatoren sind *unpolarisiert*, was bedeutet, dass sie, egal in welche Richtung der Strom durch sie hindurchfließt, gleich arbeiten, während Komponenten wie LEDs und Dioden *polarisiert* sind, was bedeutet, dass sie abhängig von der Fließrichtung des Stroms unterschiedlich arbeiten. Genauso haben MOSFET-Pins ganz spezielle Funktionen und können nicht synonym genutzt werden. Obwohl das nicht immer gilt, so sind aber im Allgemeinen Komponenten mit einem symmetrischen Schaltplansymbol unpolarisiert, und Komponenten mit einem asymmetrischen Schaltplansymbol sind polarisiert.

Sobald du die Schaltung gebaut hast, besteht der nächste Schritt im Schreiben des Sketches. Zum Testen bevorzuge ich wenn möglich den Einsatz eines der Arduino-eigenen Beispiele, da ich weiß, dass der Sketch korrekt ist. Da das Relais beim Aktivieren ein leises Klickgeräusch von sich gibt, solltest du beim Durchführen des Blink-Beispiels das Relais ein Mal pro Sekunde klicken hören – dazu musst du keine Zeile Code schreiben.

Bestätige vor dem Hochladen des Sketches, dass der Sketch den Pin steuert, der am MOSFET angeschlossen ist. Wenn du dem Plan gefolgt bist, hast du ihn am Pin 13 angeschlossen: genau der Pin, der im Blink-Beispielsketch gesteuert wird. Außerdem wird die LED genau zur selben Zeit blinken, zu der das Relais klicken sollte.

Es ist stets ratsam, bevor du den Sketch hochlädst, zu bestätigen, dass die im Sketch verwendeten Pins tatsächlich die von dir verdrahteten Pins sind. Du magst einen absolut korrekten Sketch haben und eine perfekt zusammengebaute Schaltung, aber wenn dein Sketch andere Pins als deine Schaltung verwendet, dann funktioniert es nicht und du könntest auf der Suche nach dem Problem eine Menge Zeit verschwenden.

Wenn du das Relais nicht klicken hörst, prüfe die Tipps zur Fehlerbehebung in Kapitel 11. Denk dran: Das Klicken ist sehr schwach – du musst dein Ohr ganz nah ans Relais halten und solltest dich in einem wirklich ruhigen Raum befinden.

Jetzt können wir das Wasserventil hinzufügen. Das Wasserventil wird am Relais und an seiner eigenen Stromversorgung angeschlossen. Wasserventil und Stromversorgung sind wahrscheinlich mit Litzendraht versehen, der sich so gut wie gar nicht auf einer lötfreien Steckplatine verwenden lässt. Es hat sich als praktisch erwiesen, ein kurzes Stück Massivdraht am Litzendraht zu befestigen, wenn du mit einer lötfreien Steckplatine arbeitest, wie in Abb. 8–7 dargestellt.

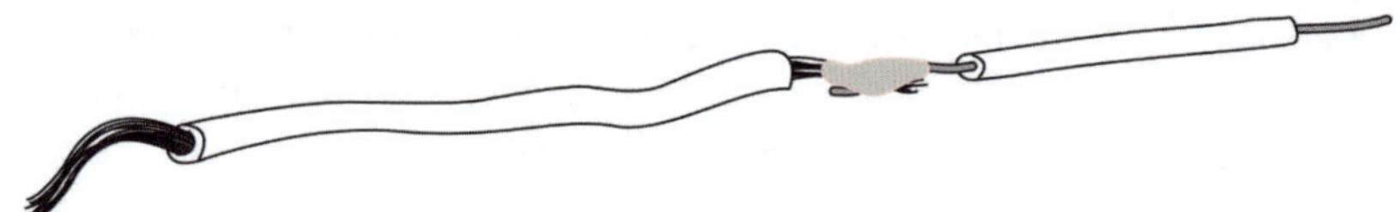

Abb. 8–7 An Litzendraht angelötetes kurzes Stück Massivdraht für Arbeiten auf lötfreier Steckplatine

Du musst die Lötstelle mit Isolierband oder einem Stück Schrumpfschlauch isolieren, um zu verhindern, dass sie versehentlich einen anderen Draht berührt.

Wann immer du ein ungeschütztes Metallstück hast, so wie die gerade verbundenen Drähte oder die langen blanken Leiter eines Fotowiderstands oder gar etwas, das nicht Teil der Schaltung ist, wie beispielsweise eine Schraube, musst du dafür sorgen, dass es keine anderen Teile einer Schaltung berühren und eine Verbindung herstellen kann, die du nicht möchtest. Das nennt

⟶

sich *Kurzschluss*, und dieser kann deine Schaltung daran hindern, richtig zu funktionieren. Um Kurzschlüsse zu verhindern, isoliere immer alle freiliegenden Drähte oder sichere Dinge so, dass sie sich nicht bewegen und etwas berühren können, das sie nicht berühren dürfen.

Du bist wahrscheinlich schon mit Isolierband vertraut, einer allseits bekannten, preisgünstigen und einfachen Methode. Eine etwas professionellere Technik ist der Einsatz eines Schrumpfschlauchs. Der Schlauch wird zugeschnitten, über die freiliegenden Drähte oder Verbindungen geschoben und dann mit einer Heißluftpistole erwärmt, wodurch der Schlauch schrumpft und sich eng um die Verbindung schmiegt.

An dieser Stelle merkst du vielleicht, dass du eine Möglichkeit finden musst, um diese Verbindung beim Bau des endgültigen Systems herzustellen. Hierfür gibt es viele Wege, aber hochwertige Schraubklemmen sind eine gute Wahl, wie in Abb. 8–8 dargestellt.

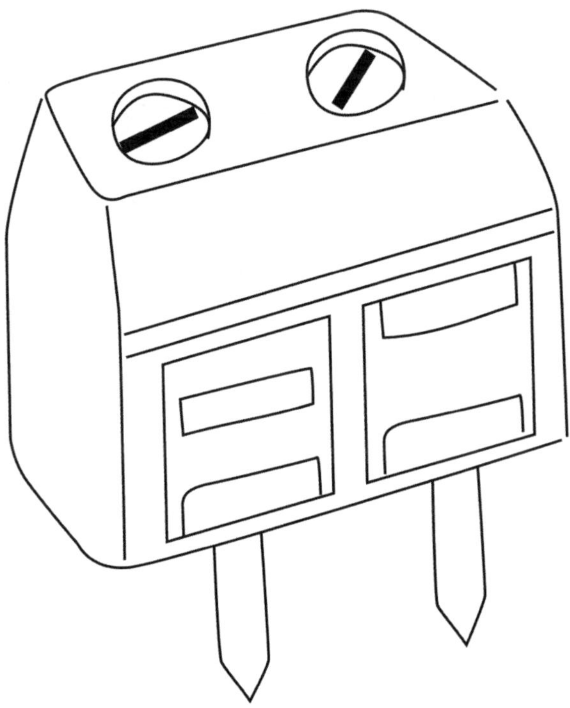

Abb. 8–8 Hochwertige Schraubklemme mit zwei Positionen

Nun hast du einen weiteren Punkt für deinen Einkaufszettel. Hier sind die Ergänzungen, die uns zu Revision 0.2 der Einkaufsliste führen:

- vier Schraubklemmen mit zwei Positionen (für jedes Wasserventil ein Paar, plus ein Paar für die Stromversorgung des Wasserventils), z.B. bei *reichelt.de* (Suchwort: Schraubklemme 2pol).

Abb. 8–9 zeigt die schematische Darstellung eines Schaltplans mit hinzugefügtem Wasserventil und dessen Stromversorgung.

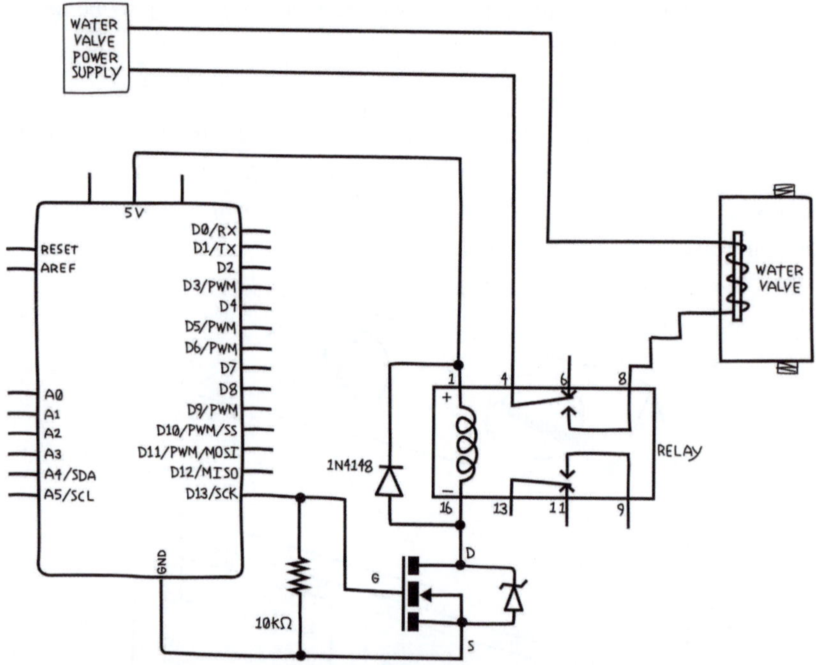

Abb. 8–9 Schematische Darstellung eines Schaltplans zum Testen der Arduino-Steuerung eines Wasserventils

Und Abb. 8–10 zeigt eine bildhafte Darstellung des Schaltplans genau der gleichen Schaltung.

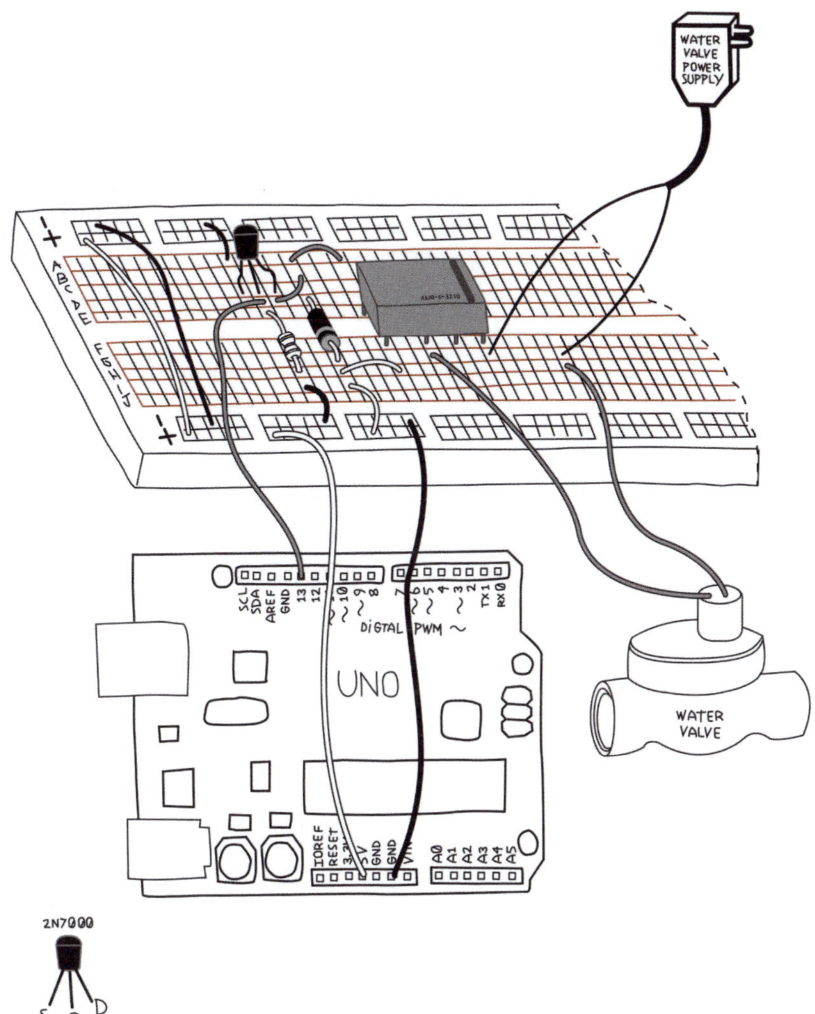

Abb. 8–10 Bildhafte Darstellung eines Schaltplans zum Testen der Arduino-Steuerung eines Wasserventils

Die Anordnung des Wasserventils und der Stromversorgung für das Wasserventil sind in diesen beiden Ansichten vertauscht. Ich tat dies der Übersichtlichkeit halber, um zu vermeiden, dass sich die Drähte im Schaltplan kreuzen. Beim Anschließen einer Komponente und einer Stromversorgung über einen Schalter spielt die Anordnung keine Rolle, solange der Schalter steuert, ob die Schaltung geschlossen oder offen ist.

Du kannst denselben Blink-Sketch verwenden – du solltest immer noch das Relais klicken hören. Du hörst möglicherweise nicht das Wasserventil klicken, da manche Wasserventile nur funktionieren, wenn in ihnen ein Wasserdruck herrscht. Ich hatte Glück: Meine Wasserventile machten sich beim Einschalten mit einem sehr lauten Klicken bemerkbar.

Was ist mit den LEDs? Diese können an einer Reihe verschiedener Stellen installiert werden: an den digitalen Ausgängen, am MOSFET-Ausgang oder am Relais-Ausgang. Wenn möglich, platziere ich LEDs gern am weitesten entfernten Punkt, um so viel wie möglich zu überprüfen – lass uns diese daher an den Relais-Ausgang setzen. (Wenn du möchtest, kannst du LEDs an allen erwähnten Etappen anordnen, was es sehr erleichtert, genau zu erkennen, wo das Signal stoppt.)

Welchen Widerstand sollten wir verwenden? Diese LED bezieht ihren Strom aus der Stromversorgung des Wasserventils. Die meisten Wasserventile scheinen entweder für 12 oder 24 Volt zu sein. Lass uns, um sicherzugehen, ein 24-V-System entwerfen – wenn deins ein 12-V-System ist, kannst du entweder den Wert reduzieren oder deine LED wird etwas gedämpfter leuchten. Sie sollte dennoch hell genug sein.

```
LED-Widerstand = (Spannung der Stromversorgung - Spannung der LED)/
(gewünschter LED-Strom)
```

> Wenn du unsicher bist, welchen Widerstandswert du zum Reduzieren des Stroms verwenden sollst, nimmst du am besten einen Widerstand mit einem größeren Wert. Die LED wird über einen recht breiten Wertebereich leuchten – wenn sie zu dunkel ist, kannst du immer noch den Widerstand reduzieren.

Die meisten LEDs verwenden rund 2 Volt und sind unter 30 mA sicher, sodass wir einen Widerstand `R = (24-2) V/30mA = 733Ω` haben. Du kannst diesen guten Gewissens auf bis zu 1 kΩ aufrunden; das Ergebnis ist ein etwas geringerer Strom und eine leicht gedimmte LED.

Aber warte – unter »Planung« auf Seite 84 sagte ich dir, dass manche Wasserventile Wechselstrom verwenden, und dann später unter »Elektronische Schaltpläne« auf Seite 119, dass LEDs polarisiert sind. *Polarisiert* bedeutet, dass es für die LEDs eine Rolle spielt, in welche Richtung der

Strom fließt, und *Wechselstrom*, dass der Strom ständig seine Richtung ändert. Wird das nicht die LEDs beschädigen? Wie sich herausstellt, können LEDs einer gewissen Spannung in der falschen Richtung widerstehen, aber wenn die Spannung zu hoch ist, könnte die LED Schaden nehmen. Zum Glück können andere Dioden viel höhere Spannungen sicher vertragen; lass uns daher weitere drei 1N4148-Dioden zum Schutz der LEDs verwenden, was uns einen weiteren Punkt zur Einkaufsliste – nun Revision 0.3 – beschert:

- ändere Menge von 1N4148 oder ähnlicher Dioden in sechs
- spezifiziere LED-Widerstandswert von 1 kΩ

Abb. 8–11 zeigt den um LD und Diode erweiterten Schaltplan. Wir haben auf die Polarität der Stromversorgung für das Wasserventil sowie des Wasserventils hingewiesen, aber das ist nur relevant, wenn du ein Gleichstromsystem hast. Wenn du ein Wechselstromsystem hast (eher üblich), dann haben diese keine Polarität.

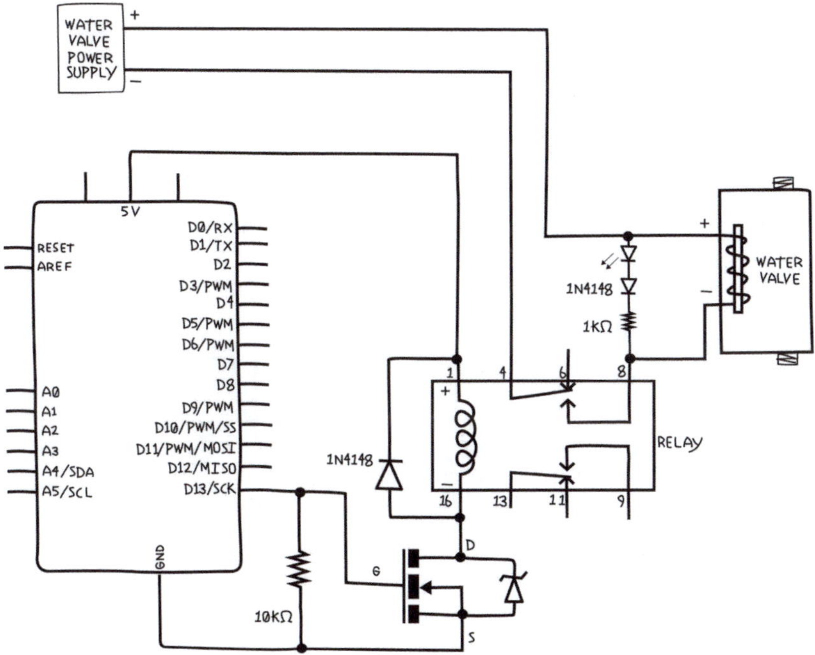

Abb. 8–11 Schematische Darstellung eines Schaltplans zum Testen des Wasserventils mit hinzugefügter LED

Und Abb. 8–12 zeigt die bildhafte Darstellung des Schaltplans. Ich habe die Widerstandswerte weggelassen; achte daher darauf, sie mit dem Plan zu vergleichen und den richtigen Widerstand am richtigen Ort anzuordnen. Achte auch auf die Polarität der LED und Diode – die LED-Anode ist am Wasserventil und die Anode der Diode an der LED-Kathode anzuschließen.

Bevor du die Stromversorgung für das Wasserventil herstellst, überprüfe erneut deine Verdrahtung, insbesondere die Relaisanschlüsse. Du willst nicht die Stromspannung für das Wasserventil in den Arduino leiten, da das mit ziemlicher Sicherheit einen Schaden verursacht. Führe ein weiteres Mal den Blink-Sketch aus. Du solltest das Relais sowie möglicherweise das Klicken des Ventils hören, und die LED sollte aufleuchten.

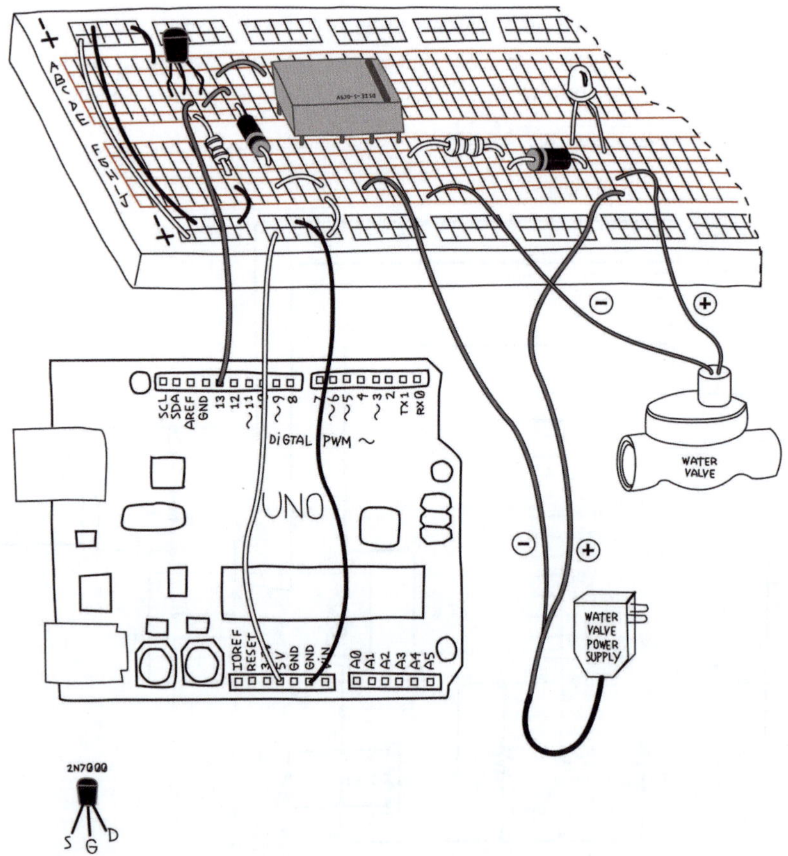

Abb. 8–12 Bildhafte Darstellung eines Schaltplans zum Testen des Wasserventils mit hinzugefügter LED

Nachdem wir das Relais und das Wasserventil erfolgreich überprüft haben, lass uns den Temperatur- und Feuchtigkeitssensor testen.

Testen des Temperatur- und Feuchtigkeitssensors

Der DHT11 ist ein beliebter Temperatur- und Feuchtigkeitssensor. Wie die RTC ist er preisgünstig und lässt sich leicht mit Arduino verwenden. Dem Datenblatt zufolge wird der DHT11 wie in Abb. 8–13 dargestellt angeschlossen. Beachte den Pullup-Widerstand am Data-Pin.[6]

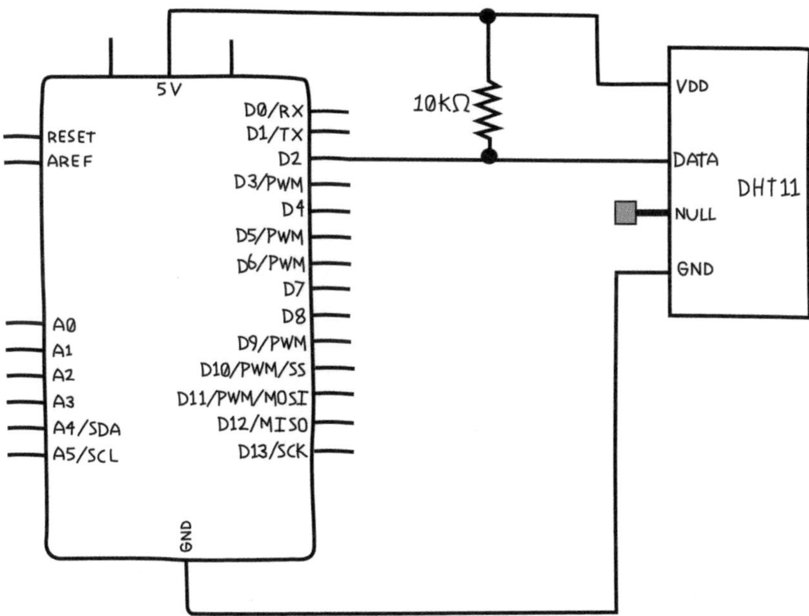

Abb. 8–13 Schematische Darstellung eines Schaltplans zum Testen des Temperatur- und Feuchtigkeitssensors DHT11

6 Seit Erscheinen der Originalausgabe dieses Buchs wird der DHT11 auf dem Markt zunehmend von einem Sensor der I2C-Generation, dem DHT20/AHT20, ersetzt. Einen Überblick zu dem Sensor gibt dieser Artikel von Carter Nelson auf der Adafruit-Webseite (in englischer Sprache): *https://learn.adafruit.com/modern-replacements-for-dht11-dht22-sensors*

Da wir eine Komponente hinzufügen, die einen benötigt, lass uns einen weiteren 10-kΩ-Widerstand auf unseren Einkaufszettel schreiben. Wir sind jetzt bei Version 0.4:

- einen Widerstand, 10 kΩ, hinzufügen (für Temperatur- und Feuchtigkeitssensor)

Aufgrund des Pullup-Widerstands können wir den Trick, den wir bei der RTC angewandt haben (direktes Aufsetzen auf den Arduino), nicht verwenden, sondern müssen dies auf einer Steckplatine vornehmen (Abb. 8–14).

Der Schaltplan einer Schaltung ist der gleiche, egal ob du die Schaltung auf einer Steckplatine oder auf eine andere Weise aufbaust.

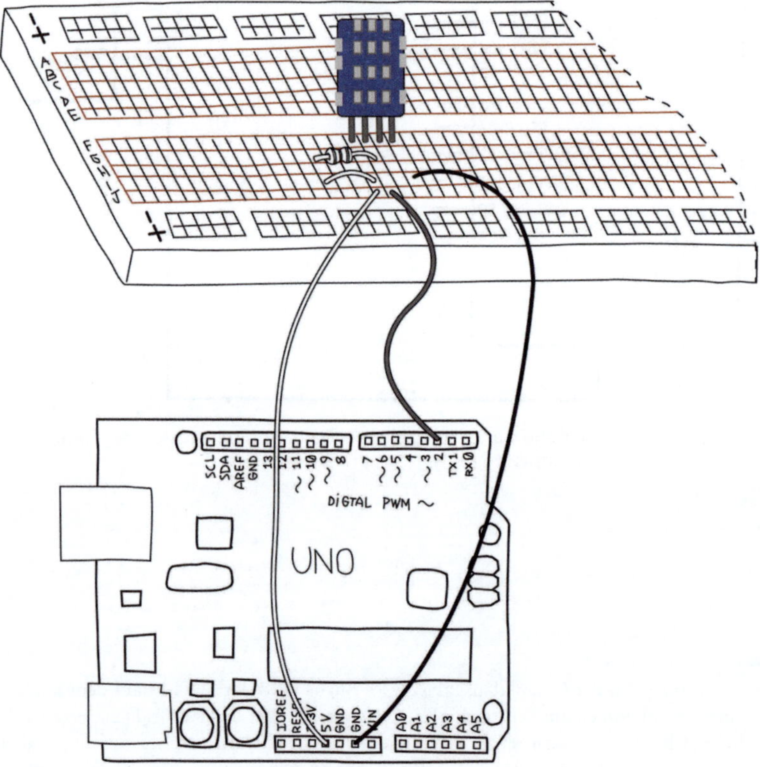

Abb. 8–14 Bildhafte Darstellung eines Schaltplans zum Testen des Temperatur- und Feuchtigkeitssensors DHT11

Du kannst die Adafruit-DHT11-Bibliothek genauso installieren wie zuvor die RTClib-Bibliothek.

Prüfe, ob du die Bibliothek richtig installiert hast, indem du das Beispiel DHTtester aus der DHT-Kategorie der Beispiele öffnest, und klicke dann auf die Verify-Schaltfläche (siehe Abb. 4–2). Wenn du die Mitteilung »Done compiling« erhältst, dann hast du die Bibliothek korrekt installiert.

Bevor du den Sketch auf deinen Arduino lädst, beachte, dass das Beispiel drei verschiedene Modelle von DHT-Sensoren unterstützt: DHT11, DHT21 und DHT22. Zur korrekten Auswahl des richtigen Modells wird eine Konstante namens DHTTYPE mit entweder DHT11, DHT21 oder DHT22 definiert:

```
// Uncomment whatever type you're using!
//#define DHTTYPE DHT11 // DHT 11
#define DHTTYPE DHT22 // DHT 22 (AM2302)
//#define DHTTYPE DHT21 // DHT 21 (AM2301)
```

Beachte, dass DHT11 und DHT21 ignoriert werden, da diese beiden Zeilen Kommentare sind, oder, wie Programmierer zu sagen pflegen: Jene Zeilen werden auskommentiert. Da du den Sensor DHT11 verwendest, musst du die Zeile mit dem DHT22 auskommentieren, dann kommentiere die Zeile mit DHT11 ein:

```
// Uncomment whatever type you're using!
#define DHTTYPE DHT11 // DHT 11
//#define DHTTYPE DHT22 // DHT 22 (AM2302)
//#define DHTTYPE DHT21 // DHT 21 (AM2301)
```

Die Zeilen mit dem DHT22 und dem DHT21 tun nichts, aber sie dienen uns als Gedächtnisstütze, dass die Bibliothek mit diesen drei Sensoren arbeitet. Auf diese Weise legst du fest, welche du verwendest.

Du bist möglicherweise einem weiteren Typ einer Konstante begegnet: die *konstante Variable*. Abgesehen vom etwas plumpen Namen ist sie ebenfalls wichtig und nützlich.

Die Unterschiede zwischen einer *Variablen* (wie eine Ganzzahl), einer *konstanten Variablen* und einem *genannten konstanten Wert* sind subtil und etwas kompliziert. Im weitesten Sinne verwendet eine konstante *Variable* einen winzigen Teil des Speichers deines Arduino und hält sich an *Bereichsregeln*. Im Gegensatz dazu verwendet ein *genannter konstanter Wert* keinen Speicher und hat stets einen globalen Bereich.

Als allgemeine Regel solltest du die Verwendung *genannter konstanter Werte* vermeiden und sie nur verwenden, wenn eine Bibliothek nach ihnen verlangt.

Auf der Arduino-Website (*arduino.cc*) kannst du mehr zu genannten konstanten Werten, zum Stichwort *const* und zur Variable *scope* erfahren.

Sobald du den korrekten Typ des DHT-Sensors definiert hast, bestätige, dass der Sketch denselben Pin verwendet, an dem du den Sensor angeschlossen hast, lade das Beispiel DHTtester auf deinen Arduino und öffne den seriellen Monitor. Du solltest etwas in dieser Art sehen:

```
DHTxx test!
Humidity: 47.00 % Temperature: 24.00 *C 75.20 *F Heat index:
77.70 *F
Humidity: 48.00 % Temperature: 24.00 *C 75.20 *F Heat index:
77.71 *F
```

Du kannst den Feuchtigkeitssensor durch leichtes Anhauchen überprüfen. Die Feuchtigkeit in deinem Atem sollte zu einem Anstieg der Feuchtigkeit führen. Du kannst versuchen, die Temperatur zu steigern, indem du deine Finger um den Sensor legst, aber da du nur das Kunststoffgehäuse berührst und nicht den Sensor selbst, wirst du die Temperatur wahrscheinlich nicht wesentlich erhöhen.

Da du nun ein sicheres Gefühl bei deinen Komponenten hast, beginne nun mit dem Software-Design.

Programmieren

Stell dir vor! Das Schreiben von Code (*Programmieren*) erfordert ebenfalls Planung. Bevor du mit dem Tippen beginnst, musst du dir ein paar Gedanken dazu machen, was du vorhast. So ähnlich, wie du die neue Elektronik getestet hast, bevor du den gesamten Entwurf gestaltet hast, wirst du jeden Teil des Codes testen, bevor es weitergeht. Je weniger Code, desto leichter ist es, Probleme aufzuspüren.

Einstellen der Ein- und Ausschaltzeiten

Wir wollen die Wasserventile zu unterschiedlichen Zeiten im Tagesverlauf ein- und ausschalten. Wir benötigen eine Möglichkeit, diese Werte aufzuzeichnen. Da wir drei Ventile haben, könnten wir ein Array verwenden, mit einem Eintrag je Ventil. Das wird es zudem später leichter machen, wenn wir weitere Wasserventile hinzufügen möchten. Du erinnerst dich vielleicht, dass wir ein Array namens `Puffer` verwendet haben (siehe Beispiel 6–2 in Kapitel 6), um diese Zeichen zu speichern, als sie vom Processing-Sketch versandt wurden. Arrays werden kurz in »Variablen« auf Seite 241 beschrieben.

Hier ist eine Möglichkeit dafür:

```
const int NUMBEROFVALVES = 3;
const int NUMBEROFTIMES = 2;

int onOffTimes [NUMBEROFVALVES][NUMBEROFTIMES];
```

> Der Einfachheit halber nehmen wir an, dass du das Wasser an jedem Tag der Woche zur selben Zeit ein- und ausschaltest. Mit zunehmenden Programmierkenntnissen kannst du das ändern, um für verschiedene Tage der Woche unterschiedliche Zeiten einzustellen bzw. auch mehrmals im Verlauf eines Tages. Wenn du ein Projekt beginnst, fang am besten mit dem einfachsten System an und füge erst Funktionen hinzu, wenn du sicher bist, dass alles ordnungsgemäß funktioniert.

Beachte, dass ich, anstatt eine feste Anzahl von Array-Dimensionen zu verwenden, zuerst zwei konstante Variablen erstellt habe. Das soll mich daran erinnern, was diese Zahlen bedeuten, und eine spätere Änderung erleichtern. Die Namen der konstanten Variablen sind in Großbuchstaben gehalten, um zu unterstreichen, dass sie Konstanten sind.

Keine Angst, wenn du noch nie ein zweidimensionales Array gesehen hast. Stell es dir als Tabelle vor. Die Zahl in den ersten [] ist die Anzahl der Zeilen, und die Zahl in den zweiten [] ist die Anzahl der Spalten. Eine Zeile repräsentiert ein Ventil, und wir verwenden die erste Spalte zum Speichern der Uhrzeit, zu der das Ventil eingeschaltet wird, und die zweite Spalte zum Speichern der Uhrzeit zum Ausschalten des Ventils.

Lass uns auch für die Spaltenzahlen konstante Variablen erstellen. Denk dran, dass der Index von Elementen innerhalb eines Arrays immer bei Null beginnt:

```
const int ONTIME = 0;
const int OFFTIME = 1;
```

Als Nächstes brauchen wir eine Möglichkeit zur Eingabe dieser Informationen – eine Art von *Benutzerschnittstelle.* Normalerweise ist eine Benutzerschnittstelle in Form eines Menüs, aber wir werden es uns extrem einfach machen, indem wir den seriellen Monitor verwenden.

Erinnerst du dich, wie wir in Kapitel 6 dem Arduino sagen mussten, in welcher Farbe er das Licht leuchten lassen sollte? Wie ich dort schon erwähnte: Der Arduino ist ein einfaches Gerät – also wählen wir eine einfache Methode zum Kodieren der Farbe.

Wir werden hier etwas Ähnliches machen: Kodieren der Uhrzeiten auf die denkbar einfachste Art und Weise.

Wir müssen die ON- und die OFF-Zeit für jedes Ventil einstellen können. Wir könnten eine Zahl zur Angabe des gewünschten Ventils verwenden, gefolgt vom Buchstaben *N* für »ein« und *F* für »aus«, gefolgt von der Uhrzeit. Wir könnten die Uhrzeit im 24-Stunden-Format eingeben, z.B. 0135 für 1:35 Uhr. Somit würden wir

2N1345 2F1415

eingeben, um Ventil 2 um 13:45 Uhr ein- und um 14:15 Uhr auszuschalten.

Um uns das Leben einfacher zu machen, lass uns stets die Großbuchstaben *N* und *F* verwenden.

In unserem Code müssten wir die Zeichenfolge *parsen* oder separieren, die wir in die korrekten Gruppen eingeben.

Eine Gruppe aufeinanderfolgender Zeichen wird als *Zeichenfolge* bezeichnet.

Wenn du dir den Arduino-Sketch anschaust (Beispiel 6–2), siehst du, dass wir `Serial.available()` und `Serial.read()` nutzen, die Funktionen des seriellen Objekts sind. Es stellt sich heraus, dass das serielle Objekt mehr Funktionen hat, wie *bei Arduino* beschrieben.

Wir verwenden die Funktion `Serial.parseInt()`, die digitale Zeichen liest und diese in Ganzzahlen umwandelt. Sie stoppt, wenn sie ein Zeichen erkennt, das keine Zahl ist. Wir lesen die Buchstaben (*N* oder *F*) direkt mit `Serial.read()`.

Für Testzwecke drucken wir einfach nach dem Lesen jeder Zeile das gesamte Array aus, wie in Beispiel 8–1 dargestellt.

Beispiel 8–1 Parsen der an das Bewässerungssystem geschickten Befehle

```
/*
 Example 8-1. Parsing the commands sent to the irrigation system
 */
const int NUMBEROFVALVES = 3;
const int NUMBEROFTIMES = 2;
int onOffTimes [NUMBEROFVALVES][NUMBEROFTIMES];

const int ONTIME = 0;
const int OFFTIME = 1;

void setup(){ Serial.begin(9600);
};

void loop() {
  // Read a string of the form "2N1345" and separate it
  // into the first digit, the letter, and the second number

  // read only if there is something to read
  while (Serial.available() > 0) {
```

```
    // The first integer should be the valve number
    int valveNumber = Serial.parseInt();

    // the next character should be either N or F
    // do it again:
    char onOff = Serial.read();

    // next should come the time
    int desiredTime = Serial.parseInt();
      //Serial.print("time = ");
      //Serial.println(desiredTime);

    // finally expect a newline which is the end of
    // the sentence:
    if (Serial.read() == '\n') {
      if ( onOff == 'N') { // it's an ON time
        onOffTimes[valveNumber][ONTIME] = desiredTime;
      }
      else if ( onOff == 'F') { // it's an OFF time
        onOffTimes[valveNumber][OFFTIME] = desiredTime;
      }
      else { // something's wrong
        Serial.println ("You must use upper case N or F only");
      }
    } // end of sentence
    else {
      // Sanity check
      Serial.println("no Newline character found");
    }

    // now print the entire array so we can see if it works
    for (int valve = 0; valve < NUMBEROFVALVES; valve++) {
      Serial.print("valve # ");
      Serial.print(valve);
      Serial.print(" will turn ON at "); Serial.
      print(onOffTimes[valve][ONTIME]); Serial.
      print(" and will turn OFF at "); Serial.
      print(onOffTimes[valve][OFFTIME]); Serial.
      println();
    }
  } // end of Serial.available()
}
```

Du kannst diesen Sketch von der *Katalogseite* der englischen Originalausgabe dieses Buches herunterladen (*https://makezine.com/go/arduino-4e-github/*).

Öffne nach dem Laden des Sketches in Arduino den seriellen Monitor und prüfe die Baudrate und die Auswahlkästchen in der unteren rechten Ecke des seriellen Monitors. Wähle Newline und 9600 Baud. Das Zeilenendezeichen sorgt dafür, dass jedes Mal, wenn du eine Zeile durch Drücken der Eingabetaste auf deinem Computer beendest, dein Computer ein Newline-Zeichen an deinen Arduino schickt.

Wenn du zum Beispiel Ventil #1 um 13:30 Uhr einschalten möchtest, gib `1N1330` ein und drücke die Eingabetaste. Du solltest Folgendes sehen:

```
valve # 0 will turn ON at 0 and will turn OFF at 0
valve # 1 will turn ON at 1330 and will turn OFF at 0
valve # 2 will turn ON at 0 and will turn OFF at 0
```

Beachte, dass ich im Sketch überprüfe, ob das Zeichen zwischen den Zahlen entweder *N* oder *F* ist und ob nach der zweiten Zahl ein Newline-Zeichen steht. Diese Art der »Plausibilitätsprüfung« ist praktisch, um Fehler aufzudecken, die du bei der Eingabe gemacht haben könntest und die dein Programm verwirren könnten. Des Weiteren ist sie gut dazu geeignet, Fehler in deinem Programm aufzuspüren. Vielleicht fallen dir noch andere Einsatzmöglichkeiten für Plausibilitätsprüfungen ein – beispielsweise könntest du prüfen, ob die Uhrzeit gültig ist, z. B. weniger als 2359, und ob die Ventilnummer geringer ist als `NUMBEROFVALVES`.

Ein Programm, das zur Handhabung allein der korrekten Daten vorgesehen ist, ist sehr empfindlich, da es jeden Fehler erkennt, egal ob durch eine Benutzereingabe oder durch einen Fehler an anderer Stelle hervorgerufen. Durch eine Prüfung der Daten vor Programmstart kannst du Fehler identifizieren, statt zu versuchen, mit fehlerhaften Daten zu arbeiten, was zu unerwartetem oder falschem Verhalten führen könnte. Das macht dein Programm stabil – eine höchst erwünschte Eigenschaft, insbesondere weil Menschen nicht immer zuverlässig sind.

Bevor wir weitergehen, möchte ich dir einen neuen Trick zeigen. Der gerade von uns entwickelte Brocken Code ist sehr lang, und wir müssen noch eine ganze Menge hinzufügen. Beim Lesen und Steuern des Programms wird es langsam unübersichtlich.

Zum Glück können wir uns einer sehr schlauen und häufig genutzten Programmiermethode bedienen. In »Reich mir den Parmesan« auf Seite 35 erläuterten wir, was eine Funktion ist und dass `setup()` und `loop()` zwei Funktionen sind, die Arduino voraussetzt. Bisher hast du das gesamte Programm innerhalb dieser beiden Funktionen geschaffen.

Was ich noch nicht herausgestellt habe, ist, dass du auf dieselbe Weise, in der du `setup()` und `loop()` erzeugst, auch andere Funktionen schaffen kannst.

Warum ist das wichtig? Weil es eine sehr praktische Methode ist, ein langes und kompliziertes Programm in kleine Funktionen aufzubrechen, die jeweils eine bestimmte Aufgabe haben. Außerdem kannst du diese Funktionen nach Belieben benennen – verwendest du also Namen, die die Funktion beschreiben, wird das Programm viel einfacher.

> Immer wenn Code, der eine bestimmte Aufgabe erfüllt, recht umfangreich wird, ist er ein geeigneter Kandidat, um aus ihm eine Funktion zu machen. Wann ist er groß genug? Das bleibt dir überlassen. Meine Faustregel: Wenn ein Brocken Code mehr als zwei Bildschirme beansprucht, dann ist er reif dafür. Ich kann zwei Bildschirmseiten Code im Kopf behalten, aber mehr nicht.
>
> Eine wichtige Überlegung ist, ob sich der Brocken Code leicht extrahieren lässt. Ist er von vielen Variablen abhängig, die nur innerhalb einer anderen Funktion sichtbar sind? Sobald du mehr über den *Wertebereich von Variablen* erfährst, wirst du sehen, dass auch dies ein wichtiger Aspekt ist.

Der gerade von uns entwickelte Code liest zum Beispiel eine Anweisung vom seriellen Monitor, parst sie und speichert dann die Uhrzeiten im Array ab. Wenn wir das zu einer Funktion namens `expectValveSetting()` machen, dann lautet unser Loop einfach:

```
void loop() {

    expectValveSettings();

}
```

Das lässt sich viel leichter lesen und, noch wichtiger, es ist leichter zu verstehen, während wir den Rest des Programms entwickeln.

Natürlich müssen wir diese Funktion erzeugen, und das tun wir wie folgt:

```
void expectValveSettings() {
  // Read a string of the form "2N1345" and separate it
  // into the first digit, the letter, and the second number

  // read only if there is something to read
  while (Serial.available() > 0) {
       // ... rest of the code not repeated here
        }
```

Der Rest ist genau derselbe wie im Beispiel 8–1. Ich habe den Rest der Funktion ausgelassen, weil ich nicht weitere zwei Seiten verschwenden wollte.

Jetzt können wir uns den anderen Dingen zuwenden, die wir tun müssen, und diese ebenfalls zu Funktionen machen.

Prüfung, ob es Zeit zum Ein- oder Ausschalten eines Ventils ist

Als Nächstes schauen wir uns die Daten von der RTC an und überlegen, wie wir diese verwenden, um zu entscheiden, wann es Zeit ist, etwas ein- oder auszuschalten. Wenn du zum RTC-Beispiel *ds1307* zurückgehst, siehst du, wie die Uhrzeit dargestellt wird:

```
Serial.print(now.hour(), DEC);
```

Praktischerweise ist das bereits eine Zahl, sodass der Vergleich mit den gespeicherten Stunden und Minuten leicht sein wird.

Um auf die RTC zugreifen zu können, musst du deinem Programm Teile des *ds1307*-Beispiels hinzufügen. Oben, vor `setup()`, füge dies hinzu:

```
#include <Wire.h>
#include «RTClib.h"

RTC_DS1307 rtc;
```

Dieses Mal werden wir nicht die analogen Eingangs-Pins für 5V und GND verwenden. Warum? Weil analoge Eingänge rar sind – es gibt nur sechs von ihnen, und wir haben bereits zwei für die I2C-Schnittstelle zur RTC verloren. Im Moment braucht unser Projekt keine analogen Eingänge, aber vielleicht fällt uns später noch etwas ein.

In setup() benötigst du Folgendes:

```
#ifdef AVR
  Wire.begin();
#else
  // I2C pins connect to alt I2C bus on Arduino Due
  Wire1.begin();
#endif rtc.begin();
```

Jetzt überlege, was du tun musst: Solange die aktuelle Uhrzeit größer ist als die Uhrzeit, zu der du ein Ventil EIN-schalten möchtest, und geringer ist als die Uhrzeit, zu der du das Ventil AUS-schalten möchtest, solltest du es einschalten. Zu allen anderen Zeiten soll es AUS sein.

Aus der RTC-Bibliothek kannst du die aktuelle Zeit wie folgt bekommen:

```
dateTimeNow = rtc.now();
```

Und dann kannst du Teile der Uhrzeit wie folgt angehen:

```
dateTimeNow.hour()
dateTimeNow.minute()
```

Erkennst du das Problem? Wir haben die Uhrzeit in einem Format mit vier Ziffern gespeichert, bei der die ersten beiden Ziffern die Stunde und die letzten beiden Ziffern die Minuten sind. Wir können keinen mathematischen Vergleich anstellen, ohne diese Zahl in Stunden und Minuten aufzuteilen – und dann wird der Vergleich kompliziert.

Es wäre schön, wenn wir nur eine Zahl hätten. Das können wir erreichen, indem wir die Stunden in Minuten konvertieren und die Anzahl der Minuten seit Mitternacht speichern. Auf diese Weise müssen wir uns nur mit einer Zahl beschäftigen, und der mathematische Vergleich ist einfach. (Wir müssen daran denken, das Wasser nie vor Mitternacht aufzudrehen, um es nach Mitternacht wieder abzudrehen. Das wäre eine weitere Gelegenheit für eine Plausibilitätsprüfung, um unser Programm robuster zu gestalten.)

Der folgende Code veranschaulicht dies:

```
int nowMinutesSinceMidnight = (dateTimeNow.hour() * 60) +
dateTimeNow.minute();
```

Und dann sieht der Vergleich wie folgt aus:

```
if ( ( nowMinutesSinceMidnight >= onOffTimes[valve][ONTIME]) &&
    ( nowMinutesSinceMidnight < onOffTimes[valve][OFFTIME]) )
{
        digitalWrite(??, HIGH);
}
else
{
        digitalWrite(??, LOW);
}
```

Moment, was hat das mit den Fragezeichen auf sich? Wir müssen für jedes Ventil die Pin-Nummer kennen. Unsere `for()`-Schleife zählt die Ventile lediglich ab: 0, 1 und 2. Wir müssen einen Weg für die Angabe finden, welche Pin-Nummer zu welchem Ventil gehört. Wir können ein Array verwenden:

```
int valvePinNumbers[NUMBEROFVALVES];
```

Indem wir dieselbe Variable verwenden, die wir zuvor erstellt haben, wird dieses Array immer genau dieselbe Anzahl von Zeilen haben wie das andere Array, auch wenn du später die Anzahl der Ventile änderst.

In setup() fügen wir die korrekten Pin-Nummern in das Array ein:

```
valvePinNumbers[0] = 6; // Ventil 0 ist auf Pin 6
valvePinNumbers[1] = 8; // Ventil 1 ist auf Pin 8
valvePinNumbers[2] = 3; // Ventil 2 ist auf Pin 3
```

Wann immer du auf einem Index basierende Informationen nachschlagen musst, ist ein Array eine gute Methode dafür. Stell es dir wie eine Nachschlagetabelle vor.

Jetzt können wir unsere Fragezeichen behandeln:

```
if ( ( now.hour() > onOffTimes[valve][onTime]) &&
     ( now.hour() < onOffTimes[valve][offTime]) ) {

    Serial.println("Turning valve ON");
    digitalWrite(valvePinNumbers[valve], HIGH);
}
else {
    Serial.println("Turning valve OFF");
    digitalWrite([valve], LOW);
}
```

Ein letzter Punkt: Wir müssen die vierstelligen Zahlen im Array in Stunden und Minuten trennen. Dies könnte leichter sein, wenn der Benutzer die Informationen eintippt. Wir werden den Benutzer bitten, zwischen den Stunden und Minuten einen Doppelpunkt : einzufügen, sodass wir sie als separate Zahlen lesen, wandeln sie direkt in Minuten seit Mitternacht um und speichern diese im Array. Wenn wir die Uhrzeiten ausgeben, müssen wir sie in das übliche Zeitformat zurück umwandeln. Beispiel 8–2 zeigt jetzt unsere modifizierte Funktion `expectValveSetting()` sowie die neue Funktion `printSetting()`.

> Du hast wahrscheinlich an zwei oder drei verschiedene Lösungsmöglichkeiten gedacht. Die meisten Programmierprobleme, wenn nicht sogar überhaupt die meisten technischen Probleme, lassen sich auf vielerlei Weise lösen. Ein professioneller Programmierer könnte Effizienz, Tempo, Speichereinsatz, vielleicht sogar Kosten berücksichtigen, aber als Anfänger solltest du dich nach dem richten, was für dich am einfachsten zu verstehen ist.

Beispiel 8–2 Die Funktion expectValveSetting()

```
/*
 * Example 8-2. expectValveSetting() and printSettings() functions
 * Read a string of the form "2N13:45" and separate it into the
 * valve number, the letter indicating ON or OFF, and the time
 */

void expectValveSetting() {

  // The first integer should be the valve number
```

```
  int valveNumber = Serial.parseInt();

  // the next character should be either N or F
  char onOff = Serial.read();

  int desiredHour = Serial.parseInt(); // get the hour

  // the next character should be ':'
  if (Serial.read() != ':') {
    Serial.println("no : found"); // Sanity check
    Serial.flush();
    return;
  }

  int desiredMinutes = Serial.parseInt(); // get the minutes

  // finally expect a newline which is the end of the sentence:
  if (Serial.read() != '\n') { // Sanity check
    Serial.println("You must end your request with a Newline");
    Serial.flush();
    return;
  }
  // Convert desired time to # of minutes since midnight
  int desiredMinutesSinceMidnight
    = (desiredHour*60 + desiredMinutes);

  // Put time into the array in the correct row/column
  if ( onOff == 'N') { // it's an ON time
    onOffTimes[valveNumber][ONTIME]
    = desiredMinutesSinceMidnight;
  }
  else if ( onOff == 'F') { // it's an OFF time
    onOffTimes[valveNumber][OFFTIME]
    = desiredMinutesSinceMidnight;
  }
  else { // user didn't use N or F
    Serial.print("You must use upper case N or F ");
    Serial.println("to indicate ON time or OFF time");
    Serial.flush();
    return;
  }

  printSettings(); // print the array so user can confirm settings
} // end of expectValveSetting()

void printSettings(){
  // Print current on/off settings, converting # of minutes since
```

```
    // midnight back to the time in hours and minutes
    Serial.println();
    for (int valve = 0; valve < NUMBEROFVALVES; valve++) {
      Serial.print("Valve ");
      Serial.print(valve);
      Serial.print(" will turn ON at ");

      // integer division drops remainder: divide by 60 to get hours
      Serial.print((onOffTimes[valve][ONTIME])/60);
      Serial.print(":");

      // minutes % 60 are the remainder (% is the modulo operator)
      Serial.print((onOffTimes[valve][ONTIME])%(60));

      Serial.print(" and will turn OFF at ");
      Serial.print((onOffTimes[valve][OFFTIME])/60); // hours
      Serial.print(":"); Serial.print((onOffTimes[valve]
      [OFFTIME])%(60)); // minutes Serial.println();
    }
  }
```

Prüfen, ob es regnet

Wie wäre es, mit dem Feuchtigkeitssensor zu prüfen, ob es regnet? Du könntest dies im selben Moment machen, in dem du die Uhrzeit prüfst, aber dann wird es eine sehr lange Zeile. Es ist völlig in Ordnung, eine weitere `if()`-Anweisung zu verwenden. Langjährige Programmierer erzählen dir vielleicht, dass das weniger effizient sei – aber deinem Garten ist es egal, ob das Wasser den Bruchteil einer Sekunde später aufgedreht wird. Viel wichtiger ist, dass du das Programm lesen und verstehen kannst.

> Sei auf der Hut vor wohlmeinenden, erfahrenen Programmierern, die dir schlaue Tricks zeigen wollen, wie du die Anzahl von Zeilen in deinem Programm reduzierst oder die Effizienz steigerst. Wenn du mehr Erfahrung hast, sind solche Tricks hilfreich, aber als Anfänger solltest du immer das wählen, was für dich am einfachsten verständlich ist.

Beispiel 8-3 zeigt einen Weg, das Wasser nur dann aufzudrehen, wenn es nicht regnet.

Beispiel 8-3 Schalte das Wasser nur ein, wenn es nicht regnet

```
if ( ( nowMinutesSinceMidnight >= onOffTimes[valve][ONTIME]) &&
     ( nowMinutesSinceMidnight < onOffTimes[valve][OFFTIME]) ) {
     // Before we turn a valve on make sure it's not raining
     if ( humidityNow > 50 ) { // Arbitrary; adjust as necessary
       // It's raining; turn the valve OFF
       Serial.print(" OFF ");
       digitalWrite(valvePinNumbers[valve], LOW);
     }
     else {
       // No rain and it's time to turn the valve ON
       Serial.print(" ON ");
       digitalWrite(valvePinNumbers[valve], HIGH);
     } // end of checking for rain
 } // end of checking for time to turn valve ON
   else {
     Serial.print(" OFF ");
     digitalWrite(valvePinNumbers[valve], LOW);
   }
```

Natürlich erstellen wir dafür eine weitere Funktion. Wir nennen sie `checkTimeControlValves()`.

Wir erstellen außerdem eine separate Funktion zum Ablesen des Feuchtigkeitssensors und der RTC. Lass uns diese `getTimeTempHumidity()` nennen.

Jetzt sieht unser Loop ungefähr wie folgt aus:

```
void loop() {

  // Remind user briefly of possible commands
  Serial.print("Type 'P' to print settings or 'S2N13:45'");
  Serial.println(" to set valve 2 ON time to 13:34");

  // Get (and print) the current date, time,
  // temperature, and humidity
  getTimeTempHumidity();

  // Check for new time settings:
  expectValveSettings();

  // Check to see whether it's time to turn any
  // valve ON or OFF
  checkTimeControlValves();

  // No need to do this too frequently
  delay(5000);
}
```

Zusammenfügen aller Teile

Wir sind mit dem Sketch fast fertig. Nur noch ein paar Kleinigkeiten gilt es zu berücksichtigen, und dann können wir das alles zusammenführen.

Zunächst einmal: Was ist, wenn der Benutzer den aktuellen Zeitplan für die Ventile sehen will? Das ist recht einfach, aber wie gibt uns der Benutzer Bescheid? Der Benutzer könnte den Buchstaben *P* für »Print« eintippen, aber dann muss der Sketch entweder für den Buchstaben *P* oder eine Zahl bereit sein. Das ist knifflig – es wäre einfacher, wenn wir immer als erstes Zeichen einen Buchstaben erwarten und dann entscheiden, ob wir eine Zahl erwarten sollen. Angenommen, der erste Buchstabe ist ein *P*, dann geben wir die aktuellen Einstellungen aus; wenn der erste Buchstabe ein *S* ist, dann erwarten wir nachfolgend eine neue Einstellung. Wenn der Benutzer irgendetwas anderes als *P* oder *S* eingibt, dann sollten wir ihn besser daran erinnern, welche Eingaben in Ordnung sind:

```
/*
 * Check for user interaction, which will
 * be in the form of something typed on
 * the serial monitor.
 *
 * If there is anything, make sure it's
 * properly-formed, and perform the
 * requested action.
 */
void checkUserInteraction() {

  // Check for user interaction
  while (Serial.available() > 0) {

    // The first character tells us what to expect for the
    // rest of the line
    char temp = Serial.read();

    // If the first character is 'P'
    // then print the current settings
    // and break out of the while() loop
    if ( temp == 'P') {

      printSettings();
      Serial.flush();
      break;
```

```
        } // end of printing current settings

        // If first character is 'S'
        // then the rest will be a setting
        else if ( temp == 'S') {
          expectValveSetting();
        }

        // Otherwise, it's an error. Remind the user
        // what the choices are and break out of the
        // while() loop
        else
        {
          printMenu();
          Serial.flush();
        break;
      }

    } // end of processing user interaction

}
```

Der folgende Code ist die Funktion `printMenu()`. Er ist kurz, aber möglicherweise wollen wir ihn andernorts nutzen. Nach meiner Erfahrung neigt das Menü dazu, analog zum komplexer werdenden Projekt an Umfang zuzunehmen, sodass diese Funktion tatsächlich eine gute Methode ist, das Menü innerhalb des Sketches zu dokumentieren. Beispielsweise könntest du später einen Menüpunkt zum Einstellen der RTC-Zeit hinzufügen wollen:

```
void printMenu() {
  Serial.println(
    "Please enter P to print the current settings");
  Serial.println(
    "Please enter S2N13:45 to set valve 2 ON time to 13:34");
}
```

Jedes Mal, wenn ein Codeblock mehr als einmal verwendet werden soll, ist das ein guter Kandidat für eine Funktion, egal wie kurz er ist.

Abschließend stellt Beispiel 8-4 den gesamten Sketch dar.

Beispiel 8-4 Der Sketch für das Bewässerungssystem

```
/* Example 8-4. The irrigation system sketch */

#include <Wire.h>    // Wire library, used by RTC library
#include "RTClib.h" // RTC library
#include "DHT.h"    // DHT temperature/humidity sensor library

// Analog pin usage
const int RTC_5V_PIN = A3;
const int RTC_GND_PIN = A2;

// Digital pin usage
const int DHT_PIN  = 2;      // temperature/humidity sensor
const int WATER_VALVE_0_PIN = 8;
const int WATER_VALVE_1_PIN = 7;
const int WATER_VALVE_2_PIN = 4;

const int NUMBEROFVALVES = 3; // How many valves we have
const int NUMBEROFTIMES = 2; // How many times we have

// Array to store ON and OFF times for each valve
// Store this time as the number of minutes since midnight
// to make calculations easier
int onOffTimes [NUMBEROFVALVES][NUMBEROFTIMES];
int valvePinNumbers[NUMBEROFVALVES];

// Which column is ON time and which is OFF time
const int ONTIME = 0;
const int OFFTIME = 1;

#define DHTTYPE DHT11
DHT dht(DHT_PIN, DHTTYPE); // Create a DHT object

RTC_DS1307 rtc;     // Create an RTC object

// Global variables set and used in different functions

DateTime dateTimeNow; // to store results from the RTC

float humidityNow; // humidity result from the DHT11 sensor

void setup(){

  // Power and ground to RTC
  pinMode(RTC_5V_PIN, OUTPUT);
  pinMode(RTC_GND_PIN, OUTPUT);
```

```
  digitalWrite(RTC_5V_PIN, HIGH);
  digitalWrite(RTC_GND_PIN, LOW);

  // Initialize the wire library
  #ifdef AVR
    Wire.begin();
  #else
    // Shield I2C pins connect to alt I2C bus on Arduino Due
     Wire1.begin();
  #endif

  rtc.begin();          // Initialize the RTC object
  dht.begin();          // Initialize the DHT object
  Serial.begin(9600); // Initialize the Serial object
  // Set the water valve pin numbers into the array
  valvePinNumbers[0] = WATER_VALVE_0_PIN;
  valvePinNumbers[1] = WATER_VALVE_1_PIN;
  valvePinNumbers[2] = WATER_VALVE_2_PIN;

  // and set those pins all to outputs
  for (int valve = 0; valve < NUMBEROFVALVES; valve++) {
    pinMode(valvePinNumbers[valve], OUTPUT);
  }

};

void loop() {

  // Remind user briefly of possible commands
  Serial.print("Type 'P' to print settings or ");
  Serial.println("'S2N13:45' to set valve 2 ON time to 13:34");

  // Get (and print) the current date, time,
  // temperature, and humidity
  getTimeTempHumidity();

  checkUserInteraction(); // Check for request from the user

  // Check to see whether it's time to turn any valve ON or OFF
  checkTimeControlValves();

  delay(5000); // No need to do this too frequently
}
```

```
/* Get, and print, the current date, time,
 * humidity, and temperature
 */
void getTimeTempHumidity() {
  // Get and print the current time
  dateTimeNow = rtc.now();

  if (! rtc.isrunning()) { Serial.
    println("RTC is NOT running!");
    // Use this to set the RTC to the date and time this sketch
    // was compiled. Use this ONCE and then comment it out
    // rtc.adjust(DateTime(__DATE_, _TIME_));
    return; // if the RTC is not running don't continue
  }
  Serial.print(dateTimeNow.hour(), DEC);
  Serial.print(':');
  Serial.print(dateTimeNow.minute(), DEC);
  Serial.print(':');
  Serial.print(dateTimeNow.second(), DEC);

  // Get and print the current temperature and humidity
  humidityNow = dht.readHumidity();
  float t = dht.readTemperature();      // temperature Celsius
  float f = dht.readTemperature(true); // temperature Fahrenheit

  // Check if any reads failed and exit early (to try again).
  if (isnan(humidityNow) || isnan(t) || isnan(f)) {
    Serial.println("Failed to read from DHT sensor!");
    return; // if the DHT is not running don't continue;
  }

  Serial.print(" Humidity ");
  Serial.print(humidityNow);
  Serial.print("% ");
  Serial.print("Temp ");
  Serial.print(t);
  Serial.print("C ");
  Serial.print(f);
  Serial.print("F");
  Serial.println();
} // end of getTimeTempHumidity()

/*
 * Check for user interaction, which will be in the form of
 * something typed on the serial monitor If there is anything,
 * make sure it's proper, and perform the requested action.
 */
```

```
void checkUserInteraction() {
  // Check for user interaction
  while (Serial.available() > 0) {

    // The first character tells us what to expect
    // for the rest of the line
    char temp = Serial.read();

    // If the first character is 'P' then print the current
    // settings and break out of the while() loop.
    if ( temp == 'P') {
      printSettings();
      Serial.flush();
      break;
    } // end of printing current settings

    // If first character is 'S' then the rest will be a setting
    else if ( temp == 'S') {
      expectValveSetting();
    }

    // Otherwise, it's an error. Remind the user what the choices
    // are and break out of the while() loop
    else
    {
      printMenu();
      Serial.flush();
      break;
    }
  } // end of processing user interaction
}

/*
 * Read a string of the form "2N13:45" and separate it into the
 * valve number, the letter indicating ON or OFF, and the time.
 */
void expectValveSetting() {

  // The first integer should be the valve number
  int valveNumber = Serial.parseInt();

  // the next character should be either N or F
  char onOff = Serial.read();

  int desiredHour = Serial.parseInt(); // the hour
```

```
  // the next character should be ':'
  if (Serial.read() != ':') {
    Serial.println("no : found"); // Sanity check
    Serial.flush();
    return;
  }

  int desiredMinutes = Serial.parseInt(); // the minutes

  // finally expect a newline which is the end of the sentence:
  if (Serial.read() != '\n') { // Sanity check
    Serial.println(
      "Make sure to end your request with a Newline");
    Serial.flush();
    return;
  }

  // Convert the desired hour and minute time
  // to the number of minutes since midnight
  int desiredMinutesSinceMidnight
    = (desiredHour*60 + desiredMinutes);

  // Put time into the array in the correct row/column
  if ( onOff == 'N') { // it's an ON time
    onOffTimes[valveNumber][ONTIME]
    = desiredMinutesSinceMidnight;
  }
  else if ( onOff == 'F') { // it's an OFF time
    onOffTimes[valveNumber][OFFTIME]
    = desiredMinutesSinceMidnight;
  }
  else { // user didn't use N or F
    Serial.print("You must use upper case N or F ");$
    Serial.println("to indicate ON time or OFF time");$
    Serial.flush();
    return;
  }

  printSettings(); // print the array so user can confirm settings
} // end of expectValveSetting()

void checkTimeControlValves() {

  // First, figure out how many minutes have passed since
  // midnight, since we store ON and OFF time as the number of
  // minutes since midnight. The biggest number will be at 2359
  // which is 23 * 60 + 59 = 1439 which is less than the maximum
```

```
  // that can be stored in an integer so an int is big enough
  int nowMinutesSinceMidnight =
    (dateTimeNow.hour() * 60) + dateTimeNow.minute();

  // Now check the array for each valve
  for (int valve = 0; valve < NUMBEROFVALVES; valve++) {
  Serial.print("Valve ");
    Serial.print(valve);

    Serial.print(" is now ");
    if ( ( nowMinutesSinceMidnight >=
           onOffTimes[valve][ONTIME]) &&
         ( nowMinutesSinceMidnight <
           onOffTimes[valve][OFFTIME]) ) {

      // Before we turn a valve on make sure it's not raining
      if ( humidityNow > 70 ) {
        // It's raining; turn the valve OFF
        Serial.print(" OFF ");
        digitalWrite(valvePinNumbers[valve], LOW);
      }
      else {
        // No rain and it's time to turn the valve
        ON Serial.print(" ON ");
        digitalWrite(valvePinNumbers[valve], HIGH);
      } // end of checking for rain
    } // end of checking for time to turn valve ON
    else {
      Serial.print(" OFF ");
      digitalWrite(valvePinNumbers[valve], LOW);
    } Serial.
    println();
  } // end of looping over each valve
  Serial.println();
}


void printMenu()
  { Serial.
  println(
    "Please enter P to print the current settings");
  Serial.println(
    "Please enter S2N13:45 to set valve 2 ON time to 13:34");
}


void printSettings(){
```

```
  // Print current on/off settings, converting # of minutes since
  // midnight back to the time in hours and minutes
  Serial.println();
  for (int valve = 0; valve < NUMBEROFVALVES; valve++) {
    Serial.print("Valve ");
    Serial.print(valve);
    Serial.print(" will turn ON at ");

    // integer division drops remainder: divide by 60 to get hours
    Serial.print((onOffTimes[valve][ONTIME])/60); Serial.
    print(":");
    // minutes % 60 are the remainder (% is the modulo operator)
    Serial.print((onOffTimes[valve][ONTIME])%(60));

    Serial.print(" and will turn OFF at "); Serial.
    print((onOffTimes[valve][OFFTIME])/60); // hours Serial.
    print(":"); Serial.print((onOffTimes[valve][OFFTIME])%(60));
    // minutes Serial.println();
  }
}
```

Du kannst diesen Sketch auch über den Link für die Beispielcodes von der *Katalogseite* der englischen Originalausgabe des Buches herunterladen (*https://makezine.com/go/arduino-4e-github/*).

Zusammenbau der Schaltung

Endlich sind wir mit dem Sketch fertig und wir haben alle Komponenten getestet! Können wir mit dem Löten beginnen? Noch nicht ganz: Wir haben die verschiedenen Komponenten separat getestet, aber nicht zusammen. Du könntest denken, dieser Schritt sei unnötig, aber ein *Integrationstest* ist entscheidend. Dieser Schritt deckt unerwartete Interaktionen zwischen Komponenten auf, egal ob Hardware oder Software. Zum Beispiel könnten zwei Komponenten dasselbe Feature des Arduino benötigen, das nur auf einem Pin zur Verfügung steht, oder zwei Bibliotheken können miteinander in Konflikt stehen oder die Logik des Sketches muss neu organisiert werden. Es ist besser, dies auf der lötfreien Steckplatine vorzunehmen, falls Änderungen an der Verdrahtung nötig werden.

Um unser vollständiges automatisches Gartenbewässerungssystem zu erhalten, müssen wir drei Schaltpläne kombinieren: Abb. 8–11, Abb. 8–13 und den Schaltplan für die RTC. Obwohl unser endgültiges System drei

Ventile haben wird, wird es eine ganze Menge Arbeit erfordern (und auf der lötfreien Steckplatine recht eng werden), ohne viele Informationen zu gewinnen. Wenn es für ein Wasserventil funktioniert, dann sollte es auch für alle drei funktionieren – lass uns daher jetzt mal nur ein Ventil vornehmen.

Sei vorsichtig im Anstellen von Vermutungen: Sie könnten sich als falsch erweisen und dir später auf die Füße fallen. Geh nie einfach davon aus, dass Dinge zusammen schon gut laufen werden, nur weil sie für sich allein gut laufen. Jeder Ingenieur wird dir bestätigen, dass ein Integrationstest unerlässlich ist und sehr häufig Probleme aufspürt, die vorher nicht erkannt worden waren.

Beachte, dass ich eine Vermutung angestellt habe: dass das Testen mit nur einem Ventil ausreichen sollte. Das ist genau die Art von Vermutung, vor der ich dich warne. Beispielsweise benötigen mehr Ventile und mehr Relais mehr Strom. Können die digitalen Ausgänge des Arduino Strom an alle drei Relais liefern, wenn sie alle gleichzeitig eingeschaltet sind? Kann die Stromversorgung für die Wasserventile Strom für alle drei Wasserventile liefern, wenn sie alle gleichzeitig eingeschaltet sind?

Ich habe mir erlaubt, diese Annahme zu treffen, da ich die grobe Kalkulation in meinem Kopf vorgenommen habe und weil meine jahrelange Erfahrung mir sagt, dass hier nur ein sehr geringes Risiko vorliegt. Als Anfänger solltest du aber vermeiden, solche Vermutungen anzustellen, und alles testen, bevor du mit dem Löten oder Zusammenbau eines Projekts in einem Gehäuse beginnst.

Ich habe zu viele Studenten gesehen, die wunderschön konstruierte Projekte zerlegen mussten, weil etwas nicht so funktionierte, wie sie es vorgesehen hatten. (Schlimmer noch: Es scheint grundsätzlich das Teil zu sein, an das man am schlechtesten rankommt.)

– Michael

Abb. 8–15 zeigt die schematische und Abb. 8–16 die bildhafte Darstellung des Schaltplans des gesamten Systems für ein Ventil. Wir haben erneut die Polarität der Stromversorgung für das Wasserventil und des Wasserventils angegeben, aber das ist nur relevant, wenn du ein Gleichstromsystem hast. Wenn du ein Wechselstromsystem hast (eher üblich), dann haben diese keine Polarität.

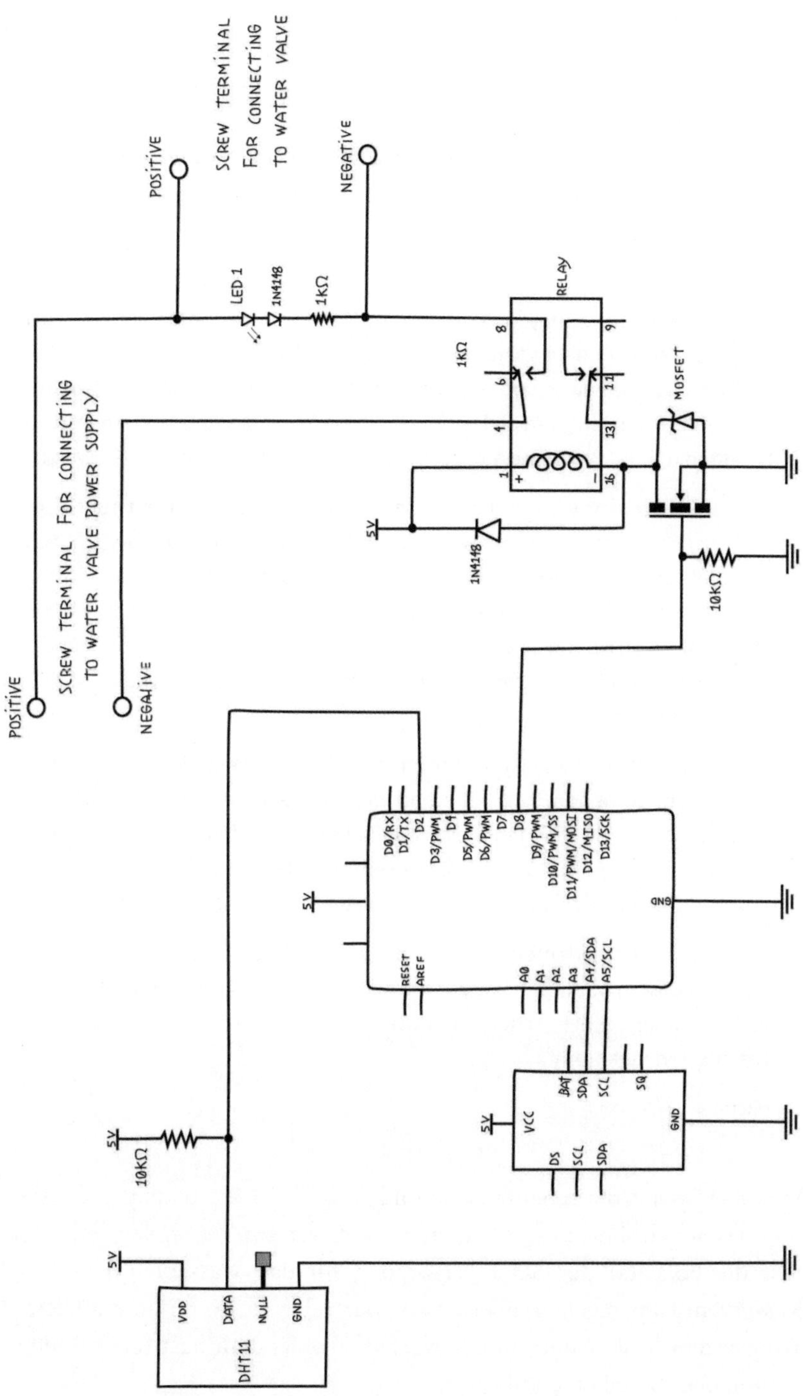

Abb. 8–15 Schematische Darstellung eines Schaltplans für ein vollständiges automatisches Gartenbewässerungssystem mit einem Ventil

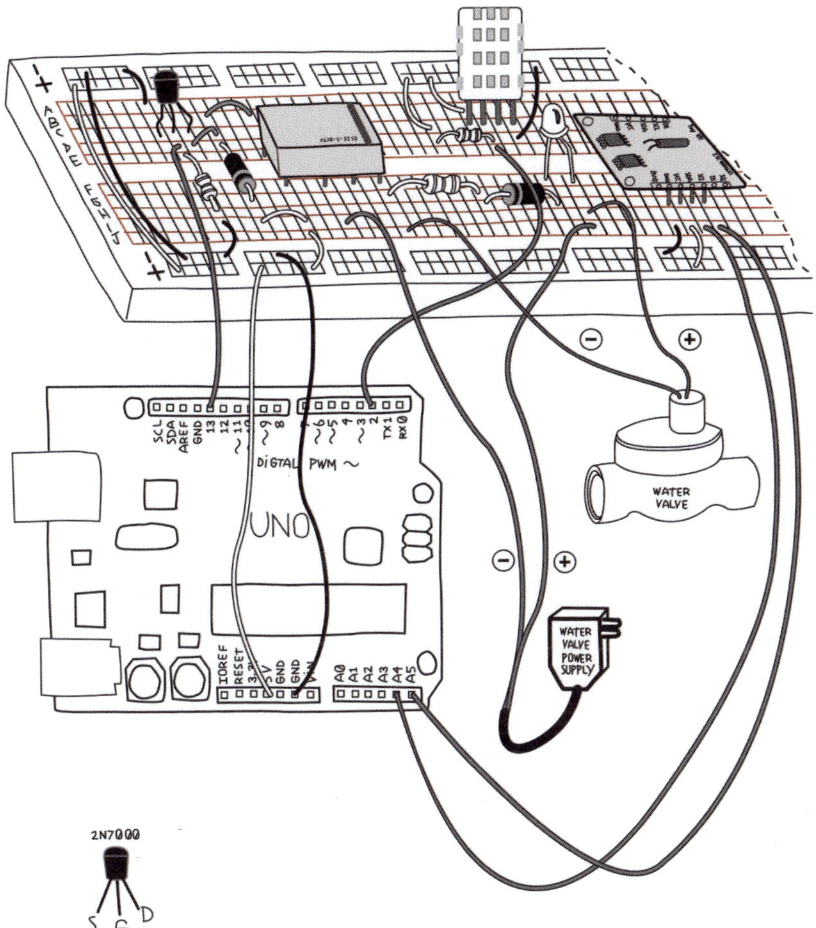

Abb. 8–16 Bildhafte Darstellung eines Schaltplans für ein vollständiges automatisches Gartenbewässerungssystem mit einem Ventil

Drucke vor dem Bau einer komplexen Schaltung den Schaltplan aus. Während des Baus deiner Schaltung verwende einen Farbstift oder Marker zum Markieren jeder erstellten Verbindung. So kannst du leicht erkennen, was du erledigt hast und was noch zu tun ist.

Das ist auch nützlich beim Prüfen einer Schaltung, indem du jede Verbindung beim Prüfen markierst.

Bau dies auf deiner Steckplatine und lade den vollständigen Systemsketch aus Beispiel 8–4 hoch. Es ist in Ordnung, dass der Sketch von drei Ventilen ausgeht, wir aber nur eins haben: Du kannst die Uhrzeiten einstellen und ein Aktivieren der beiden anderen zulassen, aber es wird nichts passieren.

Jetzt teste es: Drücke *P* zum Anzeigen der aktuellen Einstellungen und überprüfe, ob sie alle auf Null sind. Notiere die aktuelle Uhrzeit. Drücke *S*, stelle die EIN-schaltzeit auf etwa eine Minute später und eine AUS-schaltzeit auf eine Minute danach ein. Dein Relais sollte klicken und die LED sollte aufleuchten. Dein Wasserventil tut vielleicht etwas – oder auch nicht, je nachdem, ob es ohne Wasserdruck funktioniert (meins gibt ein sehr beruhigendes Klicken von sich, selbst ohne Wasser).

Probleme? Überprüfe deine Verdrahtung ein weiteres Mal. Achte besonders auf die Dioden, die MOSFETs und das Relais. Denk dran, dass jeder Pin des MOSFET eine bestimmte Funktion hat, sodass du den korrekten Pin verwenden musst. Denk dran, dass die Diode polarisiert ist. Das schwarze Band kennzeichnet die Kathode. Denk dran, dass das Relais einen schwarzen Streifen zur Kennzeichnung der Pins 8 und 9 hat. Wenn deine Stromversorgung für die Wasserventile und die Wasserventile Gleichstrom (DC) verwenden, achte darauf, dass die positiven und negativen Enden da angeschlossen sind, wo sie hingehören. Vergleiche Kapitel 11.

Durch diesen Schritt erkennst du auch, wie wichtig die korrekte Verdrahtung der MOSFETs, Dioden und Relais ist. Sobald du diese Komponenten lötest, lässt sich das nicht mehr so leicht ändern. Sobald etwas funktioniert, schau, dass du verstehst, warum. Notiere dir etwaige Fehler, die du gemacht hast, und wie du sie behoben hast. Vielleicht möchtest du auch einige Fotos von deiner Steckplatine machen, als Referenz. Es ist immer eine gute Idee, deine Arbeit zu dokumentieren.

Sobald du damit zufrieden bist, kannst du dich dem Proto-Shield zuwenden.

Das Proto-Shield

Wie ich bereits erwähnte, verwenden wir das Proto-Shield, weil es eine sichere und einfache Möglichkeit darstellt, ein Projekt mit dem Arduino zu verbinden. Du kannst es im Arduino-Store kaufen. Es gibt viele andere Proto-Shields auf dem Markt. Jedes funktioniert, aber möglicherweise musst du Änderungen am Layout vornehmen, damit es auf dein bestimmtes Shield passt. Manche Shields kommen mit den Pins, während andere voraussetzen, dass du sie separat kaufst.

Wie du siehst, hat das Shield Pins auf der Unterseite, die sich auf deinen Arduino stecken lassen, wobei alle Arduino-Pins mit dem Shield verbunden werden. Das Shield hat Löcher neben jedem Arduino-Pin zum Anlöten von Drähten, die über das Shield mit dem Arduino-Pin verbunden sind. Zum Erstellen eines Anschlusses an einem Arduino-Pin löte einfach einen Draht in das entsprechende Loch. Das erzeugt eine wesentlich zuverlässigere Verbindung als das Einstecken von Drähten in die Sockel, wie wir es früher machten.

Der Großteil des Shields wird von einem Raster aus winzigen Löchern eingenommen. Die sind ein bisschen wie die Löcher auf der lötfreien Steckplatine, wo du (fast) überall Komponenten und Drähte anordnen kannst, aber im Gegensatz zu dieser werden sehr wenige Verbindungen angeboten. Du erstellst die meisten Verbindungen durch Anlöten von Drähten direkt an den Komponenten, normalerweise an der Unterseite des Boards. Du kannst die Anzahl der von dir selbst vorzunehmenden Verbindungen durch den intelligenten Einsatz von Bussen oder anderen verbundenen Löchern, die das Shield anbietet, minimieren.

Beim Einsatz eines Proto-Shields – oder in der Tat jeder beliebigen perforierten Steckplatine – ist es üblich, die Komponenten und Drähte auf der Oberseite anzuordnen und das Löten auf der Unterseite vorzunehmen. Das ist insbesondere beim Proto-Shield wichtig, da die Unterseite des Shields sehr nah am Arduino sein wird, sodass dort nicht viel Platz ist. Denk dran, dass keine deiner Verbindungen auf der Unterseite des Shields irgendwelches Metall – z. B. von Komponenten, Leiterbahnen oder USB-Port – auf der Oberseite des Arduino berühren dürfen.

Wenn du Komponenten oder Drähte an der Unterseite anordnen musst, sorge dafür, dass sie so flach wie möglich sind.

Das Layout deines Projekts auf dem Proto-Shield

Der erste Schritt ist die Überlegung, welche Anforderungen erfüllt werden müssen und was wo angeordnet werden muss. Wir müssen Platz für die MOSFETs, Relais, LEDs und Schraubklemmen schaffen. Die Schraubklemmen sollten an einer zugänglichen Seite sein, und es wäre gut, wenn die LEDs in der Nähe der entsprechenden Schraubklemmen Platz finden. Die MOSFETs sind recht klein und passen überall hin, aber am besten sollte jeder von ihnen neben dem von ihm gesteuerten Relais platziert sein.

Die Relais sind die größten Objekte, sodass wir ihnen Platz einräumen müssen, bevor wir das Shield weiter bestücken.

> Ober- und Unterseite des Shields sind leicht zu verwechseln – achte also darauf, dass du die Komponenten auf der richtigen Seite platzierst. Ich habe für dich als Gedächtnisstütze auf den folgenden Illustrationen TOP (OBEN) und BOTTOM (UNTEN) dazugeschrieben. Ich schlage vor, dass du mit einem Permanentmarker TOP und BOTTOM auf dein Shield schreibst.

> Achte darauf, keine Löcher zu verwenden, die bereits eine Funktion erfüllen, wie der ICSP-Anschluss oder der einzelne Masse-Pin nicht weit vom IOREF-Pin. In den Illustrationen habe ich diese Löcher mit einem schwarz gefüllten Kreis gekennzeichnet.

Meide den Bereich, der sich über dem USB-Anschluss befindet. Wenn du das Arduino Proto-Shield verwendest, ist dieser Bereich bewusst ohne Löcher gehalten.

> Wann immer du eine Schaltung lötest, überlege dir zuerst, wo du Dinge anordnen willst, bevor du mit dem Löten beginnst. Beginne mit Anschlüssen und den großen Teilen und dann platziere die kleineren Komponenten nahe an den Stellen, wo sie angeschlossen werden müssen. Du kannst die Leiter der Komponenten nutzen, um die Verbindungen herzustellen, indem du die Leiter an der Unterseite des Shields umbiegst und sie direkt an den korrekten Pins anlötest.
>
> Löte nichts, bevor du mit der Platzierung zufrieden bist. Dokumentiere deine Platzierung entweder mit Zeichnungen oder Fotos, bevor du mit dem Löten anfängst, falls irgendetwas herausfällt, bevor du es festgelötet hast.

Ich versprach dir zu erläutern, wozu die Sockel dienen. Du siehst, dass die Relais auf das Proto-Shield gelötet werden müssten. Was passiert, wenn eins der Relais kaputtgeht? Zum Glück passen die Relais auf einen Sockel. Die Sockel werden auf das Proto-Shield gelötet, und das Relais wird in den Sockel gesteckt.

Wenn die Relais Sockel bekommen, warum bekommt dann nicht jede Komponente einen? Aus mehreren Gründen: Widerstände lassen sich einfach durch Ablöten entfernen. Im schlimmsten Fall lassen sie sich herausschneiden. Dasselbe gilt für MOSFETs. Die Relais würden sich nur schwer ablöten lassen, da sie acht Pins haben. In der Zeit, in der wir den zweiten Pin erhitzen, würde sich der erste schon wieder abgekühlt haben. Und wenn ein Relais erst mal an seinem Platz festgelötet ist, ist es unmöglich, es herauszuschneiden. Schließlich ist das Relais ein mechanisches Objekt mit beweglichen Teilen, und bewegliche Teile neigen eher dazu, zu versagen, als rein elektronische Teile. (Dennoch sollte das Relais viele Jahre lang seinen Dienst versehen.)

Beachte, dass die Sockel eine Richtungsvorgabe haben: Es gibt einen kleinen Halbkreis im Kunststoff, der die Oberseite anzeigt bzw. wo Pin 1 hingehört. Für den Sockel selbst spielt das eigentlich keine Rolle – er würde in beiden Richtungen funktionieren. Es soll dir aber helfen, die Komponente richtig herum einzusetzen; achte also darauf, dass du den Sockel mit der Ausrichtung montierst, wie du ihn verdrahten willst. Das Anfertigen von Zeichnungen und Notizen wird dir auch in diesem Fall später behilflich sein. Denk dran, dass beim Umdrehen des Shields die Ausrichtung der Sockel seitenverkehrt ist. Ich zeichne gern einen Kreis um Pin 1 jedes Sockels auf der Unterseite des Boards, um sicherzugehen, dass ich es richtig ausgerichtet habe.

Wenn du das Shield auf den Kopf drehst, werden die Sockel herausfallen; biege daher die Leiter um, damit sie an der richtigen Stelle verbleiben. Sie können fast ganz herumgebogen werden, solange sie keine anderen Löcher berühren.

Wann immer du eine Schaltung lötest, verwende Relaissockel und Chips.

Abb. 8–17 zeigt ein mögliches Layout.

Beachte, dass ich das Bild ein wenig verzerrt habe, um bestimmte Bereiche zu vergrößern. Wir werden hier später eine Menge Arbeit haben, und ich wollte, dass die Details besser zu sehen sind. Die Anzahl der Löcher und die Ausrichtung der Zeilen und Spalten sind akkurat.

Während wir die kleineren Komponenten hinzufügen, werde ich dir einen Trick zeigen. Wir nutzen ihre Leiter, um einige unserer Verbindungen herzustellen.

Schau dir den Plan an. Du wirst sehen, dass die drei Dioden nahe am Relais von Pin 1 bis Pin 16 gehen. Wenn wir die Dioden an dem Ende anordnen, können wir einfach die Leiter an der Unterseite des Shields umbiegen und sie direkt an die korrekten Pins löten. Beachte die Polarität der Dioden, denn sonst fluchst du später. (Ich weiß das aus Erfahrung.) Die Kathode wird durch den Ring nahe an einem Ende der Diode gekennzeichnet, und sie geht an Pin Nummer 1 des Sockels.

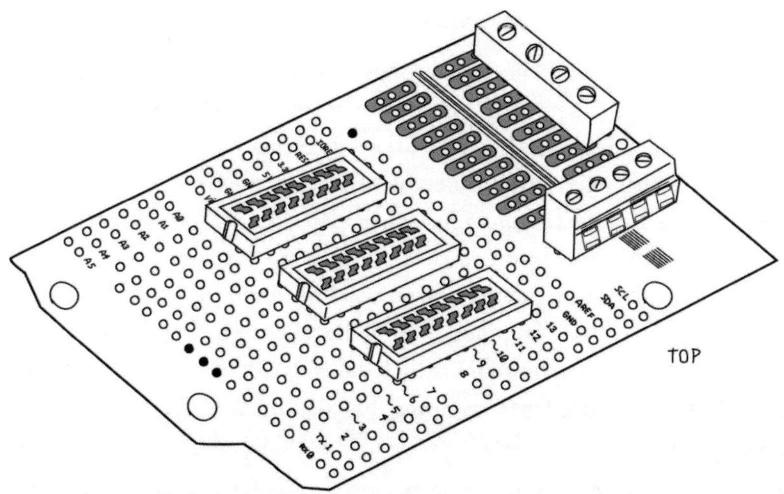

Abb. 8–17 Eine Möglichkeit zum Anordnen großer Komponenten auf dem Proto-Shield (beachte die Ausrichtung der Relaissockel)

Das Umbiegen der Leiter der Diode hilft auch, sie an der Stelle zu halten, wenn du das Shield zum Löten an der Unterseite umdrehst.

Der MOSFET hat einen Pin (den Drain), der am Pin 16 des Relais angeschlossen wird. Lass uns diesen direkt neben der Diode platzieren, und wir können den MOSFET-Leiter umbiegen und an der Diode anlöten.

Der 10-kΩ-Widerstand, der das Gate jedes MOSFET mit GND verbindet, kann zwischen dem Gate und der Source des MOSFET platziert werden, da die Source auch an GND geht. Wir tun dies, indem wir den Widerstand auf sein Ende stellen und die Leiter des Widerstands für die notwendigen Verbindungen nutzen, ohne Draht ergänzen zu müssen.

Versuche, alle Komponenten so nahe wie möglich ans Shield zu bekommen. Die Dioden sollten flach auf dem Shield liegen. Du kannst die Leiter der MOSFETs ein bisschen biegen, um sie niedrig zu bekommen, aber biege sie nicht zu sehr, da sie sonst brechen. Der Widerstand steht, aber ein Ende des Widerstands muss auf dem Shield sitzen.

Ich zeige dir gleich, wie all diese Anschlüsse vorzunehmen sind.

Abb. 8–18 zeigt die Draufsicht mit den hinzugefügten Relaissockeln, MOSFETs, Dioden und Widerständen.

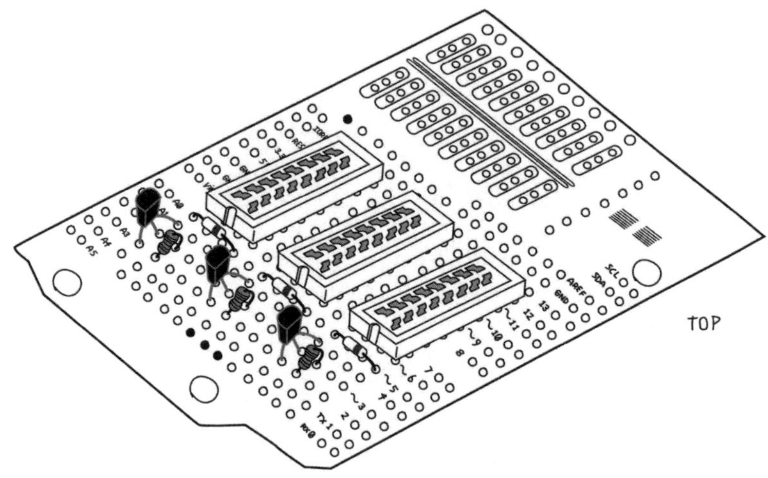

Abb. 8–18 Draufsicht mit den hinzugefügten Relaissockeln, MOSFETs, Dioden und Widerständen

Was ist mit der RTC und dem DHT11? Der DHT11 muss an vier langen Drähten draußen im Garten platziert werden. Statt diese Drähte direkt an das Proto-Shield zu löten, löten wir einen Streifen mit Pins an den Draht und befestigen einen Sockelstreifen am Shield, damit wir ihn bei Bedarf herausziehen können. Ich zeige dir später, wie das geht. Der 10-kΩ-Widerstand (am Daten-Pin des DHT11) lässt sich fast überall einpassen, weshalb wir das für später aufheben.

Die RTC hat bereits Pins, sodass ein weiterer Sockel für die RTC perfekt ist. Denk dran, dass die RTC recht viel Platz einnimmt; bringe sie also irgendwo unter, wo genug Platz ist. Die obere Kante des Boards, nach den MOSFETs und ihrer zugehörigen Schaltungstechnik, könnte sich gut dafür eignen. Ich habe sie in der allerletzten Reihe angeordnet. Das ließ mir immer noch eine leere Reihe zwischen den MOSFETs und den Sockeln für die dazugehörigen Drähte, wie in Abb. 8–19 dargestellt.

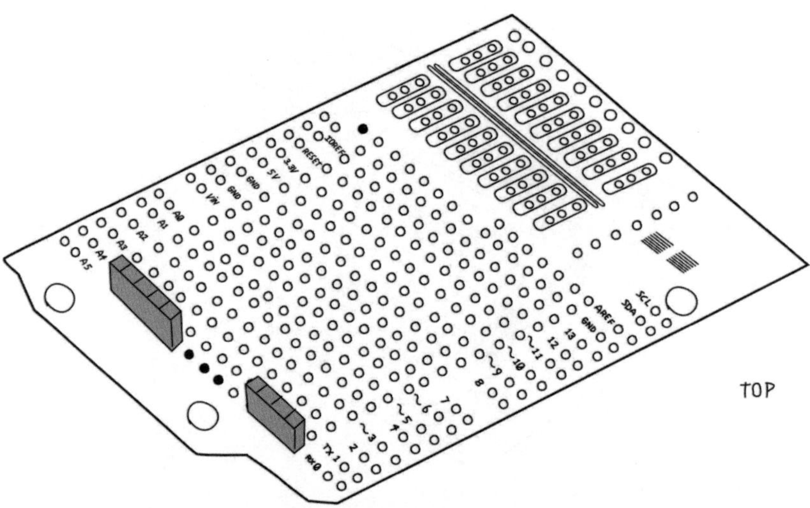

Abb. 8–19 Ein Sockel mit vier Positionen für den DHT11-Sensor und eine weibliche Stiftleiste mit fünf Positionen für die RTC

Wann immer du lange Drähte von einem weiter entfernten Objekt an einem Board anschließen musst, löte die Drähte nicht direkt am Board an. Verwende stattdessen eine Steckverbindung, die sich leicht trennen lässt. Ein paar männliche und weibliche Stiftleisten mit der richtigen Anzahl an Positionen sind eine gute, preisgünstige Wahl für kleine Drähte; Schraubklemmen eignen sich gut für dickere Drähte.

Wann immer du ein Modul mit Stiftleisten auf dem Board montierst, löte die Modulleisten nicht direkt an deinem Board an. Montiere stattdessen eine Stiftleiste des anderen Geschlechts auf deinem Board. Das erlaubt dir ein Entfernen des Moduls, falls das aus irgendeinem Grund erforderlich wird.

Schreib diese Stiftleisten besser gleich mit auf deine Einkaufsliste! Normalerweise werden sie in mehreren langen Streifen je Packung angeboten und können dann in die von dir benötigten Längen zerschnitten werden. Wenn du die Pins schneidest, kannst du den Streifen in der Regel genau an der gewünschten Stelle brechen. Wenn du die Stiftleisten schneidest, musst du eine Position opfern. Hier sind die Ergänzungen für unseren Einkaufszettel, nun Version 0.5:

- ein Satz weiblicher Stiftleisten, Abstand 2,54 mm, wie Adafruit-Artikelnr. 598
- ein Satz männlicher Stiftleisten/Pins, Abstand 2,54 mm, wie Adafruit-Artikelnr. 392

Löten deines Projekts auf das Proto-Shield

Für eine hervorragende Anleitung zum Löten schau dir die »Adafruit-Anleitung zum perfekten Löten« an: *https://learn.adafruit.com/adafruit-guide-excellent-soldering?view=all*

Jetzt endlich bist du bereit zum Löten!

Lass dir Zeit. Sei vorsichtig. Vergiss nicht zu atmen und entspannt zu bleiben. Schau dir auf dem Plan noch mal genau jeden Anschluss an, bevor du ihn lötest. Inspiziere deine Arbeit immer wieder auf schlechte Lötverbindungen oder andere Fehler.

Versuche nicht, alle Anschlüsse auf einmal zu machen. Nimm sie in kleinen Gruppen vor und leg zwischen den Gruppen eine kurze Pause ein. Wenn du weitermachst, überprüfe zuerst, was du gerade getan hast.

Folge nicht einfach blind meinen Anweisungen. Schau, dass du das Vorgehen verstehst und einverstanden damit bist.

Du kannst die Schraubklemmen und die Sockel für den Augenblick entfernen, damit du das Shield flach auf deiner Arbeitsfläche anlegen kannst, um die Teile am richtigen Ort zu halten.

Löte zuerst die Sockel an, um sie vor dem Herausfallen zu sichern. Das gibt dir auch eine Chance, das Löten ein bisschen zu üben.

Als Nächstes sind die Sätze aus Diode, MOSFET und Widerstand dran. Denk dran, dass wir unsere Leiter (auf der Unterseite des Boards) für die Verbindungen nutzen wollten. Biege sie ganz flach an das Board um, sodass die Komponenten ganz eng anliegen, und dann dahin, wo du sie anschließen musst. Du brauchst den Leiter nicht um den Pin zu wickeln – es reicht aus, wenn der Leiter die Scheibe rund um den Pin überlappt. Achte darauf, dass das Lötzinn auf alle anzuschließenden Leiter fließt.

Wenn du mit dem Löten einer Verbindung fertig bist, schneide etwaige überflüssige Leiter so nah wie möglich an der Lötstelle ab. Du möchtest keine zusätzlichen Teile abstehen haben, die später etwas anderes berühren könnten. Das wird in der Anleitung von Bill Earl »Making a good solder joint« (Erstellen einer guten Lötverbindung: *https://learn.adafruit.com/adafruit-guide-excellent-soldering/making-a-good-solder-joint*) auf der Seite von Adafruit beschrieben.

Wenn du nach dem Löten einen Leiter oder einen Draht kürzt, achte darauf, dass du das abgeschnittene Stück auffängst und entsorgst, damit es nicht in dein Werk fällt, wo es etwas berühren könnte, das es nicht berühren darf, und einen Kurzschluss verursacht.

Die MOSFET-Source-Pins gehen alle an GND, weshalb sie zusammen angeschlossen werden sollten. Du kannst die langen Leiter der Widerstände zum Anschließen aller drei auf einmal nutzen; damit hast du für alles andere, was an GND angeschlossen werden muss, einen nützlichen GND-Streifen. Diese gebräuchlichen Streifen werden häufig *Busse* genannt. Beachte, dass unser GND-Bus an dieser Stelle noch nicht mit dem Arduino-GND verbunden ist. Ich hebe mir das gewöhnlich für später auf, um kein Loch zu belegen, das ich später benötigen könnte. Wir dürfen diese Verbindung aber am Ende nicht vergessen.

Abb. 8–20 zeigt die Ansicht von unten, mit allen umgebogenen und angelöteten Leitern. Die schattierten Bereiche kennzeichnen die Relaissockel auf der Oberseite, und die Kegel stellen das Lötzinn dar.

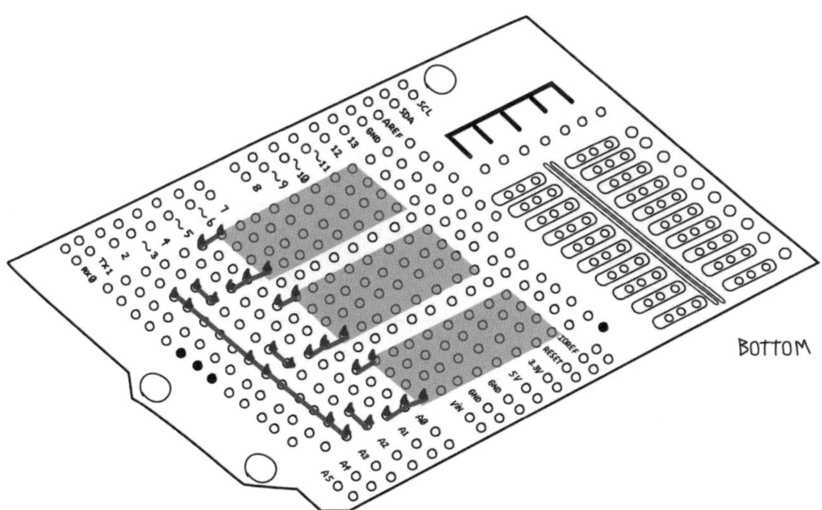

Abb. 8–20 Ansicht von Relaissockel, MOSFET und Diode von unten

Jetzt kannst du die Schraubklemmen wieder einsetzen. Sorge vor dem Anlöten dafür, dass die Öffnungen für den Draht in die richtige Richtung weisen, zur Außenseite des Boards! (Ein weiterer Fehler, für den ich Lehrgeld zahlen durfte.) Achte wie immer darauf, dass sie flach am Shield anliegen. Hebe dir die Sockel für später auf.

An diesem Punkt ist es gut zu entscheiden, welche Schraubklemme wofür ist. Dokumentiere dies wie in Abb. 8–21 gezeigt, damit du es nicht vergisst und später eine falsche Verbindung erstellst.

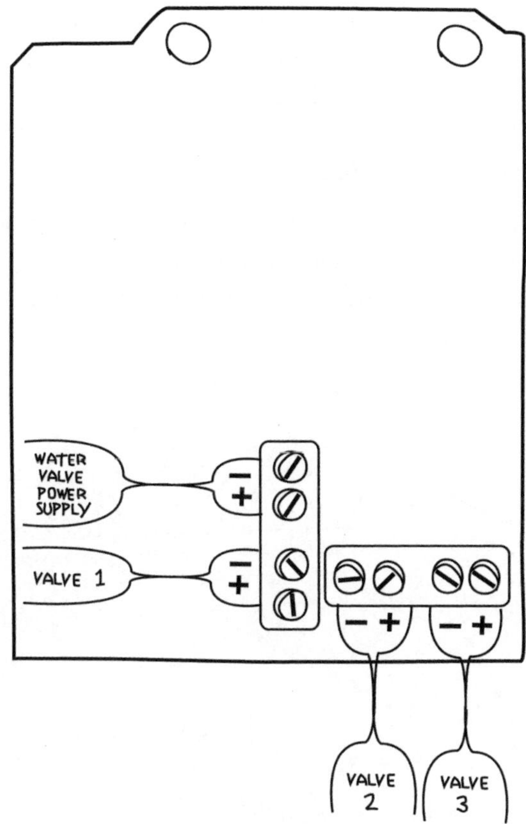

Abb. 8–21 Dokumentiere, welche Schraubklemme was tut.

Jetzt kannst du die Anzeige-LEDs und ihre zugehörigen Dioden und Widerstände hinzufügen. Durch intelligentes Anordnen dieser Komponenten kannst du wieder die Leiter der Komponenten zum Erstellen der Verbindungen nutzen. Beachte, dass dieses spezielle Proto-Shield einige Reihen mit drei verbundenen Pins hat. Ich habe diese benutzt, um bei den Anschlüssen zu helfen. Denk dran, dass die LEDs und Dioden polarisiert sind: Die Anode (langer Leiter) jeder LED geht an die Schraubklemme, und die Anode jeder Diode geht an die Kathode ihrer LED.

Es ist wichtig zu beachten, dass es zwei Streifen (Busse) mit 5V und GND gibt, die wir nicht benutzen; daher musst du sorgfältig darauf achten, dass die LED-Leiter über diesen sind und sie nicht berühren. Wenn die LED versehentlich 5V oder GND berührt, könnte dies die 24V der Stromversorgung für das Wasserventil in den Arduino leiten, was diesen wahrscheinlich beschädigen würde. Um sicherzugehen, kannst du ein passendes Stück Isolierband abschneiden und über die 5-V- und GND-Busse kleben. Diese Busse sind auch auf der Unterseite und müssen dort ebenso umgangen werden.

In Abb. 8–22 haben wir die Komponenten ziemlich hoch dargestellt, damit du sehen kannst, wo sie alle angeschlossen werden, aber platziere sie beim Bau der Schaltung so nah am Shield wie möglich, wie vorhin erwähnt. Denk dran, dass diese Illustration verzerrt ist, um bestimmte Details zu vergrößern, aber dass die verwendeten Löcher akkurat sind.

In dieser und in vielen der folgenden Abbildungen habe ich die meisten der Komponenten aus den vorhergehenden Schritten weggelassen, damit du in jedem Schritt die Komponenten und deren Platzierung besser erkennst.

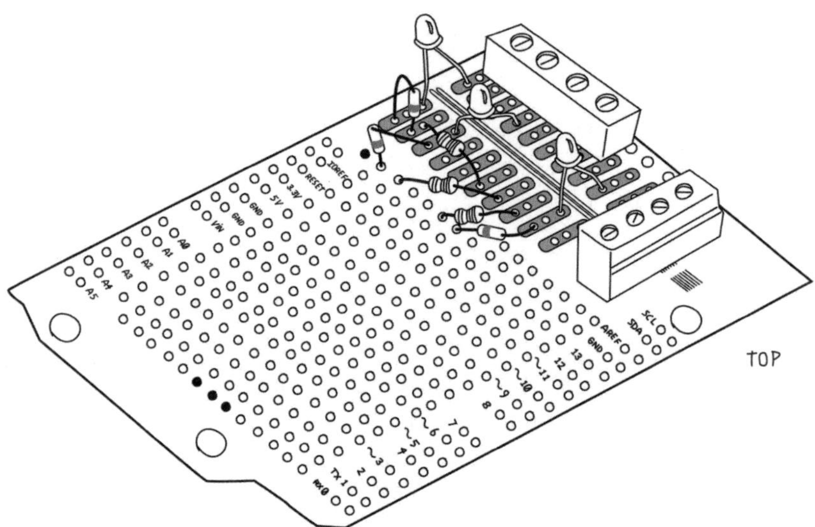

Abb. 8–22 Draufsicht mit Darstellung der Anordnung von LED, Widerstand und Diode

Abb. 8–23 zeigt die Ansicht von unten. Wie zuvor haben wir die Leiter der Komponenten verwendet, um Verbindungen untereinander und zu den Schraubklemmen zu erstellen. Gut, dass wir die Schraubklemmen dokumentiert haben, sonst würden wir den Überblick verlieren, welcher was tut.

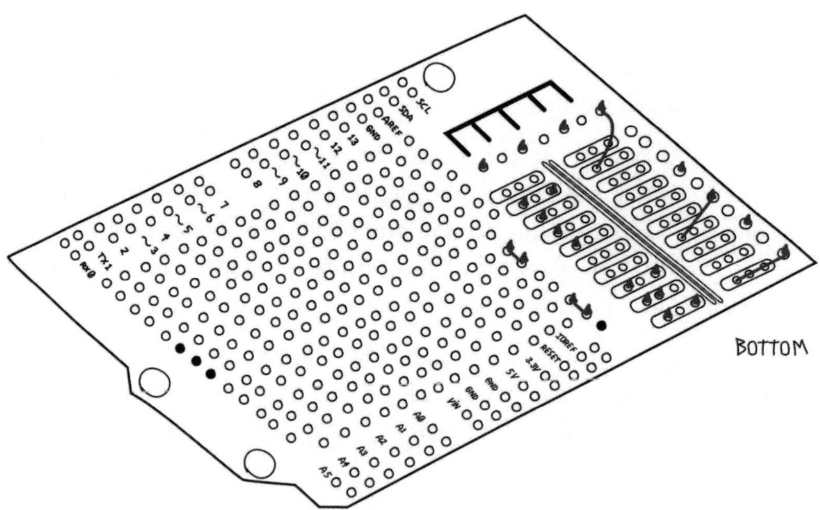

Abb. 8–23 Ansicht von unten mit Darstellung der an den Pins der Schraubklemmen angelöteten LED-Leiter

Beachte den schwarzen Kreis nahe IOREF. Das ist der Masse-Anschluss, und dieser darf nicht verwendet werden, es sei denn, du stellst eine Verbindung zur Masse her.

Dies ist ein komplizierter Abschnitt. Lese ihn aufmerksam durch und löte kein Teil, bevor du genau verstehst, was es tut, und überzeugt bist, dass es an der richtigen Stelle sitzt.

Nun, da alle Komponenten auf dem Shield sind, musst du die übrigen Verbindungen verdrahten; verwende 22-AWG-Massivdraht. Dünnerer Draht würde genauso gut gehen, könnte aber schwerer zu verarbeiten sein. Nimm das, was dir besser zusagt.

Wähle ein gleichbleibendes Farbschema: Verwende rotes Kabel für alles, was an 5V angeschlossen wird, und schwarzes Kabel für alles, was mit Masse verbunden ist. Für die anderen kannst du deine eigene Farbkodierung aufstellen, verwende jedoch weder Rot noch Schwarz für irgendetwas anderes. Du magst vielleicht Orange für die positiven Verbindungen der Stromversorgung für das Wasserventil verwenden und Grün für die negativen. Alle Kabel, die miteinander verbunden werden, sollten dieselbe Farbe haben, und alle, die nicht miteinander verbunden werden, sollten unterschiedliche Farben haben.

Allgemein gilt: Kabel gehören auf die Oberseite und in die Löcher neben dem Pin, an dem der Anschluss erfolgt. Auf der Unterseite biegst du das Kabel um und lötest ihn an den entsprechenden Pin, genau wie du es zuvor mit den Leitern der Komponenten getan hast.

Alle Arduino-Pins haben ihre eigenen Löcher, sodass du das Kabel nicht umzubiegen brauchst. Löte einfach das Kabel in das entsprechende Loch.

Manchmal kannst du von oben her einfach nicht nahe genug an den benötigten Pin gelangen. In diesen Fällen ist es okay, die Kabel unten zu platzieren, aber achte darauf, sie so flach wie möglich zu halten.

Lass uns mit den MOSFETs und ihrer zugehörigen Schaltungstechnik beginnen. Wir haben alle Verbindungen erstellt, die sich mit Leitern machen ließen. Wir müssen den Pin Nummer 1 jedes Relais an 5V anschließen. Ich habe für die 5-V-Verbindung rote Kabel hinzugefügt, wie in Abb. 8–24 gezeigt (denk dran, dass wir den GND-Anschluss am Ende vornehmen werden).

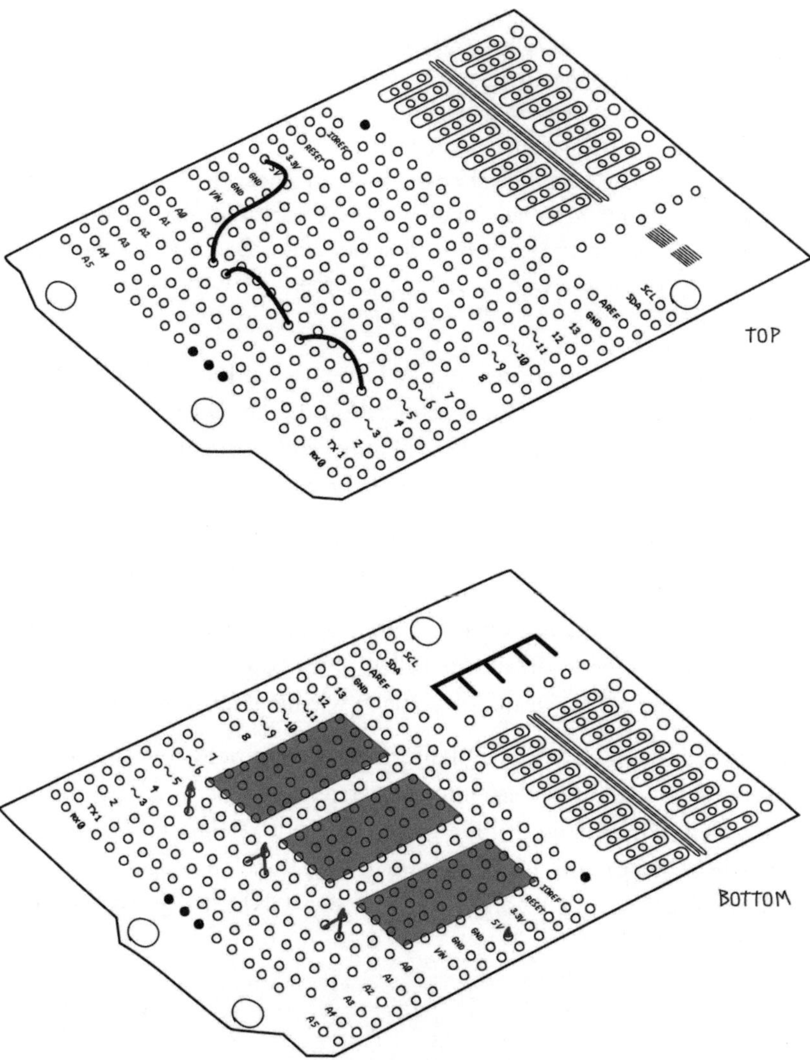

Abb. 8–24 Erstellen der 5-V-Anschlüsse für die Relais-Schaltungstechnik

Als Nächstes verbinde alle positiven Schraubklemmen. Dies erfolgt ausschließlich auf der Unterseite des Boards, wie in Abb. 8–25 dargestellt. Sorge dafür, dass weder Leiter noch Lötzinn mit den 5-V- und GND-Bussen in Kontakt kommen!

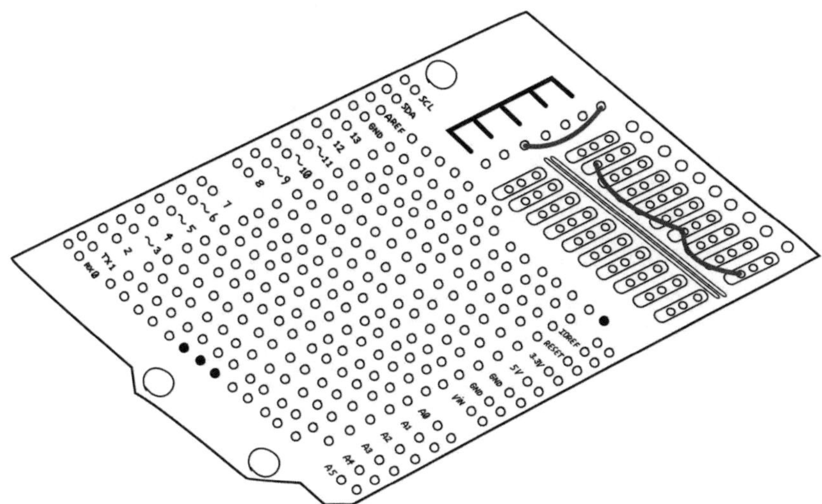

Abb. 8–25 Anschluss aller positiven Schraubklemmen

Schließe die LED/Widerstand/Dioden-Kette an der negativen Schraubklemme an. Halte das mittlere Loch frei, da wir es im nächsten Schritt zum Anschließen des Relais nutzen. In diesem Fall habe ich zwei Kabel auf der Ober- und eines auf der Unterseite verwendet, wie in Abb. 8–26 dargestellt.

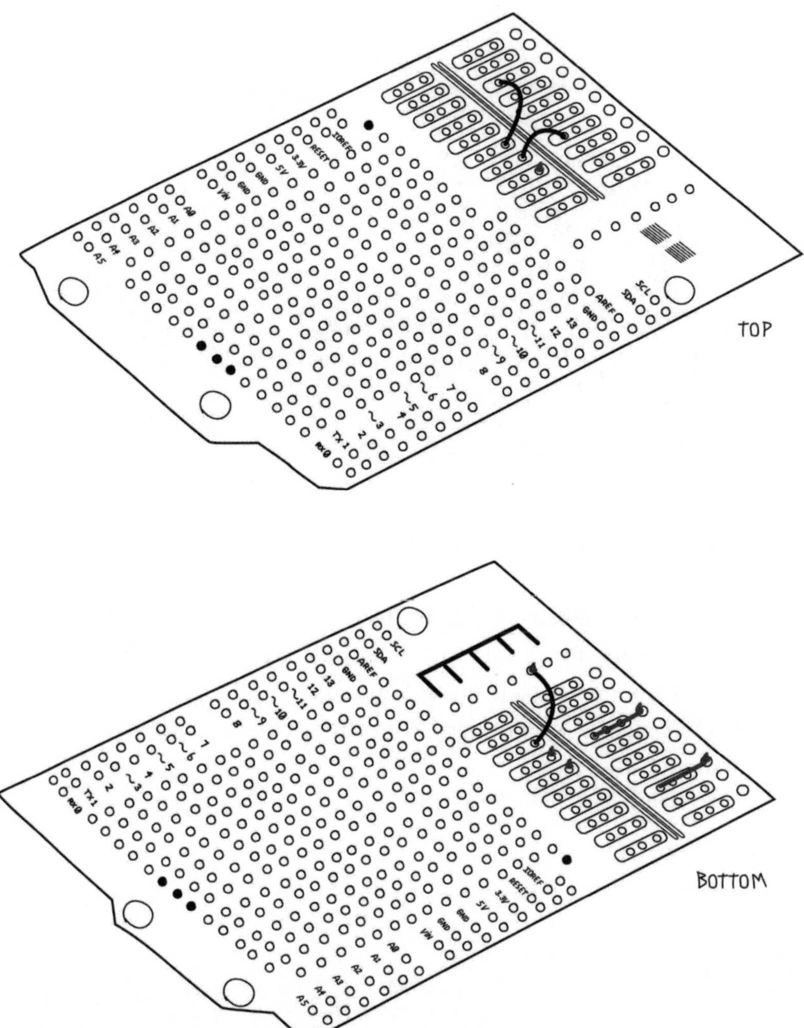

Abb. 8–26 Anschluss der negativen Schraubklemmen

Jetzt schließe Pin 8 jedes Relais am entsprechende negative Schraubklemme an, wie in Abb. 8–27 dargestellt.

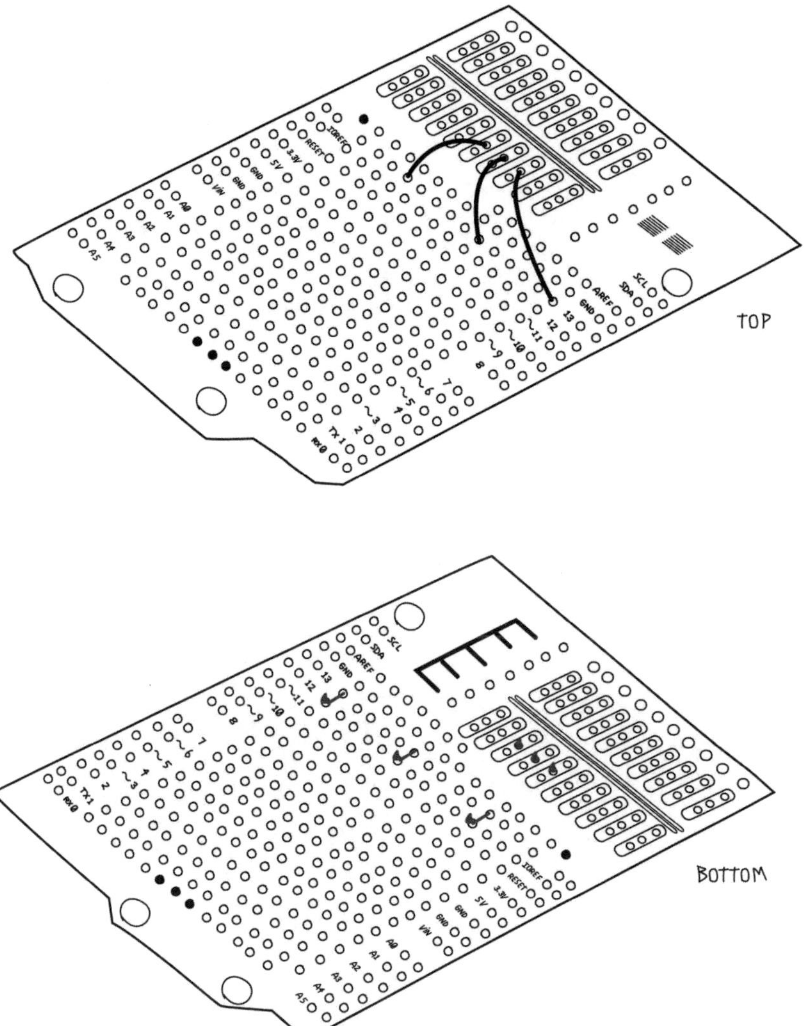

Abb. 8–27 Anschluss von Pin 8 jedes Relais an der entsprechenden negativen Schraubklemme

Pin 4 jedes Relais wird an der negativen Schraubklemme der Stromversorgung für das Wasserventil angeschlossen. Das erfolgt mit zwei Kabeln auf der Ober- und einem auf der Unterseite, wie in Abb. 8–28 dargestellt.

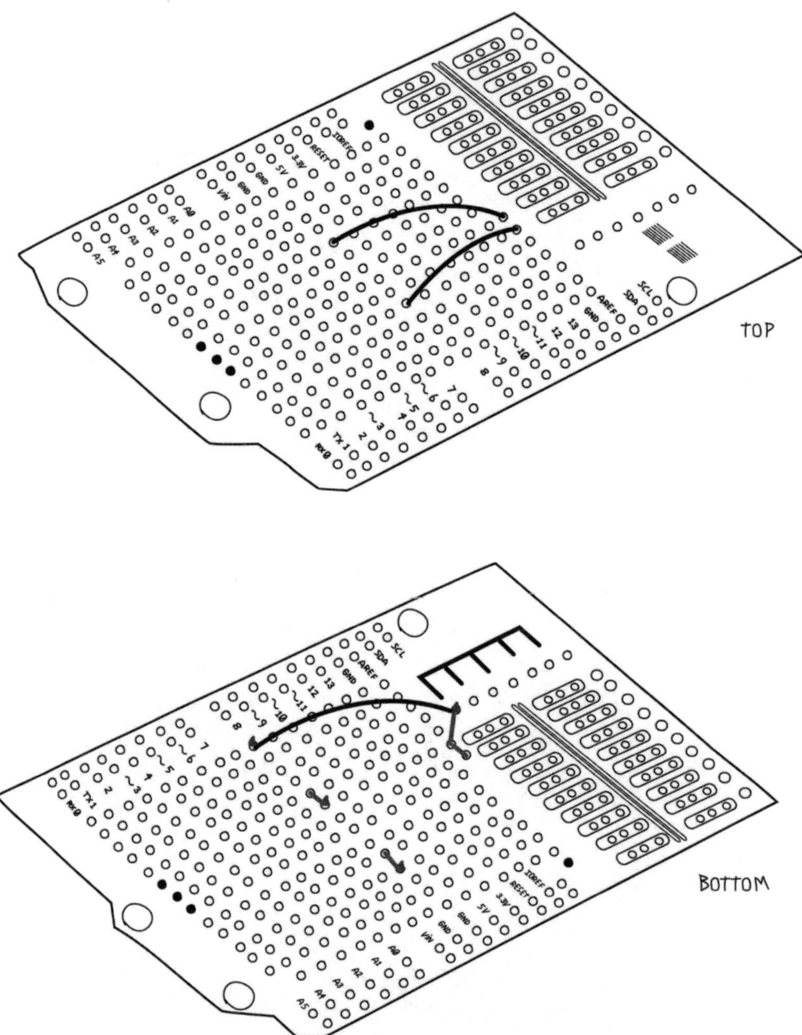

Abb. 8–28 Anschluss von Pin 4 jedes Relais an der negativen Schraubklemme der Stromversorgung für das Wasserventil

Als Nächstes verbinde die digitalen Pins des Arduino mit den MOSFET-Gates, wie in Abb. 8–29 dargestellt. Denk dran, dass die Löcher neben den Arduino-Pins bereits an den Arduino-Pins angeschlossen sind, sodass du das Kabel nicht umbiegen und direkt am Pin anlöten musst.

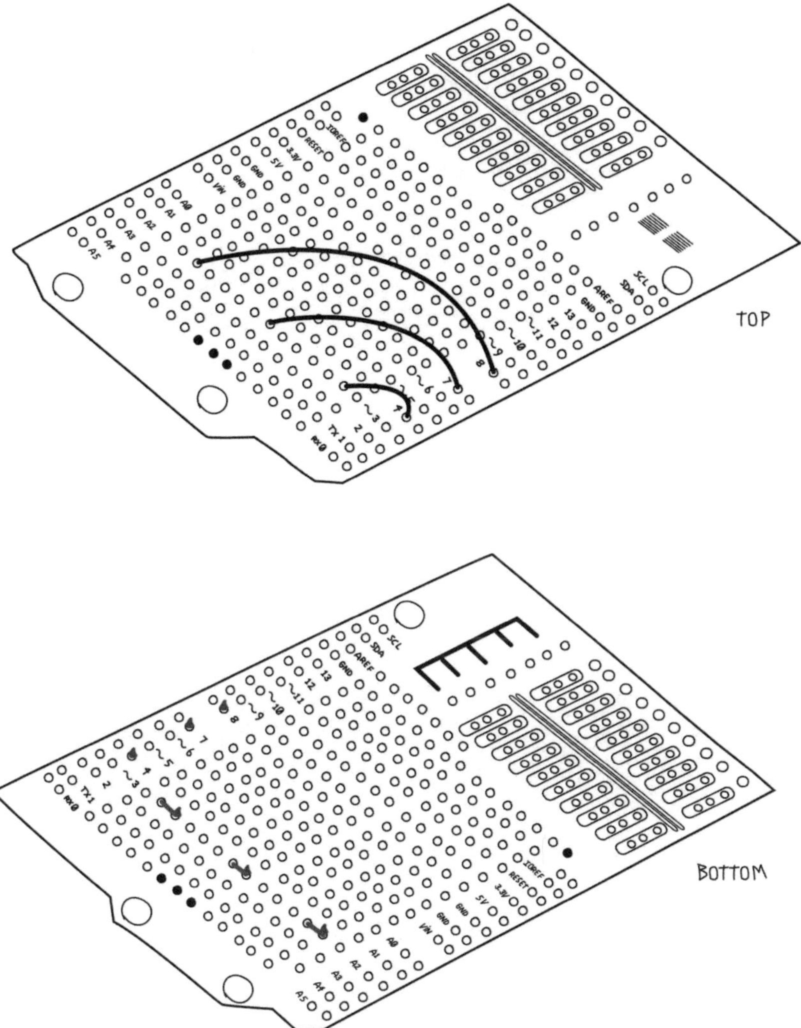

Abb. 8–29 Anschluss der Arduino-Pins an den MOSFET-Gates

Abschließend füge die beiden Sockel hinzu – einen für die RTC und einen für den DHT11 – und schließe sie an den entsprechenden Arduino-Pins an. Vergiss nicht den vom DHT11 benötigten 10-kΩ-Widerstand, wie in Abb. 8–30 dargestellt. Bei der Gelegenheit schließe ich auch direkt den zuvor erstellten Masse-Bus am Arduino-GND-Pin an.

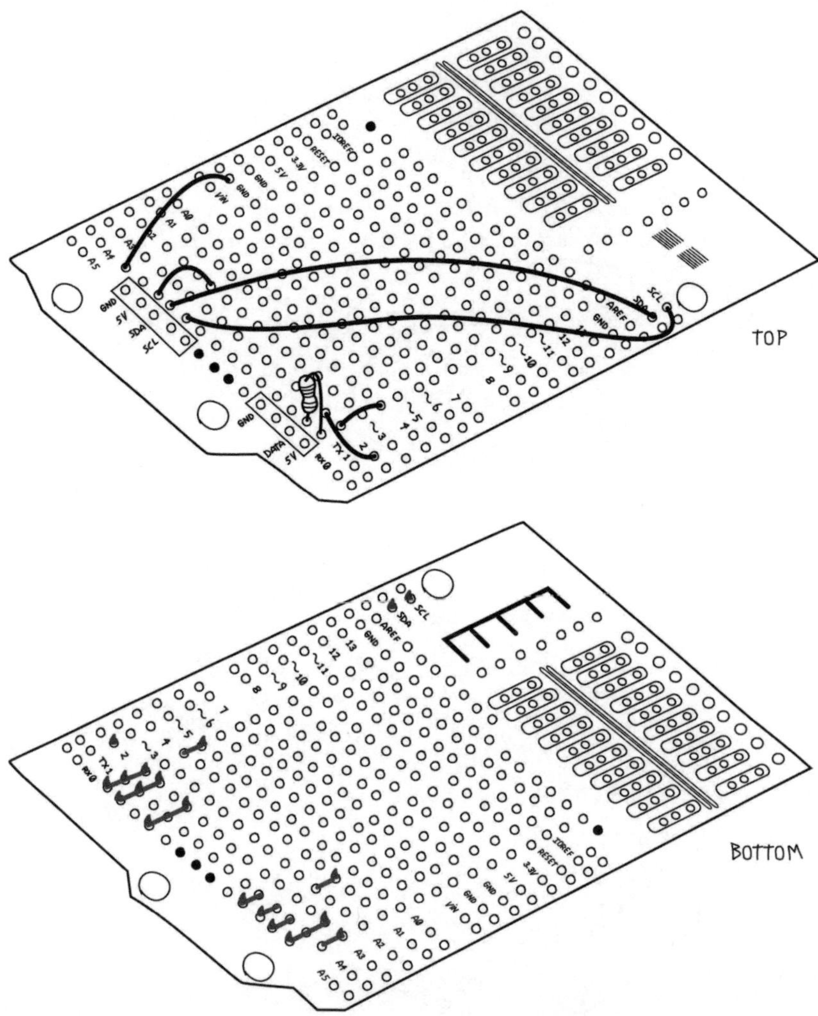

Abb. 8–30 Anschluss von RTC- und DHT11-Stiftleisten an den Arduino-Pins

Dokumentiere auf den Sockeln, welche Pins was tun, damit du die RTC und den DHT11 richtig einsetzen kannst (ein ultrafeiner Permanentmarker ist dafür gut geeignet).

Der letzte Schritt ist das Anlöten der männlichen Stiftleisten oder Pass-Through-Header, die in die Arduino-Pins passen. Dies sollte zuletzt erfolgen, da die Stifteisten bei den Arbeiten, die du an der Unterseite des Shields vornimmst, im Weg wären. Obwohl du nicht alle Pins benötigst, ist es ratsam, sie alle für mechanische Festigkeit und mögliche zukünftige Erweiterungen einzusetzen.

Vergiss nicht, dass die Stecker nach unten weisen sollten, das heißt dem Arduino zugewandt, wie in Abb. 8–34 dargestellt. Achte darauf, dass die Pins gerade sind, damit sie in die weiblichen Stiftleisten deines Arduino passen.

Wenn du fertig bist, ist es Zeit zum Testen.

Testen deines zusammengebauten Proto-Shields

Teste dein Shield zunächst ohne die Ventile und deren Stromversorgung. Stecke das Shield in deinen Arduino. Achte darauf, dass die Stiftleiste auf dem Shield auf den korrekten Arduino-Pins sitzt. Schau zwischen die beiden und stell sicher, dass keine Verbindungen an der Unterseite des Shields irgendetwas auf dem Arduino berühren. Wenn doch, musst du ein wenig Isolierband einsetzen, um dies zu unterbinden.

Schließe deinen Arduino an einem USB-Port deines Computers an und schau nach der ON-LED des Arduino. Wenn sie aus ist, bedeutet dies, dass du einen Kurzschluss hast und dass dein Computer sich selbst geschützt hat, indem er den USB-Port abgeschaltet hat. Ziehe das USB-Kabel ab und suche nach dem Problem, bevor du weitermachst.

Als Nächstes kannst du die Relais einsetzen und testen. Denk dran, dass sie polarisiert sind und dass der Streifen die Pins 8 und 9 kennzeichnet. Lade das Blink-Beispiel hoch und teste dabei jedes Mal ein anderes Relais. Teste die Relais eines nach dem anderen, um zu prüfen, ob jedes von ihnen funktioniert.

Als Nächstes testen wir die Stromversorgung für das Wasserventil und die Anzeige-LED. Um die Ventile kümmern wir uns zuletzt.

Schließe die Stromversorgung für das Wasserventil an die korrekten Schraubklemmen an. Wenn das System des Wasserventils ein Gleichstromsystem ist, achte genau auf die Polarität.

Lade erneut das Blink-Beispiel hoch und teste jedes Relais einzeln. Diesmal sollte die entsprechende LED aufleuchten.

Jetzt füge die Ventile hinzu und prüfe sie, wieder Blink für jedes Ventil nutzend.

Lass uns als Nächstes die RTC und den DHT11 prüfen. Setze die RTC in den Sockel ein – achte dabei darauf, dass die RTC-Pins an der richtigen Stelle sind. Verwende zum Testen das RTC-Beispiel.

Bevor du den DHT11-Sensor testest, füge die langen Kabel hinzu, die nach draußen führen. Verwende der Einheitlichkeit halber Kabel derselben Farbe, wie du es auf dem Shield getan hast. Verwende für diesen Teil Litzendraht, da dieser flexibler ist (Abb. 8–31). Für ein professionelleres Aussehen stülpe vor dem Löten sechs kurze Stücke Schrumpfschlauch über die Drähte (zwei auf jeden Draht). Nachdem du die Drähte an die Stiftleisten und den Sensor gelötet hast, schiebe den Schrumpfschlauch über die Lötstellen und schrumpfe den Schlauch, um ihn zu sichern. Ich verwende gern transparenten Schlauch, damit ich sehen kann, wenn eine Lötstelle bricht, außerdem passt der transparente Schlauch besser zum »offenen Geist«.

Abb. 8–31 Hinzufügen langer Litzendrähte und einer Stiftleiste zum DHT11-Sensor

Massivdraht sollte nur an Stellen verwendet werden, wo er sich nie bewegen wird, d.h. wenn beide Enden auf demselben Board angelötet werden.

Litzendraht sollte immer zwischen Dingen verwendet werden, die sich relativ zueinander bewegen, wie zwischen Boards oder von einem Board zu einem Stecker.

Ich habe viele Projekte aufgrund gebrochener Massivdrähte fehlschlagen sehen, die zu oft bewegt worden waren.

Stecke die Stiftleiste des DHT11-Sensors in die entsprechende weibliche Stiftleiste – achte dabei aufmerksam darauf, die richtigen Pins an die richtigen Stellen zu setzen. Führe mithilfe des DHT-Test-Beispiels einen Test durch.

Zusammenbau deines Projekts in einem Gehäuse

Jetzt müssen wir die Montage des Projekts in einem Gehäuse in Erwägung ziehen. Die beste Wahl wäre ein Gehäuse, das nicht zu tief ist, um einen leichten Zugriff zu ermöglichen und alles mit ein wenig Platz drumherum anordnen zu können. Denk dran, dass der Arduino ein Shield obendrauf hat, und vielleicht steht die RTC senkrecht, was weiter zur Höhe beiträgt. Der Arduino sollte auf kleinen Füßen – *Abstandhaltern* – montiert sein. Eine Schraube hält den Arduino auf dem Abstandhalter, und eine weitere Schraube an der Rückseite des Gehäuses hält den Abstandhalter am Gehäuse, wie in Abb. 8–32 dargestellt.

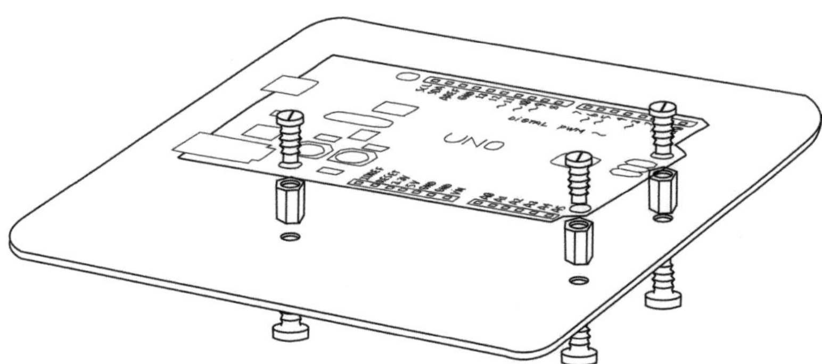

Abb. 8–32 Auf Abstandhaltern im Gehäuse montierter Arduino

Plane stets für ein größeres Gehäuse, als du voraussichtlich benötigst. Vergiss nicht die Stromversorgung und Stecker und denk dran, dass Kabel auch Platz benötigen. Verlege die Kabel zwischen den Boards und nicht über den Boards, damit sie nicht im Weg sind, wenn du Arbeiten vornehmen oder etwas entfernen musst. Für eine saubere Kabelführung mag ich diese selbstklebenden Halter für Kabelbinder, wie in Abb. 8–33 gezeigt.

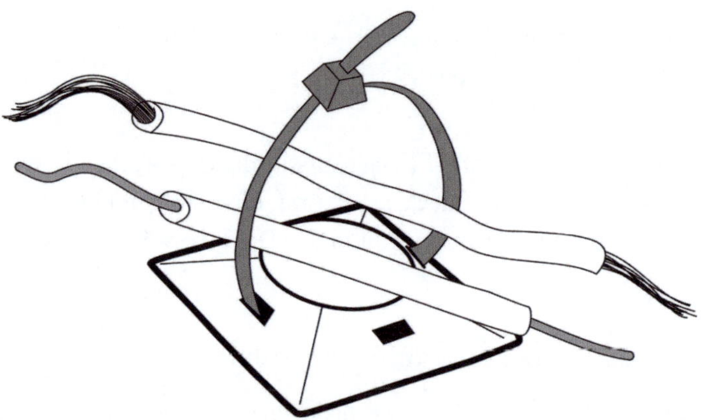

Abb. 8–33 Selbstklebende Kabelbinderhalter mit Kabeln

Für Projekte mit mehrfacher Stromversorgung, wie wir es hier haben, ziehe die Montage einer kleinen Steckdosenleiste im Gehäuse in Erwägung. Verwende einen starken doppelseitigen Klebestreifen für die Montage der Steckdosenleiste. Wenn beide Stromversorger nur zweipolig sind, kannst du eine zweipolige Verlängerung mit mindestens zwei Steckdosen verwenden statt einer größeren dreipoligen Steckdosenleiste.

Das bedeutet eine weitere Revision unseres Einkaufszettels (wir sind jetzt bei Revision 0.6):

- Gehäuse
- Abstandhalter
- Montageschrauben und/oder Muttern
- Kabelbinder
- selbstklebende Kabelbinderhalter (erhältlich bei Jameco)
- starkes doppelseitiges Klebeband
- Steckdosenleiste

Ich halte die Stromversorgung gern vom Arduino weg. Du solltest den Arduino nahe am Boden montieren, damit die Kabel von den Ventilen und dem DHT11-Sensor von unten her zugeführt werden können – aber lass etwas Raum. Du wirst froh sein, wenn du beim Befestigen von Kabeln an den Schraubklemmen Platz für deine Hände und einen Schraubendreher hast bzw. wenn du am Arduino arbeiten musst.

Das USB-Kabel kann an jeder beliebigen Seite herausführen.

Du solltest immer versuchen, die Kabel in gerader Linie und in ordentlichen Bündeln zu verlegen. Das macht die Arbeit am Projekt zu einem späteren Zeitpunkt erheblich einfacher.

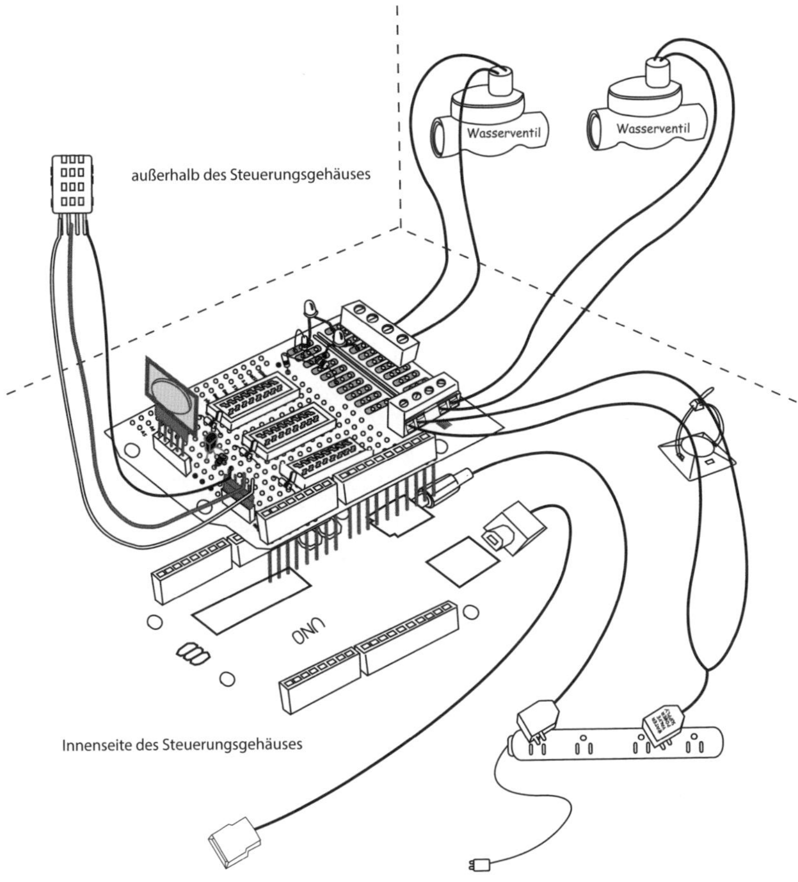

Abb. 8–34 Fertiggestelltes automatisches Gartenbewässerungssystem

In dieser Abbildung habe ich viele Komponenten auf dem Proto-Shield weggelassen, um besser sehen zu können, wie die Dinge verbunden sind. Ich habe nur einen Kabelbinder dargestellt, aber du solltest so viele wie nötig verwenden, da die Verkabelung organisiert und ordentlich bleiben muss. Verwende immer einen Kabelbinder, bevor ein Kabel das Gehäuse verlässt. Dies dient als Zugentlastung, falls an dem Kabel gezogen wird: Damit wird Zug auf den Kabelbinderhalter ausgeübt, nicht aber auf deine empfindliche Schaltungstechnik.

Achte wie zuvor sorgfältig auf die Polarität der Stromversorgung für die Wasserventile, wenn es ein Gleichstromsystem ist.

Testen des fertigen automatischen Gartenbewässerungssystems

Teste deine Projekte immer erst in einzelnen Modulen, so wie es das Projekt erlaubt.

Beginne mit dem Testen von Arduino und Proto-Shield ohne angeschlossene Stromversorgung. Das bedeutet, dass dein Computer den Arduino mit Strom versorgt. Verwende wie schon zuvor das Blink-Beispiel zum Testen jedes digitalen Ausgangs. Die LEDs werden ohne die Stromversorgung für die Wasserventile nicht leuchten, aber du solltest das Relais klicken hören. Verwende DHTtester zum Testen des DHT11-Sensors und das Beispiel *ds1307* zum Testen der RTC.

Das mag wie eine Duplizierung der Tests erscheinen, die du nach dem Zusammenbau des Proto-Shields durchgeführt hast, aber dafür gibt es einen Grund: Bevor wir zum nächsten Schritt weitergehen, solltest du dich vergewissern, dass die neu durchgeführten Arbeiten nicht etwas bereits Funktionierendes beeinträchtigt haben.

Jetzt schließe die Stromversorgung für den Arduino an und trenne die Verbindung zu deinem Laptop, um sicherzustellen, dass dein Arduino ohne dein Laptop Strom erhält. Lass eins der Relais klicken (mit dem Blink-Beispiel), damit du hören kannst, dass dein Arduino den Sketch weiter ausführt.

Stelle am Schluss die Stromversorgung zu den Wasserventilen her, lade das tatsächliche Programm hoch und teste die Ventile, wie du es zuvor getan hast, indem du drei verschiedene Uhrzeiten in naher Zukunft einstellst. Prüfe, dass jede LED zur entsprechenden Zeit aufleuchtet, dass sich die Wasserventile öffnen und Wasser fließt.

Jetzt entspanne dich in deinem Garten und genieße die wohlverdiente Ruhepause. Du hast eine Menge erreicht!

Glückwunsch! Das war ein kompliziertes Projekt! Mach ein paar Fotos davon, prahle damit auf Facebook und veröffentliche es im Arduino-Blog (*https://create.arduino.cc/projecthub/Arduino_Genuino/how-to-submit-content-on-arduino-project-hub-cf2177*).

Dinge, die du selbst probieren kannst

Dies ist ein komplexes Projekt mit vielen verschiedenen Komponenten. Es gibt eine endlose Liste von Dingen, die du anders machen kannst. Hier sind ein paar Anregungen:

- Modifiziere das Programm dahingehend, das Wasser mehrmals am Tag ein- und auszuschalten.
- Füge den Wochentag hinzu und ermögliche unterschiedliche Abläufe an den verschiedenen Wochentagen.
- Füge eine LED hinzu, die anzeigt, dass keine ON- und OFF-Zeiten eingestellt worden sind. Schalte diese LED beim Zurücksetzen ein und schalte sie aus, sobald eine erste Zeit eingestellt wurde. Das ist hilfreich, falls dein Arduino stromlos wird, sich zurückstellt und in diesem Fall jegliche von dir eingestellte ON- und OFF-Zeiten vergisst.
- Füge ein kleines LCD-Display hinzu, das die aktuelle Zeit und die Einstellungen anzeigt.
- Übung für Fortgeschrittene: Das von uns eingesetzte RTC-Modul hat auch einen winzigen Speicherchip, der nichts vergisst, wenn die Stromzufuhr unterbrochen wird. Du kannst erkunden, wie sich dieser einsetzen lässt, und die ON- und OFF-Zeiten der Ventile in diesem Speicher festhalten, sodass du im Falle eines Zurücksetzens des Arduino immer noch die Einstellungen hast.

Einkaufsliste für das Bewässerungsprojekt

Um es dir leichter zu machen, hier die endgültige Einkaufsliste:

- eine Echtzeituhr (RTC): Tiny-RTC-Modul, DS1307
- ein Temperatur- und Feuchtigkeitssensor DHT11
- ein Arduino Proto-Shield
- drei elektrische Wasserventile
- ein Netzgerät bzw. eine Stromversorgung für die Wasserventile
- drei Relais zum Steuern der Wasserventile
- drei Relaissockel
- drei LEDs als Aktivierungsanzeigen für die Ventile
- drei 1-kΩ-Widerstände für LEDs
- eine Stromversorgung für den Arduino (Steckernetzteil)
- drei MOSFETs zum Steuern der Relais, 2N7000, 10er-Packung
- vier Widerstände, 10 kΩ, 10er-Packung
- sechs Dioden, 1N4148 oder ähnlich, 25er-Packung
- drei Relais (z. B. DS2E-S-DC5V, wie bspw. Digi-Key-Teilenummer 255-1062-ND)
- vier 2-fach-Schraubklemmen (z. B. Jameco-Teilenr. 1299761)
- weibliche Stiftleisten, 2,54 mm Abstand, 5er-Packung mit 20-Positionen
- männliche Stiftleisten, 2,54 mm Abstand, 10er-Packung mit 36-Positionen-Stiftleisten
- Gehäuse: Bau dein eigenes oder verwende einen Kunststoffbehälter (z. B. eine Box von Rotho).
- Abstandhalter
- Montageschraube, Abstandhalter zum Gehäuse
- Montageschraube, zwischen Arduino und Abstandhalter
- Kabelbinder
- selbstklebende Kabelbinderhalter
- starkes doppelseitiges Klebeband (z. B. Digi-Key Teilenummer M9828-ND)
- Steckdosenleiste oder Verlängerungskabel mit mindestens zwei Steckdosen

9 Die Arduino-ARM-Familie

Die ursprüngliche Familie der Arduino-Boards basierte auf den Atmel-AVR-8-Bit-Mikrocontrollern. Diese Geräte sind in Bezug auf Preis, Flexibilität und Benutzerfreundlichkeit hervorragend, aber die eingeschränkte Verarbeitungsgeschwindigkeit und die geringe Speichergröße erschweren die Unterstützung moderner Netzwerkprotokolle. Arduino hat die Verfügbarkeit preisgünstiger, auf der ARM-Architektur basierender 32-Bit-Mikrocontroller genutzt, um eine Familie bedeutend leistungsfähiger und flexibler Boards zu schaffen.

Was ist der Unterschied zwischen AVR und ARM?

Sowohl AVR als auch ARM beziehen sich auf eine Familie von Geräten. Die ARM-Architektur wurde von der Firma ARM entwickelt und ist für andere Firmen lizenziert, während die AVR-Architektur von Atmel entwickelt wurde und im Wesentlichen bei Atmel (heute im Besitz von Microchip) verblieb.

Sowohl AVR als auch ARM sind Mikroprozessoren. AVR tritt nie als unabhängiger Mikroprozessor in Erscheinung, ist aber immer mit Speicher, Eingabe-Ausgabe-Ports und anderen Peripheriegeräten integriert, um einen Mikrocontroller zu bilden. ARM ist dagegen sowohl als Teil eines Mikrocontrollers als auch als unabhängiger Mikroprozessor erhältlich.

Die auf AVR basierende Reihe von Mikrocontrollern begann mit relativ einfachen und langsamen 8-Bit-Prozessoren, und das Produktsortiment hat sich seitdem um 16- und 32-Bit-Prozessoren erweitert. Der von Anfang an als Kern eines Mikrocontrollers vorgesehene AVR-Prozessor verfügt über effiziente Befehle zum Manipulieren einzelner Bits in Eingabe-Ausgabe-Ports, während der etwas allgemeinere ARM-Prozessor diese Funktionen eher nicht mitbringt.

Auf ARM basierende Mikrocontroller sind dagegen in der Regel 32-Bit-Geräte mit komplexerer Peripherie, erheblich mehr Speicher und höheren Betriebsgeschwindigkeiten als bei den AVR-basierten Geräten.

Welchen Unterschied machen 32 Bit wirklich aus?

Die Bezeichnungen »8 Bit«, »32 Bit« und »64 Bit« sind heutzutage recht häufig zu sehen, aber was bedeuten sie eigentlich? Sie bedeuten, dass die internen Leitungen eines Mikrocontrollers gleichzeitig diese Anzahl von Datenbits transportieren können. Zumindest bedeutet dies, dass ein 32-Bit-Mikrocontroller viermal mehr Informationen aus dem Speicher abrufen kann als ein 8-Bit-Mikrocontroller in derselben Zeit, so wie eine 32-spurige Autobahn viermal mehr Autos auf einmal aufnehmen könnte als eine 8-spurige. Darüber hinaus bedeutet es, dass der Großteil der internen Verarbeitung, wie mathematische Berechnungen, ebenfalls mit 32 Bits abläuft. Das heißt, dass numerische Berechnungen viel schneller erfolgen. Gekoppelt mit der schnelleren Taktrate sind diese Boards daher praktischer für größere Programme und komplexere Berechnungen – ein 8-Bit-Mikrocontroller wäre nicht in der Lage, schnell genug Sensoren zu lesen, die Daten zu analysieren, eine Entscheidung zu treffen und Ausgangssignale zu steuern.

Was ist der Unterschied zwischen einem Mikrocontroller und einem Mikroprozessor?

Es gibt keine festen Definitionen, und bei vielen Geräten sind die Übergänge fließend, aber hier sind ein paar allgemeine Richtlinien:

Ein Mikrocontroller ist als unabhängiges Gerät ausgelegt, das zum Steuern einer großen Bandbreite an Maschinen verwendet werden kann. In diesem Zusammenhang wird er als eingebetteter Controller bezeichnet. Ergänzend zum Prozessor schließt ein Mikrocontroller Programm- und Datenspeicher sowie eine Reihe von Peripheriegeräten ein, darunter Timer, Eingangs- und Ausgangs-Ports und Analog-Digital- und Digital-Analog-Wandler. Die Ausgänge eines Mikrocontrollers bieten in der Regel ausreichend Strom für den Betrieb von LEDs und möglicherweise sogar kleinen Relais. Ein Mikrocontroller hat normalerweise kein Betriebssystem, sondern führt nur das zum Steuern der Maschine benötigte

Programm aus. Ein Mikrocontroller ist für den Bau eingebetteter Systeme mit so wenig externen Komponenten wie möglich ausgelegt.

Ein Mikroprozessor ist nur der Kern eines Computers, dem Teil, der Daten aus dem Speicher liest, die Daten manipuliert und die Ergebnisse wieder im Speicher ablegt. Ein Mikroprozessor ist gedacht als Teil eines größeren Systems, und ihm fehlen Speicher und Peripheriegeräte. Da von ihm erwartet wird, dass er als Schnittstelle mit anderen integrierten Schaltungen dient, hat ein Mikroprozessor nur eine sehr begrenzte Möglichkeit, Strom zu liefern. Dieser Strom reicht aus, um mit den Eingängen anderer integrierter Schaltungen verbunden zu sein, aber wahrscheinlich nicht genug, um selbst LEDs zu betreiben. Mikroprozessoren gibt es von sehr einfach und relativ langsam, wie in einem Mikrocontroller, bis sehr komplex und schnell, wie in modernen Desktop-Computern.

Was ist besser: AVR oder ARM?

Die Antwort hierauf hängt alleine davon ab, was du vorhast. Allgemein gesprochen sind AVR-basierte Systeme preisgünstiger und einfacher zu entwickeln und zu programmieren. Andererseits sind Systeme, die eine Menge Speicher und schnellere, komplexere Programme benötigen, wahrscheinlich mit ARM-basierten Geräten besser bedient.

Wenn du erst am Anfang stehst, dann solltest du besser mit Arduino-Boards beginnen, die auf der einfacheren, weiter verbreiteten AVR-Familie basieren. Wenn du mit Arduino-Schaltungen und -Programmen vertraut bist und benötigst spezielle Features wie WLAN-Netzwerk oder komplexe mathematische Berechnungen, dann ist ein auf ARM basierender Arduino aufgrund erhöhter Wortgröße, Geschwindigkeit und Speicherkapazität wahrscheinlich besser für die Handhabung der größeren und komplexeren Programme geeignet.

Ein weiterer Grund für die Wahl eines ARM-basierten Boards wäre, wenn du ein Netzwerk betreibst. Da sie viel mehr Speicher bieten (256 kB FLASH im Vergleich zu 32 kB auf dem Uno und 32 kB SRAM im Vergleich zu 2 kB auf dem Uno auf allen ARM-basierten Arduino-Boards außer BLE und BLE Sense, die über 1 MB FLASH und 256 kB SRAM verfügen) sowie eine wesentlich höhere Verarbeitungsgeschwindigkeit, sind diese Boards ideal für die Handhabung drahtgebundener oder drahtloser

Netzwerkprotokolle. Wie du nachfolgend sehen wirst, unterstützen die meisten ARM-basierten Arduino-Boards ein oder mehr drahtlose Netzwerkprotokolle.

Vorstellung der auf dem Arduino ARM basierenden Boards

Hier stellen wir die ARM-Familie der Arduino-Boards vor. Diese Boards verwenden drei Variationen des ARM-Kerns: Cortex M0, Cortex M0+ und M4.

Der Kern des ARM Cortex M0 wurde als kostengünstiger 32-Bit-Ersatz für 8-Bit-Mikrocontroller optimiert. Der Cortex M0+ wurde weiter optimiert, um den Stromverbrauch zu senken und einige neue Eigenschaften hinzuzufügen. Der Cortex M4 ist ein wesentlich leistungsstärkerer Kern mit einer Reihe neuer Funktionen für die Unterstützung von Branchen wie Motorsteuerung, Automobilindustrie, Stromversorgung, eingebettetes Audio und industrielle Automatisierung durch Hinzufügung von DSP-Anweisungen (*Digitale Signalverarbeitung*) und eines optionalen FPU (*Gleitkommaprozessor*). Die DSP-Anweisungen und der FPU ermöglichen dem Cortex M4 eine extrem schnelle Ausführung mathematischer Operationen.

Zum Zeitpunkt des Verfassens dieses Buches besteht die ARM-Familie der Arduino-Boards aus:

- Arduino Zero (Uno-R3-Plattform, ARM Cortex-M0+ Mikrocontroller)
- Arduino Nano 33 BLE (Nano-Plattform, ARM Cortex-M4 Mikrocontroller, BLE- und Bluetooth-Funkprotokolle)
- Arduino Nano 33 BLE Sense (Nano-Plattform, ARM Cortex-M4 Mikrocontroller, BLE- und Bluetooth-Funkprotokolle)
- Arduino Nano 33 IoT (Nano-Plattform, ARM Cortex-M0+ Mikrocontroller, WLAN, BLE- und Bluetooth-Funkprotokolle)
- Arduino MKR Zero (MKR-Plattform, ARM Cortex-M0+ Mikrocontroller

- Arduino MKR WAN 1300, 1310 – (MKR-Plattform, ARM Cortex-M0+ Mikrocontroller, LoRa(niedrige Bandbreite, Langstrecke)-Funkprotokoll)
- Arduino MKR Vidor 4000 – (MKR-Plattform, ARM Cortex-M0+ Mikrocontroller, WLAN, BLE- und Bluetooth-Funkprotokolle)
- Arduino MKR NB 1500 – (MKR-Plattform, ARM Cortex-M0+ Mikrocontroller, Internet über 4G-GSM-Netzwerk-Funkprotokoll)
- Arduino MKR WiFi 1010 – (MKR-Plattform, ARM Cortex-M0+ Mikrocontroller, WLAN, BLE- und Bluetooth-Funkprotokolle)
- Arduino MKR GSM 1400 – (MKR-Plattform, ARM Cortex-M0+ Mikrocontroller, Internet über 3G-GSM-Netzwerk-Funkprotokoll)

Spezielle Features

Einige dieser Boards haben andere spezielle Funktionen. Der Arduino MKR Zero hat einen I2S-Port und einen SD-Kartensockel. I2S ist eine digitale Audioschnittstelle. Mit diesen Fähigkeiten kann der MKR Zero Audiodateien abspielen und analysieren sowie sich direkt mit anderen digitalen Audiogeräten verbinden, die die I2S-Schnittstelle unterstützen.

Der ARM-Mikrocontroller ist bei all diesen Boards gleich, und darüber hinaus schließt der Arduino MKR Vidor 4000 ein Gerät namens Field Programmable Gate Array oder FPGA ein. Dies geht nun über den Rahmen dieses Buchs hinaus, aber ein FPGA enthält eine große Zahl der Hardwarebausteine (Gates), die in jeder digitalen integrierten Schaltung vorhanden sind, und die Verbindungen dieser Gates lassen sich per Software steuern. Somit erlaubt dir ein FPGA im Grunde die Entwicklung integrierter Schaltungen. Da dein Design nicht in Software, sondern in Hardware implementiert ist, ist ein auf einem FPGA implementiertes Projekt unglaublich schnell. Zum Beispiel schließt der Arduino MKR Vidor 4000 einen Micro-HDMI-Port ein, da er schnell genug ist, Videobilder in Echtzeit zu erzeugen.

Betriebsspannung

Im Gegensatz zum Arduino Uno, der mit 5 V läuft, laufen alle ARM-Boards mit 3,3 Volt, sodass sie mit einem einzelligen, wiederaufladbaren Li-Ion- oder LiPo-Akku betrieben werden können. Manche der Boards, wie das MKW WIFI 101 und das MKR WAN 1310, umfassen einen Batterieanschluss und eine Ladeschaltung, die den Akku lädt, wenn USB-Strom zur Verfügung steht, womit diese Boards ideal für Projekte sind, die drahtlos mit Batterie laufen.

Betreibst du mit 3,3 V, musst du dies beim Anschließen externer Komponenten, wie LEDs und Sensoren, berücksichtigen. Schalter und Widerstandssensoren, wie der LDR, den wir in »Einsatz eines Lichtsensors statt des Drucktasters« auf Seite 70 in Kapitel 5 kennenlernten, funktionieren gut, aber aktive, für 5 V ausgelegte Sensoren, wie der Sensor in »Testen des Temperatur- und Feuchtigkeitssensors« auf Seite 131 in Kapitel 8, laufen wahrscheinlich bei 3,3 V nicht richtig. Äußerste Vorsicht solltest du walten lassen, wenn sowohl 3,3 V als auch 5 V in einer Schaltung gemischt werden. Insbesondere dürfen Spannungen von mehr als 3,3 V nie an einem Pin einer 3,3-V-Komponente anliegen.

Ansteuerungsstrom

In »Antrieb größerer Lasten (Motoren, Lampen und dergleichen)« auf Seite 78 in Kapitel 5 haben wir gelernt, dass jeder Pin eines Arduino für maximal 20 mA verwendet werden sollte. Wenn wir auf der Arduino-Website unter »Tech Specs« bei »DC Current per I/O Pin« nachschauen, sehen wir, dass diese Zahl für alle Arduino-Boards, die auf dem SAMD21-Mikrocontroller basieren (oben durch ARM Cortex-M0+ angegeben. Zum Beispiel der Arduino Zero: *https://docs.arduino.cc/hardware/zero*), nur 7 mA beträgt! Bei Annahme einer im schlimmsten Fall 1,8 V betragenden LED-Spannung bleiben bei 3,3 V – 1,8 V = 1,5 V am Widerstand, und laut Ohm'schem Gesetz beträgt der Widerstand R = U/I = 1,5/0,007 = 220 Ω. Das bedeutet, dass du an einer LED stets einen Widerstand mit mindestens 220 Ω verwenden solltest, und wenn deine LED zu schwach leuchtet, dann musst du einen Transistor verwenden.

Digital-Analog-Wandler

Obwohl alle Arduinos die `analogWrite()`-Funktion unterstützen, hast du in »Lichtsteuerung mit PWM« auf Seite 60 in Kapitel 5 gelernt, dass Arduino eine analoge Spannung durch Verwenden der Pulsweitenmodulation (PWM) simuliert. Das funktioniert gut beim Steuern der Helligkeit von LEDs und der Drehzahl von Motoren, aber manchmal benötigt man eine echte analoge Spannung. In diesem Fall sind die ARM-basierten Boards ideal, denn sie enthalten ein Gerät namens *Digital-Analog-Wandler* oder *DAC* (engl. für *Digital to Analog Converter*). Dieser tut genau das, was du erwarten würdest: Du gibst ihm eine Zahl, und er erzeugt eine Spannung proportional zu dieser Zahl. Das kann für die Steuerung einer Vielzahl von Geräten außerordentlich nützlich sein.

Zu den Arduino-Boards, die einen DAC haben, gehören: Arduino Zero, Arduino Nano IOT, Arduino MKR 1010, Arduino MKR WAN, Arduino MKR NB, Arduino MKR GSM und Arduino MKR Vidor 4000.

USB-Host

Auf dem SAMD21-Mikrocontroller (oben durch ARM Cortex-M0+ angegeben) basierende Arduino-Boards können einen USB-Port im Host-Modus konfigurieren. Das bedeutet, dass dein auf SAMD21 basierender Arduino, je nach Laune des USB-Hosts, statt eines Dumb-Gerätes ein USB-Host sein kann, der Transaktionen mit USB-Geräten, wie beispielsweise eine Tastatur oder eine Maus, initiiert. Darüber hinaus können diese Boards vorgeben, USB-Geräte zu sein, wie eine Tastatur oder eine Maus, die einen angeschlossenen Computer steuern oder Daten aufrufen, die sie dann zum Programmieren auf einem angeschlossenen Computer senden.

Die Nano- und MKR-Plattformen

Außer dem Arduino Zero, der auf der Plattform des Arduino Uno R3 aufbaut, setzen alle anderen ARM-basierten Arduino-Boards entweder auf Nano- oder auf MKR-Plattformen auf. Abgesehen von der Größe unterscheidet diese der Typ des für die Pins verwendeten Anschlusses: Statt der oben auf dem Board montierten Sockel, wie es beim Arduino Uno der

Fall war, haben die Nano- und MKR-Plattformen Pins, die an der Unterseite des Boards montiert sind, womit sie direkt in eine Steckplatine gesteckt werden können. Genauso befinden sich, im Gegensatz zum oben auf einem Uno sitzenden Shield, die Shields für MKR oder Nano unter dem Mikrocontroller-Board.

10 Kommunikation mit dem Internet via ARM: ein »Faustgruß« übers Internet

Wie zuvor erwähnt, besteht eine der wunderbaren Fähigkeiten dieser leistungsstarken, auf ARM basierenden Arduinos darin, komplexe Netzwerkprotokolle handhaben zu können. In diesem Kapitel zeigen wir dir, wie du, basierend auf dem MKR WiFi 1010, ein einfaches, mit dem Internet verbundenes Projekt erstellst. Wie der Name vermuten lässt, hat dieses Board ein eingebautes Modul, das dir eine Verbindung mit einem WLAN-Netzwerk ermöglicht und von dort mit dem Internet. (Es funktioniert auch auf dem Nano 33 BLE, da es über eingebautes WLAN verfügt – du wirst nur den bordeigenen Batterieanschluss vermissen, der sich nämlich auf dem MKR findet.)

Die Inspiration für dieses Projekt kam von *Michael Ang*, der es bei einem Vorstellungsgespräch präsentierte, die Assistenz zu JavaScript und Glitch kam von *Jack B. Du*.

»Faustgruß« übers Internet

Hoffentlich ist die Covid-19-Pandemie, wenn du dies liest, voll unter Kontrolle, aber zum Zeitpunkt des Schreibens ist das strikte Abstandhalten zueinander immer noch erforderlich, und wir haben uns alle daran gewöhnt, sanfte »Faustgrüße« (wenn überhaupt) auszutauschen statt Umarmungen oder Händeschütteln. Mithilfe dieses Projekts kann dir jemand einen Faustgruß übers Internet schicken – irgendwo auf der Welt, durch einfaches Anklicken einer Webseite.

Zu Hause haben die meisten von uns eine Art Modem, das uns mit dem Internet verbindet, und einen Router, der normalerweise über das drahtlose Ethernet via WLAN drahtgebundene Ethernet-Ports anbietet. Obwohl bei dir daheim mehrere Geräte mit dem Internet verbunden sein könnten, hat dein Zuhause nur eine IP-Adresse, unter der es in der Außenwelt bekannt ist.

Wenn du eine Website anschaust oder deine E-Mail prüfst, merkt sich der Router, welcher Computer diese Anfrage gestellt hat, und wenn die Website oder die E-Mail zurückkommt, wird sie an den korrekten Computer geleitet. So können mehrere Computer in deinem internen Netzwerk unabhängig Informationen auf anderen Computern im Internet abrufen.

Wenn aber jemand von außerhalb deines internen Netzwerks einen Computer (oder eher einen Service) in deinem internen Netzwerk kontaktieren will, ist ihm das nicht möglich, weil dein Router nicht weiß, an welchen Computer er die Nachricht schicken soll. (Natürlich ist das auch gut für die Sicherheit deiner Computer.) Wie kann dir dann jemand einen Faustgruß schicken?

Wir präsentieren: MQTT – das »Message Queueing Telemetry Transfer«-Protokoll

Die Kommunikation im Internet nutzt einen Stapel von Protokollen. Die Protokolle der niedrigsten Stufe verbinden sich direkt mit der Hardware, während Protokolle weiter oben sich mit jenen unter ihnen verbinden. Das erlaubt die Entwicklung einer Vielfalt von Protokollen, ohne die niedrigeren Stufen neu implementieren zu müssen. In Bezug auf Daten verarbeiten die Protokolle der niedrigeren Stufen einzelne Bytes, knapp darüber sind jene Protokolle, die die Bytes in Packets gruppieren, und noch höher sind jene Protokolle, die die Packets in verschiedene Mitteilungen gruppieren. Auf jeder Stufe stehen Protokolle mit verschiedenen Eigenschaften zur Verfügung – deine Wahl hängt davon ab, was du zu erreichen versuchst. Wir werden ein Protokoll namens MQTT verwenden, das eine hervorragende Wahl für den Austausch von Kurzmitteilungen nahezu in Echtzeit zwischen einer Reihe von Geräten darstellt.

Ein MQTT-System besteht aus einem oder mehreren *Clients* und einem *Broker*, der für das Übermitteln von Mitteilungen von einem Client zum anderen verantwortlich ist. Clients können Mitteilungen generieren, konsumieren bzw. sowohl generieren als auch konsumieren. Jedem Client (zum Beispiel ein Arduino) ist eine ID zugewiesen, und ein Client, der

Mitteilungen generiert, kann das zu einem oder mehreren Themen tun (zum Beispiel ein Thema für jeden angeschlossenen Sensor). Mitteilungen werden über die Client-ID und das Mitteilungsthema identifiziert.

Clients, die Mitteilungen konsumieren, abonnieren (über den Broker) eines oder mehrere Themen. Wenn der Broker eine Mitteilung empfängt, leitet er diese an jeden Client weiter, der sich zu diesem Mitteilungsthema angemeldet hat.

Das Schöne an diesem Konstrukt ist, dass von jeder Stelle im Internet, sofern ein Broker im globalen Internet ist, d.h. nicht in deinem Zuhause, darauf zugegriffen werden kann, sodass Clients in einem internen Netzwerk (dein Arduino, der Browser einer anderen Person) sich gegenseitig Mitteilungen zuschicken können.

MQTT ist ein Protokoll, kein Produkt. Du kannst deinen eigenen MQTT-Broker schreiben, du kannst einen der vielen verfügbaren MQTT-Broker installieren oder du kannst einen bereits im Internet laufenden öffentlichen Broker nutzen. Wir werden einen von der Firma Shiftr.io angebotenen Broker verwenden, einen öffentlichen Broker, der sich mit ein paar Einschränkungen kostenlos nutzen lässt. Auf der Client-Seite erstellen wir zwei Clients: einen auf einem Arduino MKR WiFi 1010 und einen als eine Webseite. Wir werden die Webseite auf einem weiteren kostenlos von Glitch.com angebotenen Service hosten. Ähnlich wie Shiftr.io bietet Glitch.com einen kostenlosen Webserver mit ein paar Einschränkungen.

Dieses Projekt gliedert sich in vier Teile:

1. Hardwareschaltung und physische Ausführung
2. ein Broker auf Shiftr.io
3. Arduino-Code
4. eine Webseite inklusive JavaScript-Code auf *Glitch.com*

Faustgruß übers Internet: die Hardware

Die Schaltung für dieses Projekt ist ganz einfach, sie besteht nur aus einem Hobby-Servomotor. Du benötigst außerdem eine lötfreie Steckplatine sowie ein paar Schaltdrähte.[7]

In »Antrieb größerer Lasten (Motoren, Lampen und dergleichen)« auf Seite 78 in Kapitel 5 hast du gelernt, wie man einen einfachen Gleichstrommotor steuert. Dieser Motor ist für einen kontinuierlichen, eher schnellen Lauf ausgelegt, was exakt in einem Ventilator gefragt ist. Wenn man aber etwas über eine bestimmte Distanz bewegen möchte, eignen sich diese Motoren nicht so gut. Hobby-Servomotoren wurden entwickelt, um Ruder an Modellflugzeugen zu steuern, und sind recht präzise. Sie tun dies, indem sie Feedback integrieren: Im Hobby-Servomotor befinden sich ein Sensor, der die Rotationsposition der Welle erkennt, und eine Schaltung, die den Motor in der entsprechenden Richtung an die Stelle dreht, die man angegeben hat. Hobby-Servomotoren umfassen zudem Zahnräder, die die hohe Drehzahl des internen Gleichstrommotors in eine nützlichere Drehzahl herunterregeln, während gleichzeitig proportional das Drehmoment erhöht wird. Hobbymotoren drehen sich nicht fortlaufend, sondern rotieren nur um 180 Grad. Vielleicht klingt das seltsam, aber denk dran, dass sie zum Bewegen von Rudern an Modellflugzeugen wie beispielsweise das Seitenruder entwickelt wurden. Das Ruder rotiert nicht um mehr als 180 Grad.

Hobby-Servomotoren sind ausgesprochen nützlich, auch wenn man keine Modellflugzeuge baut. Stell dir vor, du möchtest eine animatronische Puppe bauen, bei der sich die Augen nach links und rechts bewegen, sich vielleicht die Augenlider öffnen und schließen und sich möglicherweise der Kopf nach links und rechts dreht. Keine dieser Bewegungen erfordert mehr als 180 Grad Rotation, daher werden bei sehr vielen animatronischen Puppen Hobby-Servomotoren eingesetzt.

Hobby-Servomotoren unterscheiden sich auch aus elektrischer Sicht von Gleichstrommotoren. Gleichstrommotoren haben zwei Kabel: Wenn eine geeignete Spannung zwischen den beiden Kabeln anliegt, läuft der Motor. Hobby-Servomotoren haben drei Kabel: Eine Spannung von 5 bis 6 Volt wird zwischen beide angelegt, und ein Steuersignal wird an das dritte ge-

7 Alle diese Komponenten sind im Set enthalten, das im Vorwort erwähnt wird.

sandt. Das Steuersignal ist ein Puls einer bestimmten Dauer, wobei der Puls dem Servomotor mitteilt, in welchem Winkel er sich bewegen soll (zwischen 0 und 180 Grad).

Hobby-Servomotoren sind gewöhnlich mit einem Kunststoff-Schraubklemmengehäuse mit drei Anschlüssen versehen. Die Kabel sind wie folgt farblich kodiert:

Drahtfarbe	**Arduino-Anschluss**
Schwarz	Masse
Rot oder Braun	5 V
Weiß oder Gelb	Steuersignal (jeder beliebige Arduino-Pin)

Zum Bau der Schaltung setze einen Draht oder Schaltdraht in den Stecker und verbinde ihn mit deinem Arduino. Verwende idealerweise dieselben Farben, um spätere Fehler zu vermeiden. Verwende zum Herstellen der Verbindungen eine lötfreie Steckplatine. Für das Servosteuersignal kannst du jede beliebige Pin-Nummer verwenden. Ich habe Pin 9 verwendet, da es den eingebauten Beispielen entspricht. Besuche die Produktseite des Arduino MKR WiFi 1010 (*https://store-usa.arduino.cc/products/arduino-mkr-wifi-1010*) und klicke die Registerkarte zur Dokumentation an, um die Pin-Namen zu sehen.

Abb. 10–1 Servomotor

Sobald du die Drähte angeschlossen hast, teste mit dem eingebauten »Sweep«-Beispiel, ob die Servomotoren korrekt funktionieren (*File → Examples → Servo → Sweep*). Sobald du dieses Programm lädst, sollte sich die Motorwelle fortlaufend aus ihrer Nullposition auf 180 Grad und dann wieder auf Null drehen.

Wir werden den Hobby-Servomotor dazu verwenden, ein Bild einer Faust auf dich zu oder von dir weg zu bewegen. Du kannst die Faust selbst zeichnen oder das Faust-Emoji ausdrucken. Um ein Befestigen des Emojis an der Motorwelle zu erleichtern, verwende eines der mit deinem Servomotor gelieferten Hörner. Ich habe ein wenig Heißleim verwendet, um die Faust zuerst auf dem Papparm und dann auf dem Servohorn zu befestigen:

Abb. 10–2 Papparm mit Zeichnung einer Faust

Abschließend fertige einen Pappständer zum Halten des Servomotors an. Bevor du den Arm befestigst, verwende den folgenden Code, um zu bestimmen, in welchem Winkel die Faust zurückgezogen wird und in welchem die Faust dann »grüßt«:

Beispiel 10–1

```
#include <Servo.h>
Servo myservo;
void setup() {
  myservo.attach(9);
  myservo.write(45); // move to position 45 degrees
}
void loop() {
}
```

Notiere die Position der Motorwelle, ändere dann die Zahl in 45 bis 135 und beobachte, in welcher Richtung sich die Welle bewegt. In meinem Fall waren 10 Grad eine gute Position für das Zurückziehen der Faust und 170 Grad zum »Grüßen«. Dies ist notwendig, bevor du den Arm befestigst, um zu verhindern, dass er versehentlich durch Aufschlagen auf dem Boden beschädigt wird.

Ändere die Zahl so ab, dass der Arm wieder zurückgezogen wird, und befestige dann den Arm im passenden Winkel für die zurückgezogene Position:

Abb. 10–3 Am Servomotor befestigter Papparm mit Faust

Jetzt sind wir bereit, unser Projekt ins Internet zu stellen!

Faustgruß übers Internet: MQTT Broker auf Shiftr.io

Wie bereits erwähnt, stellt Shiftr.io einen kostenlosen öffentlichen Broker zur Verfügung, den jeder nutzen kann. Diesen Broker erreicht man über *public.cloud.shiftr.io*. Bitte beachte, dass potenziell jeder auf deine Nachrichten zugreifen oder dir gar eine Nachricht schicken kann. Wenn du einen privaten Broker bevorzugst, dann musst du auf Shiftr.io ein Konto einrichten. Zum Verbinden mit dem öffentlichen Broker verwenden wir den Benutzernamen »public« und das Passwort »public«.

Als Client-ID habe ich »GSWA4E_ARM_Demo« und für das Thema habe ich »fistbump« (engl. für Faustgruß) gewählt. Du kannst beides in was auch immer ändern, wenn du möchtest. Wir werden im folgenden Code sehen, wie wir sie einsetzen.

Faustgruß übers Internet: Arduino-Code

Der folgende Code ist mit einer ziemlichen Menge an Kommentaren versehen, sodass ich ihn hier nur ganz allgemein beschreibe:

Die `setup()`-Funktion macht vier Dinge:

1. Warten auf Öffnen des seriellen Monitors
2. Verbinden mit WLAN-Netzwerk
3. Verbinden mit MQTT-Broker
4. Anschluss des Servomotors

Die `loop()`-Funktion tut Folgendes:

1. Wenn die Verbindung zum MQTT-Broker abgebrochen wurde, neu verbinden.
2. Wenn eine Nachricht eintrifft, Nachricht lesen, jegliche Zahlen in eine Ganzzahl umwandeln und diese Ganzzahl an den Servomotor senden.

```
/*
   A simple MQTT client with a servo motor
   which connects to a broker and subscribes to a topic.
   When a message is received, the servo motor moves
   to the position in the message.
   Connect a picture of a fist to the servo motor arm
   and you can receive a "fistbump"
   from friends around the world

   This sketch uses https://shiftr.io/try as the MQTT broker.

   the circuit:
   - A servo motor attached to pin 9

   the secrets.h file:
   #define SECRET_SSID "sammydog"    // your WiFi network name
   #define SECRET_PASS "12345678"    // your WiFi network password
   #define SECRET_MQTT_USER "public" // Shiftr.io broker username
   #define SECRET_MQTT_PASS "public" // Shiftr.io broker password

   20 May 2021 - Created by Michael Shiloh
                 Based almost entirely on MqttClientButtonLed
                 example by Tom Igoe. See https://tigoe.github.io/
                 mqtt-examples/

*/

#include <WiFiNINA.h>  // Library for WiFi functionality on the
                       // Nano 33 Iot. See
                       // https://www.arduino.cc/en/Reference/
WiFiNINA
#include <ArduinoMqttClient.h> // Library for MQTT protocol. See
                       //
#include "arduino_secrets.h"   // Usernames and passwords

// initialize WiFi connection: WiFiClient wifi; // WiFi client object
MqttClient mqttClient(wifi);  // Create the MQTT client object
                              // and attach it to the WiFi object

// details for MQTT client:
char broker[] = "public.cloud.shiftr.io";
int port = 1883; // The Internet Protocol (IP) uses different port
                 // numbers to identify different services running
                 // on the same IP address. The MQTT protocol
                 // has been assigned the number 1883 char topic[] =
"fistbump"; // You choose topic
```

```
char clientID[] = "GSWA4E_ARM_Demo_Arduino"; // You choose the
client ID

#include <Servo.h>
Servo servo; // Each servo motor needs an object of class Servo
const int servoPin = 9;
void setup() { Serial.begin(9600);
  // wait for serial monitor to open.
  // This is necessary only if you want to catch all
  // messages. The Serial object will not exist until
  // you open the serial monitor, so effectively the
  // setup() function will loop here until you open
  // the serial monitor
  while (!Serial) // As long as there is no serial monitor ...
    ;             // ... do nothing

  // WiFi setup
  // initialize WiFi, if not connected:
  while (WiFi.status() != WL_CONNECTED)
    { Serial.print("Connecting to ");
    Serial.println(SECRET_SSID);
    WiFi.begin(SECRET_SSID, SECRET_PASS);
    delay(2000);
  } // Keep retrying until WiFi connection is established

  // print IP address once connected: Serial.print("Connected. My
  IP address: "); Serial.println(WiFi.localIP());

  // MQTT broker setup
  // set the credentials for the MQTT client:
  mqttClient.setId(clientID);
  mqttClient.setUsernamePassword(SECRET_MQTT_USER,
SECRET_MQTT_PASS);

  // try to connect to the MQTT broker:
  while (!connectToBroker()) {
    Serial.println("attempting to connect to broker");
    delay(1000);
  } // Keep retrying until connection to Shiftr.io is established

  Serial.println("connected to broker");

  // Servo motor setup
  // The servo object is attached to the relevant pin servo.
  attach(servoPin);
}
```

```
void loop() {

  // Sometimes the connection to the Shiftr.io MQTT broker
  // is dropped. This is normal, as the MQTT protocol
  // does not require a permanent connection.
  // if not connected to the broker, try to connect:
  if (!mqttClient.connected()) { Serial.println("reconnecting");
    // Note that the return value from connectToBroker()
    // is not checked, so we may in fact not be connected.
    // That won't cause trouble, because in the next step we
    // won't have a message, so we will loop back here and
    // try again anyway.
    connectToBroker();
  }

  // if a message comes in, read it:
  if (mqttClient.parseMessage() > 0) {
    Serial.print("Got a message on topic: ");
    Serial.println(mqttClient.messageTopic());
    // read the message:
    while (mqttClient.available()) {
      // convert numeric string to an int:
      int message = mqttClient.parseInt();
      Serial.println(message);
      servo.write(message);
    }
  }
}

// Connect to the MQTT broker
// Returns: true if connection established
//          false otherwise boolean connectToBroker() {
  // if the MQTT client is not connected:
  if (!mqttClient.connect(broker, port)) {
    // print out the error message:
    Serial.print("MOTT connection failed. Error no: ");
    Serial.println(mqttClient.connectError());
    // return that you're not connected:
    return false;
  }

  Serial.print("Connected to broker ");
  Serial.print( broker );
  Serial.print( " port " );
  Serial.print( port );
  Serial.print( " topic " );
  Serial.print( topic);
  Serial.println();
```

```
    // once connected, subscribe to the topic mqttClient.
    subscribe(topic);

    // return that you're connected:
    return true;
}
```

Beachte, dass der erste Punkt in `setup()` das Programm veranlasst, in einer Schleife zu laufen, bis der serielle Port geöffnet wird. Das soll dir Zeit geben, den seriellen Monitor einzuschalten, damit du keine Nachrichten verpasst. Das heißt aber auch, dass das Programm nicht weiterläuft, wenn du den seriellen Monitor nicht öffnest. Sobald du weißt, dass alles korrekt funktioniert, kannst du das entfernen, wenn du willst.

Faustgruß übers Internet: die Webseite

Die Webseite besteht aus zwei Dateien: index.html und sketch.js, die den Code enthalten, der einen Klick erkennt und dann eine Nachricht an den MQTT-Broker schickt. Die Datei index.html ist recht trivial; sie lädt zwei Bibliotheken (p5.js und eine MQTT-Bibliothek) und den JavaScript-Code Sketch.js (der die ganze Arbeit erledigt), eingeschlossen in den entsprechenden HTML-Tags:

Beispiel 10–2

```
<html>
  <head>
    <script src="https://cdnjs.cloudflare.com/ajax/libs/p5.js/
1.0.0/p5.min.js"></script>
    <script src="https://cdnjs.cloudflare.com/ajax/libs/paho-mqtt/
1.0.1/mqttws31.min.js" type="text/javascript"></script>
    <script src="sketch.js"></script>
  </head>
  <body>
  </body>
</html>
```

Der JavaScript-Code, der all die Arbeit erledigt, folgt unten. Der Code ist wieder stark mit Kommentaren versehen. p5.js ist der Arduino-Sprache ähnlich, indem es eine `setup()`-Funktion gibt, die einmal läuft, und dann eine `draw()`-Funktion, die anschließend kontinuierlich läuft. Die `setup()`-Funktion tut Folgendes:

1. erstellt das MQTT-Objekt, das für die Kommunikation mit der MQTT-Bibliothek genutzt wird
2. richtet die Callback-Funktionen ein, die gerufen werden, wenn eine Verbindung zum MQTT-Broker eingerichtet oder abgebrochen wird und wenn eine Nachricht ankommt
3. erzeugt Elemente auf der Webseite zur Darstellung unterschiedlicher Arten von Nachrichten
4. richtet die Hintergrundfarbe der Leinwand ein

Die `draw()`-Funktion tut nichts, da alles in den Callback-Funktionen abläuft.

Der Großteil der interessanten Arbeiten erfolgt in den Callback-Funktionen `mousePressed()` und `mouseReleased()`. Diese Ereignisse werden vom p5.js-System erkannt – wenn sie eintreten, werden die folgenden Funktionen gerufen, sofern vorhanden:

- Die Funktion `mousePressed()` schickt eine Nachricht (mithilfe der Hilfsfunktion `sendMqttMessage()`), um die Faust für den »Faustgruß« vorwärtszubewegen. Darüber hinaus ändert sie auch die Leinwandfarbe, um eine optische Rückmeldung zu geben, dass die Maustaste geklickt wurde.
- Die `mouseReleased()`-Funktion schickt eine Nachricht zum Zurückziehen der Faust und stellt die ursprüngliche Leinwandfarbe wieder her.

Die MQTT-Callback-Funktionen werden von der MQTT-Bibliothek erkannt und abgerufen:

- Die `onConnect()`-Funktion abonniert unser Thema.
- Die `onConnectionLost()`-Funktion meldet nur, wenn eine Verbindung abbricht.
- Die `onMessageArrived()`-Funktion gibt alle empfangenen Nachrichten aus.

```
/*
 * This web page is an example to be paired with a servo motor
 * and an MQTT client subscribed to the same topic. When this web
 * page is clicked, a message is sent via an MQTT broker. The
subscribed
 * client, when it receives the message, will move the servo
motor to the
```

```
 * position indicated in the message. The purpose is to deliver a
remote
 * physical "fistbump" to an individual located elsewhere in the
world
 * but on the internet.
 *
 * This sketch uses https://shiftr.io/ as the MQTT broker.
 *
 * This code uses the Eclipse Paho MQTT client library:
 * https://www.eclipse.org/paho/clients/js/
 *
 * 20 May 2021 - Created by Michael Shiloh
 *               Based almost entirely on MqttClientButtonLed by
Tom Igoe
 *               See https://tigoe.github.io/mqtt-examples/
*/

/*
 * Although this is a comment, it tells Glitch that there are
 * globally available functions and objects. This prevents Glitch
 * from complaining about the MQTT and p5.js objects and functions
*/
/* global Vue, VueLocalStorage */

// MQTT client details:
let broker = {
  hostname: 'public.cloud.shiftr.io',
  port: 443
};

// MQTT client:
let client;
// client credentials:
// For shiftr.io, use public for both username and password
// unless you have an account on the site.
let creds = {
  clientID: 'GSWA4E_ARM_Demo_webPage',
  userName: 'public',
  password: 'public'
};
// topic to subscribe to when you connect
// For shiftr.io, use whatever word you want for the topic
// unless you have an account on the site.

let topic = 'fistbump';

// HTML divs for messages
```

```
let localDiv; // local messages
let remoteDiv; // remote messages
let statusDiv; // debugging info
let instructionsDiv; // instructions

function setup() {
  createCanvas(windowWidth, windowHeight);
  // Create an MQTT client:
  client = new Paho.MQTT.Client(broker.hostname, broker.port,
creds.clientID);
  // set callback handlers for the client:
  client.onConnectionLost = onConnectionLost;
  client.onMessageArrived = onMessageArrived;
  // connect to the MQTT broker:
  client.connect(
    {
      onSuccess: onConnect,       // callback function for when
                                  // you connect
      userName: creds.userName,   //
      username password: creds.password,
      // password
      useSSL: true                // use SSL
    }
  );

  // create a div for the instructions
  instructionsDiv = createDiv('Click anywhere to send a
fistbump');
  instructionsDiv.position(20, 20); // coordinates for the div

  // create a div for local messages:
  localDiv = createDiv('local messages will go here');
  localDiv.position(20, 50);

  // create a div for the response:
  remoteDiv = createDiv('waiting for messages');
  remoteDiv.position(20, 80);

  // create a div for status messages:
  statusDiv = createDiv('status messages will go here');
  statusDiv.position(20, 110);

  // Set the canvas color
  background(240); // very light grey
}

function draw() {
```

```
  // Nothing to do in draw() because all functionality is
  // event driven via callback functions
}

/*
 * Callback functions
 */
/* Callback functions for events that are detected by the
 * p5.js system
 */

// Clicking the mouse anywhere in the canvas will send the MQTT
// message '170', which causes the servo motor to move to position
// 170 degrees, and the canvas color changes to medium grey.
function mousePressed() {
  sendMqttMessage('170' );
  background(220); // medium grey
  localDiv.html('I sent a fistbump!');
}

// When a mouse button is released anywhere in the canvas send
// the MQTT message '10', which causes the servo motor to move to
// position 10 degrees, and the canvas returns to light grey.
function mouseReleased(){
  sendMqttMessage('10');
  background(240); // very light grey
  localDiv.html('I withdrew my fist');
}

/* Callback functions that were set in the MQTT object.
 * The MQTT library detects these events, and when they
 * occur, the user supplied callback function are called.
 */

// called when the client connects
function onConnect() {
  localDiv.html('client is connected');
  remoteDiv.html('topic is ' + topic);
  client.subscribe(topic);
}

// called when the client loses its connection
function onConnectionLost(response) {
  if (response.errorCode !== 0) {
    localDiv.html('onConnectionLost:' + response.errorMessage);
  }
}
```

```
// called when a message arrives
function onMessageArrived(message) {
  remoteDiv.html('I received a message:' + message.payloadString);
}

/*
 * End of callback functions
 */

// Helper function which is called in order to send a message:
function sendMqttMessage(msg) {
  // if the client is connected to the MQTT broker:
    if (client.isConnected()) {
     // start an MQTT message:
     message = new Paho.MQTT.Message(msg);
     // choose the destination topic:
     message.destinationName = topic;
     // send it:
     client.send(message);
     // print what you sent:
     // statusDiv.html('I sent: ' + message.payloadString);
  }
}
```

Jetzt benötigen wir einen Ort im Internet, um diese Webseite anzubieten: Dafür gibt es viele Services, sowohl kostenpflichtig als auch kostenlos. Wir werden einen Service namens glitch.com nutzen:

1. Besuche die Website *glitch.com*.
2. Klicke auf »Log In«.
3. Richte ein Konto ein oder logge dich in eines der bereits von dir eingerichteten Konten ein.
4. (Alternativ, wenn du kein Konto einrichten möchtest, kannst du »Email Magic Link« anklicken, deine E-Mail-Adresse eingeben und den an deine E-Mail-Adresse geschickten Link anklicken. So erstellst du ein anonymes Projekt.)
5. Dir wird die Seite »Manage Your Projects« mit einer Vielzahl möglicher Website-Typen angezeigt.

6. Klicke im Kasten »Hello Webpage« die »Remix«-Schaltfläche an, wodurch ein neues Projekt mit vier Standarddateien erstellt wird: README.md, index.html, script.js und style.css. Wir benötigen nur zwei von ihnen, aber die beiden anderen stören uns nicht, sodass du sie einfach behalten kannst.
7. Klicke die Datei »index.html« an, woraufhin dir ein einfacher Bearbeitungsbildschirm angezeigt wird. Lösche alles darin und füge den oben gezeigten Inhalt ein.
8. Klicke auf die Datei »script.js« und füge den oben gezeigten Inhalt für diese Datei ein.
9. Ändere den Namen der Datei »script.js« in »sketch.js«, was die Konvention für eine p5-Script-Datei und auch der Name ist, den wir in »index.html« verwendet haben.
10. Erstelle eine neue Datei mit dem Namen ».eslintrc.json«. Füge für den Inhalt dieser Datei einfach »{}« ein.
11. Möglicherweise stellst du rote Punkte auf manchen Zeilen fest (jene, die Aufrufe an MQTT- und p5.js-Bibliotheken enthalten). Du kannst diese loswerden, indem du eine leere Datei namens ».eslintrc.json« erstellst, das Terminal öffnest (im Menü »Tools« unten links), »refresh« eingibst und »Enter« drückst.

Du kannst die Webseite direkt dort im Projekt testen. Nahe der oberen linken Ecke siehst du eine Brille und das Wort »Show«. Klicke dieses an und wähle eine der beiden Optionen. Ich bevorzuge in der Regel »Next to The Code«. Du siehst unsere Webseite, die aus vier Zeilen besteht, von denen die erste lautet: »Klicke irgendwo, um einen Faustgruß zu senden«. Wenn du diese Seite anklickst, solltest du eine Bewegung deines Servomotors feststellen.

Sobald all das korrekt funktioniert, kannst du die URL an deine Freunde in aller Welt senden. Um diese URL zu erhalten, klicke auf die Schaltfläche »URL ändern« über dem Fenster auf der rechten Seite und kopiere die erste Zeile, die die URL deines Projekts ist. Glitch.com weist automatisch jedem Projekt eine neue zufällige URL zu. Schicke diese URL an deine Freunde – nun können diese dir einen Faustgruß senden!

11 Fehlerbehebung

Es wird beim Herumexperimentieren ein Moment kommen, wo nichts funktioniert und du herausfinden musst, wie das Problem zu beheben ist. Fehlerbehebung und Debugging sind die herkömmlichen Methoden mit nur ein paar simplen Regeln, aber die besten Ergebnisse werden durch sorgfältige Arbeit und Beachtung kleinster Details erzielt. Schlau zu sein ist gut – Beharrlichkeit ist wichtiger.

Am wichtigsten ist aber, dass du nicht denkst, du hast versagt! Die meisten Maker, sowohl Amateure als auch Profis, verbringen den Großteil ihrer Zeit mit dem Beheben von Fehlern, die sie selbst gemacht haben. (Klar, wir werden besser beim Finden und Lösen von Problemen, aber wir schaffen auch immer kompliziertere Probleme.)

Je mehr du dich mit Elektronik und dem Arduino beschäftigst, umso mehr wirst du lernen und Erfahrung sammeln, was den Prozess immer weniger mühselig macht. Lass dich nicht von den Problemen entmutigen, die dir begegnen – es ist alles einfacher, als es zunächst erscheinen mag. Je mehr Fehler du machst und korrigierst, desto besser wirst du darin, sie zu finden.

Da jedes Arduino-basierte Projekt sowohl aus Hardware als auch aus Software besteht, gibt es mehr als einen Ort, an dem nachzusehen ist, wenn etwas schiefläuft. Bei der Suche nach einem Bug solltest du auf drei Schienen vorgehen: Verstehen, Vereinfachung und Segmentierung sowie Ausschluss und Gewissheit.

Verstehen

Versuche so gut wie möglich zu verstehen, wie die Teile funktionieren, mit denen zu arbeitest, und wie sie zum fertigen Projekt beitragen sollen. Diese Vorgehensweise erlaubt es dir, eine Methode zu bestimmen, jede Komponente separat zu testen. Wenn du es nicht bereits getan hast, versuche, einen Schaltplan deines Projekts aufzuzeichnen. Das hilft dir, dein Projekt zu verstehen, und es ist auch nützlich, wenn du jemanden um Hilfe bitten musst. Schaltpläne werden im Anhang D besprochen.

Vereinfachung und Segmentierung

Die alten Römer pflegten zu sagen: *divide et impera* – teile und regiere. Versuche, das Projekt (zumindest geistig, besser noch durch Sketching) in seine Komponenten zu zerlegen, indem du deine Kenntnisse nutzt, und finde heraus, wie genau sich der Wirkungsbereich jeder Komponente oder jedes Teils deines Programms definiert.

Ausschluss und Gewissheit

Teste bei der Untersuchung jede Komponente separat, damit du ganz sicher sein kannst, dass jede für sich funktioniert. Schrittweise wirst du lernen, besser einschätzen zu können, welche Teile eines Projekts ihre Arbeit tun und welche noch wacklig sind. Am besten nutzt du dafür die mitgelieferten Beispiele, da sie eher keine Bugs beinhalten.

Debugging ist der Begriff, der diesen auf Software angewendeten Prozess beschreibt. Der Legende nach wurde er erstmals in den 1940er-Jahren von Grace Hopper verwendet, als Computer überwiegend elektromechanisch waren und einer von ihnen die Arbeit einstellte, weil sich tatsächlich Insekten im Mechanismus verfangen hatten.

Viele der heutigen Bugs sind nicht mehr physisch: Sie sind virtuell und unsichtbar, zumindest teilweise. Deshalb erfordert es einen manchmal langwierigen und langweiligen Prozess, um sie zu identifizieren. Du musst den unsichtbaren Bug austricksen, damit er sich zu erkennen gibt.

Debugging ist ein wenig wie Detektivarbeit. Du hast ein Problem, das es zu klären gilt. Dazu musst du einige Experimente durchführen und Resultate erzielen. Anhand dieser Resultate musst du versuchen, herauszufinden, was zu deiner Problematik geführt hat. Dann musst du einige weitere Experimente durchführen, um zu testen, ob deine Schlüsse korrekt waren oder nicht. Diese Vorgehensweise ist wirklich essenziell.

Testen des Arduino-Boards

Bevor du dich an kompliziertere Experimente heranwagst, ist es weise, die einfachen Dinge zu prüfen, insbesondere dann, wenn sie nicht viel Zeit in Anspruch nehmen. Als Erstes solltest du testen, ob dein Arduino-Board funktioniert. Das allererste Beispiel, Blink, ist immer ein guter Anfang, da du damit wahrscheinlich am vertrautesten bist.

Und da bereits eine LED in deinem Arduino ist, bist du außerdem von keinen externen Komponenten abhängig.

Befolge diese Schritte, bevor du dein Projekt an deinem Arduino anschließt. Wenn du bereits Schaltdrähte zwischen deinem Arduino und deinem Projekt verlegt hast, entferne sie zuerst einmal, notiere aber sorgfältig, wo jeder Draht hingehört.

Öffne das Blink-Beispiel in der Arduino-IDE und lade es auf das Board. Die bordeigene LED sollte in einem regelmäßigen Rhythmus blinken.

Was ist, wenn Blink nicht funktioniert?

Bevor du die Schuld bei deinem Arduino suchst, solltest du bei ein paar Dingen abklären, ob sie in Ordnung sind, so wie Flugzeugpiloten, wenn sie vor dem Start eine Checkliste durchgehen, um sicherzugehen, dass das Flugzeug ordnungsgemäß fliegen wird:

- Bekommt dein Arduino Strom – entweder von einem Computer über ein USB-Kabel oder von einem externen Netzgerät? Wenn sich das grüne, mit PWR gekennzeichnete Licht einschaltet, heißt das, dass dein Arduino Strom bekommt. Wenn die LED sehr schwach wirkt, dann stimmt etwas mit der Stromzufuhr nicht.

- Wenn du einen Computer verwendest, stell sicher, dass der Computer eingeschaltet ist (ja, es klingt blöd, aber das ist schon vorgekommen). Vergewissere dich, dass das USB-Kabel an beiden Enden ganz eingesteckt ist. Probiere ein anderes USB-Kabel. Inspiziere den USB-Port des Computers und den USB-Stecker des Arduino, ob sie beschädigt sind. Probiere einen anderen USB-Port am Computer – oder gleich einen anderen Computer. Wenn du eine Menge USB-Kabel auf deiner Werkbank liegen hast, achte darauf, dass jenes, das an deinem Arduino angeschlossen ist, auch das ist, das am Computer angeschlossen ist (ja, das ist uns schon passiert).
- Wenn du ein externes Netzgerät verwendest, stell sicher, dass dieses richtig eingesteckt ist. Achte darauf, dass deine Steckdosenleiste oder dein Verlängerungskabel eingesteckt ist. Wenn du eine Steckdosenleiste mit Schalter verwendest, vergewissere dich, dass dieser eingeschaltet ist.
- (Wenn du einen sehr alten Arduino verwendest, prüfe, ob der Schaltdraht für den Strom in der richtigen Position ist. Moderne Arduinos tun dies automatisch und haben diesen Schaltdraht nicht.)

■ Wenn der Arduino nagelneu ist, könnte die gelbe, mit L gekennzeichnete LED zu blinken beginnen, bevor du das Blink-Beispiel hochgeladen hast. Das ist wahrscheinlich das Testprogramm, das im Werk zum Testen des Boards geladen wurde – das ist okay. Werte das aber nicht als Zeichen, dass du erfolgreich hochgeladen hast. Ändere die delay()-Werte auf 100, um das Blinken zu beschleunigen, und überprüfe, ob du erfolgreich hochladen kannst.

■ Bestätige, dass der Sketch erfolgreich hochgeladen wurde.
  - Wenn das Hochladen fehlschlägt, prüfe zuerst, ob dein Programm keine Fehler aufweist, indem du auf »Verify« klickst.
  - Versuche erneut hochzuladen. In seltenen Fällen schlägt ein Hochladen aus keinem offensichtlichen Grund fehl und verläuft beim nächsten Mal erfolgreich, ohne etwas geändert zu haben.

- Stell sicher, dass du im Tools-Menü das richtige Board gewählt hast. Wenn du beginnst, verschiedene Arduino-Boards zu sammeln, bietet es sich an, sicherzustellen, dass das gewählte Board tatsächlich jenes ist, das du angeschlossen hast.
- Prüfe, dass der Port im Tools-Menü korrekt ausgewählt wurde. Wenn du deinen Arduino irgendwann ausgestöpselt hast, könnte er an einem anderen Port auftauchen.
- Manchmal musst du den Stecker des Arduino ziehen und wieder einstecken. Wenn du das Auswahlmenü für die seriellen Ports geöffnet hast, musst du es schließen (geh einfach zu einer anderen Registerkarte) und dann zurückgehen zu *Tools → Serieller Port* und den richtigen Port wählen.
- Minderwertige USB-Kabel können manchmal den Treiber daran hindern, den Arduino Uno zu finden. Wenn dein Arduino-Port nicht in der Port-Liste auftaucht, probiere es mit einem zweifelsfrei funktionierenden USB-Kabel.

Sobald du das Blink-Beispiel geladen hast und die LED blinkt, kannst du davon ausgehen, dass dein Arduino die grundlegende Funktionalität aufweist, und dann kannst du zum nächsten Schritt übergehen.

Testen deiner Steckplatinen-Schaltung

Der nächste Schritt ist das Überprüfen auf Kurzschlüsse zwischen 5 V und Masse in deinem Projekt. Verbinde deinen Arduino mittels eines Schaltdrahtes von den 5-V- und Masse-Anschlüssen an den positiven und negativen Schienen der Steckplatine. (Du siehst: Indem wir für dein Projekt nur diese beiden Schaltdrähte verbinden und nicht alle, befolgen wir das Prinzip »Teile und regiere«.) Wenn die grüne PWR-LED erlischt, entferne umgehend die Schaltdrähte. Das bedeutet, dass in deiner Schaltung ein schwerer Fehler vorliegt und du irgendwo einen »Kurzschluss« hast. Wenn das passiert, zieht dein Board zu viel Strom, und die Stromzufuhr wird abgeschaltet, um den Computer zu schützen.

Wenn du dir Sorgen machst, dass du deinen Computer beschädigen könntest, denk dran, dass fast alle Computer die Höhe des Stroms, die ein USB-Gerät ziehen kann, begrenzt. Wenn das Gerät versucht, zu viel Strom zu ziehen, schaltet der Computer sofort die Stromzufuhr zu dem USB-Port ab. Außerdem ist das Arduino-Board mit einer Polyfuse gesichert, einer Einrichtung zum Stromschutz, die sich selbst zurückstellt, wenn der Fehler behoben ist (rückstellende Sicherung).

Wenn du völlig paranoid bist, kannst du das Arduino-Board auch über ein USB-Hub mit eigener Stromversorgung anschließen. In dem Fall, wenn wirklich alles furchtbar schiefläuft, ist es der USB-Hub, der sich verabschiedet, nicht dein Computer.

Wenn du einen Kurzschluss hast, dann musst du den Prozess der »Vereinfachung und Segmentierung« starten. Dabei musst du jeden Sensor und jeden Stellmotor im Projekt durchgehen und jeweils nur einen anschließen, bis du das Teil oder den Anschluss identifizierst, der den Kurzschluss verursacht.

Alternativ bzw. ergänzend kannst du alle deine Schaltdrähte entfernen und deine Schaltung erneut aufbauen. Häufig korrigierst du dabei den Fehler vom ersten Mal unbewusst. Beim zweiten Aufbau deiner Schaltung hast du 100 % mehr Erfahrung!

Der erste Startpunkt ist immer die Stromversorgung (die Anschlüsse von 5 V und Masse). Schau dich um und sorg dafür, dass jeder Teil der Schaltung korrekt Strom bekommt. Der wahrscheinlichste Grund ist, dass ein Schaltdraht an der falschen Stelle sitzt. Andere Ursachen können eine falsche Komponente wie ein Kondensator mit zu geringem Wert oder ein Schalter oder Transistor sein, der 5 V mit Masse verbindet. Weniger wahrscheinlich, aber dennoch möglich ist ein Stück Draht oder eine Schraube, die irgendwo sowohl mit 5 V als auch mit Masse Kontakt hat. Prüfe auch, dass die Polarität an allen polarisierten Komponenten, ICs oder Modulen korrekt ist. Wir haben manche Komponenten erlebt, die sich beim Tausch von 5 V und Masse wie ein Kurzschluss verhalten haben.

Schritt für Schritt vorzugehen und dabei immer nur eine einzelne Änderung nach der anderen durchzuführen – das ist die wichtigste Regel bei der Fehlerbehebung. Diese Regel wurde mir von meinem Schullehrer und ersten Arbeitgeber, Maurizio Pirola, in meinen jungen Kopf eingehämmert. Jedes Mal, wenn ich etwas debugge und das Ganze nicht allzu gut aussieht (und glaub mir, das passiert oft), taucht sein Gesicht vor meinem geistigen Auge auf mit den Worten: »Eine Änderung auf einmal ... eine Änderung auf einmal« – und normalerweise funktioniert dann alles. Das ist sehr wichtig, weil du dann wissen wirst, was das Problem behoben hat. (Man verliert schnell den Überblick, welche Änderung tatsächlich das Problem gelöst hat, weshalb es so wichtig ist, immer nur eine auf einmal zu machen.)

– Massimo

Jede Debugging-Erfahrung baut in deinem Kopf eine »Wissensdatenbank« zu Defekten und möglichen Lösungen auf. Und ehe du dich's versiehst, wirst du zum Experten. Das lässt dich sehr cool wirken, denn sobald ein Neuling sagt: »Das funktioniert nicht!«, schaust du es dir kurz an und hast im Bruchteil einer Sekunde die Antwort parat.

Isolieren von Problemen

Eine weitere wichtige Regel besteht darin, eine zuverlässige Methode zum Reproduzieren eines Problems zu finden. Wenn sich deine Schaltung immer mal wieder komisch verhält, versuche mit allen Mitteln herauszufinden, was die Ursache sein könnte. Passiert es nur, wenn du einen Schalter drückst? Nur wenn eine LED aufleuchtet? Wenn du einen Schaltdraht bewegst? (Viele Probleme werden durch lose Drähte verursacht, die entweder nicht verbinden, wo sie es sollen, oder verbinden, wo sie es nicht sollen.) Versuche, die Schritte zu wiederholen, die das Problem verursachen, achte auf die kleinen Details und nimm nur jeweils eine Änderung auf einmal vor: Passiert es jedes Mal, wenn die LED aufleuchtet, oder nur, wenn du den Schalter drückst, während die LED eingeschaltet ist? Dieser Prozess erlaubt es dir, über die mögliche Ursache nachzudenken. Das ist auch sehr hilfreich, wenn du das Ganze jemand anderem erklären sollst.

Lose Verbindungen lassen sich gemeinhin schlecht aufspüren. Versuche vorsichtig, an verschiedenen Teilen deiner Schaltung herumzuwackeln, und wenn du einen Bereich identifizierst, der zu dem Problem beiträgt, verlangsame das Tempo und wackle an jeweils einem Draht oder einer Komponente herum.

Das Problem so präzise wie nur möglich zu beschreiben ist auch eine gute Möglichkeit, eine Lösung zu finden. Such dir jemanden, dem du das Problem beschreiben kannst – in vielen Fällen fällt einem dann direkt eine Lösung ein. Brian W. Kernighan und Rob Pike erzählen in »*The Practice of Programming*« (Addison-Wesley, 1999) die Geschichte einer Universität, die »einen Teddybär vor dem Helpdesk sitzen hatte. Studenten mit mysteriösen Bugs wurden aufgefordert, diese zunächst dem Teddy zu erklären, bevor sie mit einem menschlichen Berater sprechen durften«. Wenn du niemanden (auch keinen Teddybär) hast, mit dem du sprechen kannst, fang mal mit einer E-Mail an, in der du dein Problem beschreibst. Das ist keine verschwendete Zeit, denn (a) führt das oft zur Lösung des Problems und (b), wenn du jemanden um Hilfe bitten musst, bist du vorbereitet.

Probleme beim Installieren der Treiber in Windows

Manchmal versagt der Hardware-Assistent beim Aufspüren des korrekten Treibers. In diesem Fall musst du ihm möglicherweise manuell mitteilen, wo sich der Treiber befindet.

Der Hardware-Assistent wird dich zuerst bitten, Windows Update zu prüfen; wähle die Option »Nein, dieses Mal nicht« und klicke auf »Weiter«.

Wähle auf dem nächsten Bildschirm »Von Liste oder einem anderen Verzeichnis installieren« und klicke auf »Weiter«.

Navigiere zu und wähle die Treiberdatei des Uno mit dem Namen *ArduinoUNO.inf*, die sich im *Treiber*verzeichnis des Arduino-Software-Downloads befindet (nicht das Unterverzeichnis mit den *FTDI-USB-Treibern*). Windows schließt die Treiberinstallation von hier aus ab.

Probleme mit dem IDE in Windows

Wenn du beim Doppelklick auf das Arduino-Symbol eine Fehlermeldung erhältst bzw. wenn nichts passiert, versuche einen Doppelklick auf die Datei *Arduino.exe* als alternative Methode zum Start von Arduino.

Windows-Benutzer könnten auch auf ein Problem stoßen, wenn das Betriebssystem dem Arduino eine COM-Port-Nummer von COM10 oder höher zuweist. Wenn das passiert, kannst du Windows normalerweise überzeugen, dem Arduino eine niedrigere Port-Nummer zuzuweisen, indem (vorübergehend) ein COM-Port mit einer niedrigeren Nummer freigegeben wird.

Öffne zuerst den Gerätemanager durch Anklicken des Startmenüs, Rechtsklick auf Computer (Vista) oder My Computer (XP) und wähle Eigenschaften. Auf Windows XP klicke Hardware an und wähle den Gerätemanager. Auf Vista klicke auf den Gerätemanager (er erscheint in der Aufgabenliste im linken Bereich des Fensters).

Suche nach den seriellen Geräten in der Liste unter Ports (COM & LPT). Finde ein serielles Gerät, das du nicht benutzt, mit der Bezeichnung COM9 oder niedriger. Ein Modem oder ein serieller Port stellt einen guten Kandidaten dar. Klicke rechts und wähle aus dem Menü den Punkt »Eigenschaften«. Wähle dann die Registerkarte »Port-Einstellungen« und klicke auf »Erweitert«. Stell die COM-Port-Nummer auf COM10 oder höher ein, klicke auf OK und klicke dann erneut auf OK, um den Eigenschaften-Dialog zu schließen.

Jetzt tu dasselbe mit dem USB-Serieller-Port-Gerät, das den Arduino repräsentiert, mit einer Änderung: Weise es der COM-Port-Nummer (COM9 oder niedriger) zu, die du gerade freigegeben hast.

Identifizieren des Arduino-COM-Ports in Windows

Schließe deinen Arduino Uno mit einem USB-Kabel an deinem Computer an.

Öffne den Gerätemanager durch Anklicken des Start-Menüs, Rechtsklick auf Computer (Vista) oder My Computer (XP) und wähle Eigenschaften. Auf Windows XP klicke Hardware an und wähle den Gerätemanager.

Auf Vista klicke auf den Gerätemanager (er erscheint in der Aufgabenliste im linken Bereich des Fensters).

Suche nach dem seriellen Gerät in der Liste unter Ports (COM & LPT). Der Arduino wird als Arduino Uno erscheinen und einen Namen haben wie COM7, wie in Abb. 11–1 dargestellt.

Auf manchen Windows-Maschinen hat der COM-Port eine höhere Nummer als 9; diese Nummerierung erzeugt einige Probleme, wenn der Arduino versucht, mit ihm zu kommunizieren.

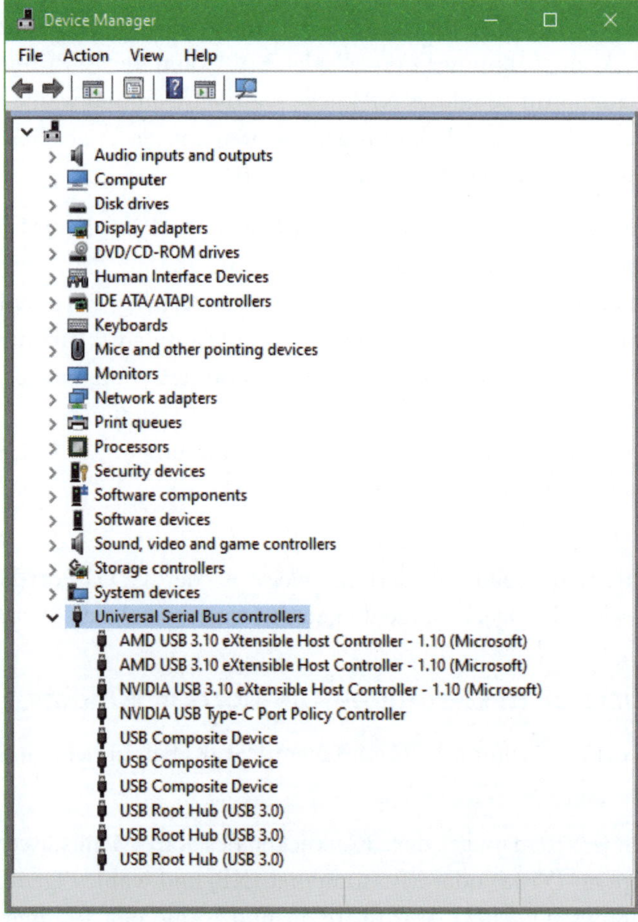

Abb. 11–1 Der Windows-Gerätemanager zeigt alle verfügbaren seriellen Ports an.

Weitere Debugging-Verfahren

- Bitte jemand anderen, sich dein Projekt anzuschauen. Wir werden unseren eigenen Fehlern gegenüber manchmal blind. Sag dieser anderen Person nicht, welche Verbindungen du beabsichtigt hattest – lass sie bestätigen, dass du den Plan, anhand dessen du gearbeitet hast, korrekt umgesetzt hast. Auf diese Weise lieferst du ihr kein vorgefertigte Meinung dessen, was du beabsichtigt hattest, woraufhin sie den Fehler übersehen könnte. Wenn du keinen Plan vorliegen hast, solltest du einen anfertigen. Natürlich könnte der Plan auch einen Fehler beinhalten – dies wäre dann als Erstes zu überprüfen.
- »Teile und regiere« funktioniert auch für Sketches. Speichere eine Kopie deines Sketches und entferne dann nach und nach die Teile deines Sketches, die nichts mit dem Teil zu tun haben, der dir Probleme bereitet. Vielleicht stößt du dabei auf eine unerwartete Interaktion zwischen einem Teil, das korrekt zu funktionieren scheint, und dem Problem. Wenn das dein Problem nicht löst, bietet es immerhin ein minimales Testprogramm, das dein Problem aufzeigt, was es leichter macht, wenn du um Hilfe bittest.
- Wenn dein Projekt Sensoren (inklusive Schalter) umfasst, teste jeden einzeln mit den einfachsten entsprechenden Beispielen AnalogReadSerial und DigitalReadSerial, die du unter *File → Examples → 01.Basics → AnalogReadSerial/DigitalReadSerial* findest.
- Wenn ein Sensor versagt, bestätige, dass die Arduino-Eingabe korrekt funktioniert. Trenne deinen Sensor und verbinde einen Schaltdraht vom verdächtigen Eingang direkt zu 5V und Masse (natürlich nur einen auf einmal), während du AnalogReadSerial oder DigitalReadSerial beobachtest. Du solltest 0 sehen, wenn der Eingang an Masse angeschlossen ist, und 1 oder 1023, wenn der Eingang an 5V angeschlossen ist.
  - Wenn du mehrere Sensoren hast und einer versagt, während andere funktionieren, tausche die Teile der Schaltung (eins nach dem anderen) zwischen dem, das funktioniert, und dem, das versagt, aus und schau, ob das das Problem löst.

- Wenn dein Projekt Stellmotoren umfasst, teste jeden einzeln mit den einfachsten entsprechenden Beispielen Blink oder Dimmer. Wenn der Stellmotor versagt, ersetze ihn mit einer LED, um sicherzustellen, dass der Arduino-Ausgang korrekt funktioniert.
- Wenn dein Sketch eine Entscheidungsfindung beinhaltet, wie zum Beispiel if-Anweisungen, dann verwende die Funktion `Serial.println()`, um dir mitzuteilen, was sie tut. Das ist auch in Schleifen hilfreich, um sicherzugehen, dass die Schleife dann startet und stoppt, wann du es erwartest.
- Wenn du Bibliotheken verwendest, bestätige anhand der mit ihnen gelieferten Beispiele, dass sie korrekt funktionieren. Wenn du mit einer nicht von Arduino stammenden Bibliothek Probleme hast, schau, ob es ein Forum oder eine andere Online-Community für diese Bibliothek gibt, und tritt ihr bei.

Wenn diese Anregungen nicht helfen oder wenn du ein Problem hast, das hier nicht beschrieben wird, dann suche auf `arduino.cc` unter »troubleshooting«.

Online Hilfe bekommen

Wenn du nicht weiterkommst, verbringe nicht Tage damit, dich allein im Kreis zu drehen – bitte um Hilfe. Einer der besten Aspekte von Arduino ist seine Community. Du kannst immer Hilfe finden, wenn du dein Problem gut beschreibst.

Gewöhne dir an, Themen oder Punkte auszuschneiden und in eine Suchmaschine einzufügen, um zu sehen, ob jemand darüber spricht. Wenn die Arduino-IDE zum Beispiel eine böse Fehlermeldung ausspuckt, kopiere sie, füge sie in eine Google-Suche ein und schau, was dabei herauskommt. Du musst die Nachricht eventuell in Anführungszeichen verpacken, um zu verhindern, dass die Reihenfolge der Wörter beliebig abgeändert wird. Mach dasselbe mit Teilen des Codes, an dem du arbeitest, oder einfach mit einem bestimmten Funktionsnamen. Wenn du zu viele Ergebnisse erhältst, die nicht wirklich helfen, füge das Wort »*Arduino*« der Suche hinzu.

Schau dich um: Alles wurde bereits erfunden und irgendwo auf einer Webseite abgelegt. Ich bin überrascht, wie oft etwas, von dem ich annahm, dass es nur mir passiert war, im Internet gut dokumentiert ist, inklusive der Lösung.

Weitere Untersuchungen beginnst du am besten von der Haupt-Website (*arduino.cc*) aus und schaust unter FAQ; dann begib dich zum Arduino Playground (*https://playground.arduino.cc/*), einer frei editierbaren Wiki, die jeder Benutzer ändern kann, um zur Dokumentation beizutragen. Das ist mit das Beste an der ganzen Open-Source-Philosophie: Leute tragen Dokumentation und Beispiele von allem bei, was man mit Arduino tun kann. Bevor du ein Projekt startest, such im Playground und du findest bestimmt ein bisschen Code oder einen Schaltplan, um loszulegen.

(Denk darüber nach, der Open-Source-Community etwas zukommen zu lassen: Vielleicht ist dir ein Projekt eingefallen, das du beisteuern könntest, oder eine Lösung, die bisher noch nicht dokumentiert wurde. Es gibt viele Möglichkeiten, deine Arbeit zu veröffentlichen: Arduino Project Hub, Github, Instructables, Facebook, Instragram usw. – es ist wirklich egal, wie du etwas veröffentlichst, Hauptsache, du tust es und dokumentierst es so gut wie möglich mit Code, Schaltplan, Diagrammen usw. Poste nicht nur ein Teaser-Video vom funktionierenden Projekt – erzähl uns, wie du es geschafft hast!)

Wenn du auf diesem Weg immer noch keine Antwort findest, suche im Arduino-Forum (*https://forum.arduino.cc/*).

Nachdem du alles andere versucht hast, ist es an der Zeit, eine Frage im Arduino-Forum zu stellen. Wähle das korrekte Board für dein Problem: Es gibt verschiedene Bereiche für Software- oder Hardware-Themen und sogar Foren in verschiedenen Sprachen. Wenn du nicht sicher bist, welches Board das richtige ist, poste deine Frage im Project Guidance Board.

Formuliere deinen Post sorgfältig. Gib so viele Informationen wie möglich an und formuliere klar und detailliert. Nimm dir Zeit zur deutlichen und korrekten Beschreibung deines Problems – es ist es wirklich wert. Das zeigt auch, dass du schon so viel wie möglich selbst getan hast und dich nicht auf das Forum verlässt, deine Arbeit für dich zu erledigen. Hier sind ein paar Richtlinien:

- Bevor du beginnst, suche nach und lies den Post mit dem Titel »General Guidance and How to use the Forum« (zu Deutsch: Allgemeine Anleitung und wie das Forum zu nutzen ist).
- Welches Arduino-Board verwendest du?
- Welches Betriebssystem verwendet du für den Betrieb der Arduino-IDE?
- Welche Version der Arduino-IDE benutzt du?
- Gib eine allgemeine Beschreibung dessen, was du zu tun versuchst. Wenn du unbekannte Teile verwendest, poste Links zu Datenblättern Stopf deinen Beitrag nicht mit irrelevanten Informationen voll, wie das Projektkonzept oder ein Bild des Gehäuses, wenn das mit dem Problem nichts zu tun hat.
- Poste den minimalen Sketch und/oder die Schaltung (dafür eignen sich sehr gut Schaltpläne) zur Darstellung deines Problems. (Du hast das beim Debugging gefunden, nicht wahr?) Der Post »How to use this Forum« zeigt dir, wie Code zu formatieren und wie Anhänge einzuschließen sind.
- Wenn du das Forum nach vorhandener Hilfe absuchst, achte auf die Kommunikationskultur, insbesondere darauf, wie die Fragen formuliert sind, die gute Hilfe erhalten, im Gegensatz zu jenen, die keine bekommen. Du solltest den Stil jener kopieren, die funktionieren.
- Beschreibe genau, was deiner Ansicht nach passieren sollte und was stattdessen passiert. Sag nicht einfach: »Es funktioniert nicht.« Wenn du eine Fehlermeldung bekommst, poste den Fehler. Wenn dein Programm eine Ausgabe anzeigt, poste diese Ausgabe.
- Nachdem du nun dein Problem sorgfältig beschrieben hast, geh zurück und revidiere den Betreff. Du brauchst einen Betreff, der das technische Problem zusammenfasst, nicht das Ziel deines Projekts (z.B. »Drücken mehrerer Schalter erzeugt Kurzschluss« und nicht »Hilfe zu Bedientafel für Raumschiff«).
- Verwende niemals, wirklich niemals Phrasen wie BITTE LESEN oder DRINGEND!

Denk dran, dass die Anzahl der Antworten, die du erhältst, und wie schnell du sie bekommst, davon abhängt, wie gut du deine Frage formulierst.

Deine Chancen steigen, wenn du Folgendes unter allen Umständen vermeidest (diese Regeln gelten für jedes Online-Forum, nicht nur für die von Arduino):

- Eingabe deiner vollständigen Nachricht in GROSSBUCHSTABEN. Das ärgert Leute ungemein, und das ist so, als würde man mit der Tätowierung »Anfänger« auf der Stirn herumlaufen (in Online-Communitys wird die Verwendung von Großbuchstaben als »Geschrei« betrachtet).
- Posten derselben Nachricht an verschiedenen Stellen des Forums
- *Bumpen* deiner Nachricht durch Folgekommentare mit der Frage: »Hey, warum antwortet niemand?«, oder, noch schlimmer, einfach nur das Wort »Bump« posten. Wenn du keine Antwort erhalten hast, schau dir deinen Beitrag an. War der Betreff klar? Hast du eine gut formulierte Beschreibung deines Problems geliefert? Warst du freundlich? Sei immer freundlich.
- Schreiben von Mitteilungen wie: »Ich will ein Space Shuttle bauen und dabei Arduino verwenden. Wie mache ich das?« Das bedeutet, dass du Leute deine Arbeit für dich machen lassen willst – diese Vorgehensweise findet ein echter Tüftler nicht lustig. Es ist besser, zu erklären, was du bauen möchtest, daraufhin eine bestimmte Frage zu einem Teil des Projekts zu stellen und dann zu schauen, wo das hinführt. Ergänzend zu hilfreichen Antworten bekommst du möglicherweise auch nützliche Anregungen für dein Projekt im Ganzen.
- Eine Variation des vorhergehenden Punktes ist, wenn aus der Frage deutlich hervorgeht, dass der Verfasser der Mitteilung für die Arbeit bezahlt wird. Wenn du bestimmte Fragen stellst, helfen Leute gern, aber wenn du sie bittest, all deine Arbeit zu übernehmen (und du das Geld nicht teilst), dann wird die Reaktion wahrscheinlich weniger nett ausfallen.
- Posten von Mitteilungen, die verdächtig nach Schularbeiten aussehen und das Forum bitten, deine Hausaufgaben zu erledigen. Lehrer wie wir stromern durch die Foren und geben solchen Schülern eine virtuelle Backpfeife. Regelmäßige Forenbesucher erspähen diese auch mit Leichtigkeit.

Anhang A: Die Steckplatine

Der Prozess, eine Schaltung zum Laufen zu bringen, könnte viele Veränderungen erfordern, bis sie korrekt funktioniert. Wenn du den Vorgang wiederholst, fallen dir sicher Ideen ein, wie du den Entwurf optimieren könntest, um das Verhalten der Schaltung zu verbessern, sodass sie zuverlässiger wird bzw. weniger Teile erfordert. Der Entwurf entwickelt sich in deinen Händen, während du verschiedene Kombinationen ausprobierst: Das entspricht in etwa einem elektronischen Äquivalent zum Sketching.

Du wünschst dir im Idealfall einen Weg, Schaltungen so zu bauen, dass die Verbindungen zwischen den Komponenten schnell und einfach auszutauschen sind. Während Löten gut für die Herstellung zuverlässiger, permanenter Schaltungen ist, hättest du gern etwas, das schneller geht.

Die Antwort auf dieses Problem ist eine sehr praktische Einrichtung namens *Lötfreie Steckplatine*. Wie du in Abb. A–1 siehst, ist es ein kleines Kunststoffbrett voller Löcher, die jeweils einen gefederten Kontakt enthalten. Du kannst einen Draht oder das Bein einer Komponente in eines der Löcher drücken, und die Feder hält die Komponente oder den Draht fest. Und – noch wichtiger – die Feder ist mit benachbarten Federn verbunden, wodurch sie eine elektrische Verbindung zu bestimmten anderen Löchern herstellt.

Im mittleren Bereich (die Zeilen mit den Bezeichnungen a–j) verlaufen die Federn vertikal, sodass jede in diesen Löchern platzierte Komponente sofort mit allen anderen Komponenten in der gleichen vertikalen Spalte von Löchern verbunden ist.

Manche lötfreien Steckplatinen haben zusätzliche Zeilen: zwei oben und zwei unten, häufig durch rote und blaue Streifen und manchmal mit + und - gekennzeichnet. Diese Zeilen sind horizontal verbunden und sind für jegliche elektrische Signale vorgesehen, die häufig verwendet werden. Diese Zeilen sind perfekt für 5 V oder Masse – die häufigsten Verbindungen in den Projekten dieses Buches – und in fast jedem elektronischen Projekt. Diese Reihen werden oft als Schienen oder Busse bezeichnet.

Wenn du die rote Zeile (oder jene mit dem + gekennzeichnete) mit den 5 V auf deinem Arduino verbindest und die blaue (oder mit - markierte) Zeile mit Masse/GND auf deinem Arduino, dann hast du stets 5 V und Masse nahe an jedem Punkt auf der Steckplatine.

Ein gutes Beispiel dieser Schienen findet sich in Kapitel 6.

Auf manchen Steckplatinen gehen diese Schienen nicht über die ganze Länge, sondern sind in der Mitte unterbrochen. Manchmal wird das durch eine Unterbrechung im roten oder blauen Streifen, manchmal auch durch eine Lücke zwischen Pins angezeigt, die etwas größer als gewöhnlich ist. Da man das leicht vergisst, lassen manche Leute permanent einen Schaltdraht zum Überbrücken dieser Unterbrechung in jeder Zeile.

Manche Komponenten, wie Widerstände, Kondensatoren und LEDs, haben lange, flexible Beine, die sich zum Erreichen verschiedener Löcher biegen lassen.

Andere Komponenten hingegen, wie Chips, haben Beine (Technikfreaks als *Pins* bekannt), die sich nicht bewegen lassen. Diese Pins haben fast immer einen Abstand von 2,54 mm, weshalb die Löcher der lötfreien Steckplatine den gleichen Abstand verwenden.

Die meisten Chips haben zwei Zeilen mit Pins – wenn die Spalten der Steckplatinen über die ganze Länge verbunden wären, dann wären die Pins auf einer Seite des Chips mit den Pins auf der anderen Seite (über die Steckplatine) verbunden. Das ist der Grund für die Lücke in der Mitte, die jede vertikale Reihe von Löchern unterbricht. Wenn du einen Chip so platzierst, dass er die Lücke überbrückt, dann sind die Pins auf der einen Seite nicht mit den Pins auf der anderen Seite verbunden. Schlau, oder?

Bei manchen Steckplatinen werden die Zeilen mit Buchstaben markiert, und Zahlen kennzeichnen die Spalten. Wir gehen nicht weiter darauf ein, da nicht alle Steckplatinen gleich sind. Wenn wir von Pin-Nummer sprechen, meinen wir damit stets den Arduino-Pin, nicht irgendetwas auf der Steckplatine.

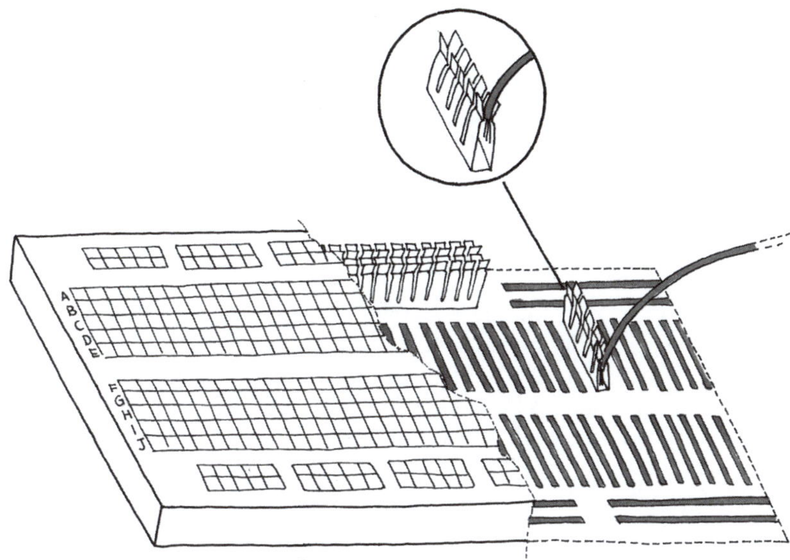

Abb. A–1 Die lötfreie Steckplatine

Anhang B: Widerstände und Kondensatoren verstehen

Um elektronische Teile zu verwenden, muss man sie identifizieren können – für einen Anfänger kann das eine schwierige Aufgabe darstellen. Die meisten Widerstände, die du in einem Laden vorfindest, haben ein zylinderförmiges Gehäuse mit zwei herausstehenden Beinen sowie spezielle Farbringe. Als die ersten kommerziellen Widerstände produziert wurden, gab es keine Möglichkeit, hinreichend kleine Zahlen auf ihr Gehäuse zu drucken, sodass clevere Designer entschieden, dass sie die Werte einfach mit farbigen Streifen repräsentieren könnten.

Die Anfänger von heute müssen herausfinden, wie diese Zeichen zu interpretieren sind. Der Schlüssel ist recht einfach: Im Allgemeinen gibt es vier Streifen, und jede Farbe repräsentiert eine Zahl. Einer der Ringe ist normalerweise goldfarben; dieser repräsentiert die Toleranz des Widerstands. Um die Streifen der Reihenfolge nach zu lesen, halte den Widerstand so, dass der goldene (oder in manchen Fällen silberne) Streifen rechts ist. Dann lies die Farbangabe und gleiche sie mit den entsprechenden Zahlen ab. In der folgenden Tabelle findest du eine Übersetzung der Farben in ihre numerischen Werte.

Farbe	Wert
Schwarz	0
Braun	1
Rot	2
Orange	3
Gelb	4
Grün	5
Blau	6
Violett	7
Grau	8
Weiß	9
Silber	10 %
Gold	5 %

So bedeuten z.B. braune, schwarze, orange und goldene Markierungen 1 0 3 ± 5 %. Ganz einfach, oder? Nicht ganz, denn es gibt einen Haken: Der dritte Ring repräsentiert eigentlich die Anzahl der Nullen im Wert. Daher ist 1 0 3 eigentlich 1 0, gefolgt von drei Nullen, sodass das Endergebnis 10.000 Ω ±5 % lautet.

Elektronikfreaks neigen dazu, Werte zu kürzen, indem sie sie in Kiloohm (für Tausende Ohm) und Megaohm (für Millionen Ohm) ausdrücken, sodass ein 10.000-Ohm-Widerstand normalerweise als 10 kΩ angegeben wird, während 10.000.000 zu 10 MΩ werden. Da Ingenieure es lieben, alles zu optimieren, findest du auf manchen Schaltplänen Werte, die als 4k7 angegeben werden, was für 4,7 kΩ oder 4700 Ohm steht.

Manchmal stößt man auf Widerstände mit einer höheren Präzision von 1 oder 2 %. Diese Widerstände weisen einen fünften Ring auf, damit sich der Wert präziser angeben lässt. Es ist derselbe Code, aber die ersten drei Ringe repräsentieren den Wert, der vierte Ring steht für die Anzahl der Nullen nach dem Wert. Der fünfte Ring kennzeichnet die Toleranz: rot für 2 % und braun für 1 %. Das 10-Kiloohm-Beispiel (braun, schwarz, orange und gold) wäre demnach für einen 1 %-Widerstand braun, schwarz, schwarz, rot und braun.

Bei Kondensatoren ist es etwas einfacher: Die tonnenförmigen Kondensatoren (Elektrolytkondensatoren) tragen ihren Wert in der Regel aufgedruckt. Der Wert eines Kondensators wird in Farad (F) gemessen, aber die meisten Kondensatoren, denen du begegnest, werden in Mikrofarad (µF) gemessen. Wenn du also einen Kondensator mit der Beschriftung 100 µF siehst, dann ist das ein 100-Mikrofarad-Kondensator.

Viele der scheibenförmigen Kondensatoren (Keramikscheibenkondensatoren) führen ihre Einheiten nicht auf und verwenden einen aus drei Ziffern bestehenden numerischen Code, der die Anzahl der Pikofarad (pF) angibt. Ein µF entspricht 1.000.000 pF. Ähnlich den Widerstandscodes verwendest du die dritte Zahl zum Bestimmen der Anzahl der Nullen, die nach den ersten zwei Ziffern stehen, aber mit einem Unterschied: Wenn du 0–5 siehst, dann zeigt das die Anzahl der Nullen an. 6 und 7 werden nicht verwendet, und 8 und 9 werden anders gehandhabt.

Wenn du 8 siehst, multipliziere die Zahl, die die ersten beiden Ziffern bilden, mit 0,01; wenn du 9 siehst, multipliziere mit 0,1.

Somit hätte ein Kondensator mit der Kennzeichnung 104 100.000 pF oder 0,1 µF. Ein Kondensator mit der Kennzeichnung 229 hätte 2,2 pF.

Zur Erinnerung sind hier die üblicherweise in der Elektronik verwendeten Multiplikatoren.

Multiplikator	**Wert**	**Beispiel**
M (mega)	106 = 1.000.000	1.200.000 Ω = 1,2 MΩ
k (kilo)	103 = 1000	470.000 Ω = 470 kΩ
m (milli)	10-3 = 0,001	0,01 A = 10 mA
µ (mikro)	10-6 = 0,000001	4700 µA = 4,7 mA
n (nano)	10-9	10.000 nF = 10 µF
p (pico)	10-12	1.000.000 pF = 1 µF

Anhang C: Arduino-Kurzübersicht

Hier ist eine schnelle Erläuterung aller Standardanweisungen, die von der Arduino-Sprache unterstützt werden.

Für nähere Details schau dir die deutschsprachige Seite der Arduino-Sprachreferenz an (*https://www.arduino.cc/reference/de/*).

Struktur

Ein Arduino-Sketch läuft in zwei Teilen ab:

```
void setup()
```

Hier richtest du Dinge ein, die einmal ausgeführt werden müssen, bevor die Schleife anläuft, und die danach nicht mehr benötigt werden.

```
void loop()
```

Die Schleife beinhaltet den Hauptcode deines Sketches. Sie enthält eine Reihe von Anweisungen, die immer wieder wiederholt werden, bis das Board abgeschaltet wird.

Besondere Symbole

Arduino umfasst eine Reihe von Symbolen zum Darstellen von Codezeilen, Kommentaren und Codeblöcken.

; (Semikolon)
Jede Anweisung (Codezeile) wird von einem Semikolon beendet. Diese Syntax lässt dich den Code frei formatieren. Du könntest sogar zwei Anweisungen in eine Zeile stecken, solange du sie durch ein Semikolon trennst. (Damit wäre allerdings der Code schwerer zu lesen.)

Beispiel:

```
delay(100);
```

{} (geschweifte Klammern)
Diese werden zum Markieren von Codeblöcken verwendet. Wenn du beispielsweise Code für die `loop()`-Funktion schreibst, dann musst du vor und nach dem Code eine geschweifte Klammer setzen.

Beispiel:

```
void loop() {
Serial.println("ciao");
}
```

Kommentare
Dies sind Textteile, die vom Arduino-Mikrocontroller ignoriert werden, die jedoch als Erläuterungen, was ein Teil des Codes tut, sowohl für andere als auch für dich selbst äußerst hilfreich sind. In Arduino gibt es zwei Stile von Bemerkungen:

```
// einzeilig: dieser Text wird bis zum Ende der Zeile ignoriert
/* mehrzeilig:
   hier kannst du
   ein ganzes Gedicht schreiben
*/
```

Konstanten

Arduino beinhaltet einen Satz vordefinierter Stichwörter mit bestimmten Werten.

`HIGH` und `LOW` werden zum Beispiel verwendet, wenn du einen Arduino-Pin ein- oder ausschalten möchtest. `INPUT` und `OUTPUT` werden zum Einstellen eines bestimmten Pins als Eingang oder Ausgang verwendet.

`true` und `false` werden verwendet, um zu prüfen, ob eine Bedingung oder ein Ausdruck wahr oder falsch ist. Sie werden hauptsächlich mit *Vergleichsoperatoren* verwendet.

Variablen

Variablen sind benannte Bereiche des Arduino-Speichers, in denen du Daten speichern kannst. Dein Sketch kann diese Daten verwenden und abändern, indem er über den Namen der Variable auf sie zugreift. Wie das Wort *Variable* vermuten lässt, können Variablen beliebig oft verändert werden.

Da der Arduino ein sehr simpler Mikrocontroller ist, musst du beim Angeben einer Variablen ihren Typ spezifizieren. Das bedeutet, dass du dem Mikrocontroller die Größe des Wertes nennen musst, den du speichern möchtest.

Im Folgenden sind die verfügbaren *Datentypen* aufgelistet.

boolsche
Kann einen von zwei Werten haben: `wahr` oder `falsch`.

char
Enthält ein einzelnes Zeichen, wie den Buchstaben *A*. Wie jeder Computer speichert Arduino ihn als eine Zahl, auch wenn du Text siehst. Wenn chars zum Speichern von Zahlen verwendet werden, können sie Werte von –128 bis 127 enthalten. Ein char belegt 1 Byte des Speichers.

Es gibt zwei wesentliche Zeichensätze, die für Computersysteme zur Verfügung stehen: ASCII und UNICODE. ASCII ist ein aus 127 Zeichen bestehender Satz, der unter anderem für die Übermittlung von Text zwischen seriellen Terminals und parallel arbeitenden Computersystemen wie Mainframes und Minicomputer verwendet wurde. UNICODE ist ein wesentlich größerer Zeichensatz, der von modernen Betriebssystemen zur Darstellung von Zeichen in einer großen Auswahl an Sprachen verwendet wird. ASCII ist immer noch für den Austausch kurzer Informationen in Sprachen wie beispielsweise Italienisch oder Englisch nützlich, die lateinische Zeichen, arabische Zahlen sowie gewöhnliche Schreibmaschinensymbole für die Zeichensetzung und dergleichen verwenden.

byte
Enthält eine Zahl zwischen 0 und 255. Wie ein char verwendet auch ein Byte nur 1 Byte des Speichers. Im Gegensatz zu chars kann ein Byte nur positive Zahlen speichern.

int
Verwendet 2 Bytes des Speichers zum Darstellen einer Zahl zwischen -32.768 und 32.767. Die `int` ist der in Arduino am häufigsten verwendete Datentyp. Wenn du dir nicht sicher bist, welchen Datentyp du verwenden solltest, probiere eine int.

unsigned int
Wie bei der int werden 2 Bytes des Speichers verwendet, aber das Präfix »unsigned« bedeutet, dass sie keine negativen Zahlen speichern kann, sodass der Bereich von 0 bis 65.535 reicht.

long
Diese ist zweimal so groß wie eine int und enthält Zahlen zwischen -2.147.483.648 und 2.147.483.647.

unsigned long
Die »unsigned«-Version von long; diese geht von 0 bis 4.294.967.295.

float
Diese ist ziemlich groß und kann Fließkommawerte enthalten – eine Wortschöpfung, die bedeutet, dass man float zum Speichern von Zahlen mit einem Dezimalzeichen verwenden kann. Ein float nimmt 4 Bytes unseres kostbaren RAM in Anspruch, und die Funktionen, die sie handhaben können, benötigen ebenfalls eine Menge Codespeicher. Nutze float daher nur, wenn es unbedingt sein muss.

double
Doppelt präzise Fließkommazahl, mit einem Höchstwert von 1,7976931348623157 x 10^{308}. Wow, das ist riesig!

Zeichenfolge

Ein Satz von ASCII-Zeichen, die zum Speichern textlicher Informationen verwendet werden (du könntest eine Zeichenfolge zum Versenden einer Nachricht über einen seriellen Port oder zur Anzeige auf einem LCD-Display verwenden). Zum Speichern verwenden sie 1 Byte für jedes Zeichen in der Zeichenfolge, plus ein Nullzeichen (1 Byte) am Schluss, um Arduino zu sagen, dass hier das Ende der Zeichenfolge ist. Die folgenden sind äquivalent:

```
char string1[] = "Arduino"; // 7 chars + 1 null char
char string2[8] = "Arduino"; // Wie oben
```

array

Eine Liste von Variablen, auf die über ein Stichwortverzeichnis zugegriffen werden kann. Sie werden zum Aufbau von Wertetabellen verwendet, die leicht zugänglich sind. Wenn du zum Beispiel verschiedene Helligkeitsgrade für das Dimmen einer LED speichern möchtest, könntest du sechs Variablen mit den Namen `light01`, `light02` und so weiter erstellen. Noch besser wäre ein einfaches Array wie dieses:

```
int light[6] = {0, 20, 50, 75, 100};
```

Das Wort »*array*« wird in der Variablenerklärung eigentlich nicht verwendet: Die Symbole [] und {} erledigen die Aufgabe.

Arrays sind ideal, wenn man eine bestimmte Sache auf mehreren Datenteilen anwenden will. Alles, was zu tun ist, musst du nur einmal schreiben und es dann für jede Variable im Array ausführen, indem du einfach nur den Index abänderst – zum Beispiel indem du eine `for`-Schleife einsetzt.

Anwendungsbereich der Variablen

Variablen in Arduino haben einen Anwendungsbereich namens *scope*. Variablen können lokal oder global sein, je nachdem, wo sie deklariert werden.

Eine globale Variable ist eine, die von jeder Funktion in einem Programm gesehen (und verwendet) werden kann. Lokale Variablen sind nur für die Funktion sichtbar, in der sie deklariert werden.

Wenn Programme anfangen, länger und komplexer zu werden, sind lokale Variablen eine nützliche Art und Weise, sicherzustellen, dass jede Funktion Zugang zu ihren eigenen Variablen hat. Das vermeidet Programmfehler, wenn eine Funktion versehentlich von einer anderen Funktion genutzte Variablen modifiziert. Variablen, die von mehreren Funktionen verwendet werden müssen, können global sein.

In der Arduino-Umgebung ist jede außerhalb einer Funktion deklarierte Variable (z.B. `setup()`, `loop()` oder deine eigenen Funktionen) global verfügbar. Jede innerhalb einer Funktion deklarierte Variable ist nur innerhalb jener Funktion lokal (und zugänglich).

Es ist zudem manchmal praktisch, eine Variable innerhalb einer `for`-Schleife zu deklarieren und zu initialisieren. Das erzeugt eine Variable, die nur innerhalb der `for`-Schleifenklammern zugänglich ist. Tatsächlich ist bei jeder Deklaration einer Variablen innerhalb *geschweifter Klammern* diese nur innerhalb dieses Codeblocks lokal.

Leitstrukturen

Arduino schließt Schlüsselwörter zum Steuern des logischen Ablaufs deines Sketches ein.

if...else

Diese Struktur trifft die Entscheidungen in deinem Programm. Auf `if` muss eine Frage folgen, die als Ausdruck in Klammern enthalten ist. Wenn der Ausdruck wahr ist, dann wird alles Folgende ausgeführt. Wenn er falsch ist, dann wird der Codeblock nach else ausgeführt. Der else-Abschnitt ist optional.

Beispiel:

```
if (val == 1) {
  digitalWrite(LED,HIGH);
}
```

for

Lässt dich einen Codeblock eine bestimmte Anzahl von Malen wiederholen.

Beispiel:

```
for (int i = 0; i < 10; i++) {
    Serial.print("ciao");
}
```

switch case

Die `if`-Aussage ist für dein Programm wie eine Weggabelung. *switch case* ist wie ein riesiger Kreisverkehr. Es lässt dein Programm eine Vielfalt von Richtungen einschlagen, abhängig vom Wert einer Variablen. Es trägt dazu bei, deinen Code ordentlich zu halten, indem es eine lange Liste von `if`-Aussagen ersetzt.

Es ist wichtig, an die `break`-Aussage am Ende jedes `case` zu denken, denn sonst wird Arduino die Anweisungen der folgenden Fälle ausführen, bis ein `break` oder das Ende des *switch case* erreicht wird.

Beispiel:

```
switch (sensorValue) {
    case 23:
      digitalWrite(13,HIGH);
      break;
    case 46:
      digitalWrite(12,HIGH);
      break;
    default: // if nothing matches this is executed
      digitalWrite(12,LOW);
      digitalWrite(13,LOW);
}
```

while

Ähnlich wie `if` führt dieses einen Codeblock aus, wenn eine bestimmte Bedingung wahr ist. Allerdings führt `if` den Block nur einmal aus, während `while` den Block so lange ausführt, wie die Bedingung wahr ist.

Beispiel:

```
// blink LED while sensor is below 512
sensorValue = analogRead(1);
while (sensorValue < 512) {
   digitalWrite(13,HIGH);
   delay(100); digitalWrite(13,HIGH);
   delay(100);
   sensorValue = analogRead(1);
}
```

do…while

Genau wie `while`, nur dass der Code ausgeführt wird, bevor die Bedingung ausgewertet ist. Diese Struktur wird verwendet, wenn du den Code in deinem Block mindestens einmal ablaufen lassen möchtest, bevor du die Bedingung prüfst.

Beispiel:

```
do { digitalWrite(13,HIGH);
  delay(100);
  digitalWrite(13,HIGH);
  delay(100);
  sensorValue = analogRead(1);
} while (sensorValue < 512);
```

break

Dieser Begriff lässt dich aus einer `while`- oder `for`-Schleife ausbrechen, auch wenn die loop-Bedingung sagt, weiter Schleifen zu drehen. Er wird auch verwendet, um die unterschiedlichen Abschnitte einer *switch case*-Aussage zu trennen.

Beispiel:

```
// blink LED while sensor is below 512
do {
  // Leaves the loop if a button is pressed
  if (digitalRead(7) == HIGH)
      break;
  digitalWrite(13,HIGH);
  delay(100);
  digitalWrite(13,LOW);
  delay(100);
  sensorValue = analogRead(1);
} while (sensorValue < 512);
```

continue
Bei Verwendung innerhalb einer Schleife lässt `continue` dich den Rest des in ihr enthaltenen Codes überspringen und erzwingt, dass die Bedingung erneut geprüft wird.

Beispiel:

```
for (light = 0; light < 255; light++)
{
   // skip intensities between 140 and 200
   if ((x > 140) && (x < 200))
     continue;
   analogWrite(PWMpin, light);
   delay(10);
}
```

`continue` ist ähnlich wie `break`, aber `break` verlässt die Schleife, während `continue` mit der nächsten Wiederholung der Schleife fortfährt.

return
Stoppt den Ablauf einer Funktion und kehrt zurück zu dem, was die Funktion aufrief. Du kannst dies auch zur Rückkehr zu einem Wert von innerhalb einer Funktion verwenden.

Wenn du zum Beispiel eine Funktion namens `computeTemperature()` hast und du möchtest das Ergebnis als Teil deines Codes, der die Funktion aufrief, wiedergeben, dann würdest du etwas in der folgenden Art schreiben:

```
int computeTemperature() {
    int temperature = 0;
    temperature = (analogRead(0) + 45) / 100;
    return temperature;
}
```

Arithmetik und Formeln

Du kannst Arduino verwenden, um komplexe Kalkulationen mittels einer speziellen Syntax auszuführen. + und – funktionieren genau so, wie du es in der Schule gelernt hast; die Multiplikation wird durch ein * dargestellt, eine Division mit einem /.

Es gibt einen weiteren Operator namens *modulo* (%), der den Rest einer ganzzahligen Division wiedergibt.

Genau wie du in Algebra gelernt hast, kannst du so viele Arten von Klammern verwenden, wie du willst, um Ausdrücke auf korrekte Weise zu gruppieren. Im Gegensatz zu dem, was du in der Schule gelernt haben magst, werden eckige Klammern und geschweifte Klammern nicht für arithmetische Formeln verwendet, da sie für andere Zwecke reserviert sind (Array-Indizes beziehungsweise Blöcke).

Beispiel:

```
a = 2 + 2;
light = ((12 * sensorValue) - 5 ) / 2;
Rest = 7 % 2; // gibt 1 wieder
```

Vergleichsoperatoren

Wenn du Bedingungen oder Prüfungen für `if`-, `while`- und `for`-Aussagen bestimmst, dann kannst du die folgenden Operatoren verwenden:

==	Ist gleich
!=	Ist ungleich
<	Kleiner als
>	Größer als
<=	Kleiner als oder ist gleich
>=	Größer als oder ist gleich

Wenn du auf Gleichheit prüfst, achte unbedingt darauf, den Vergleichsoperator `==` und nicht den Zuweisungsoperators `=` zu verwenden, dein Programm wird sonst nicht wie von dir erwartet ablaufen.

Boole'sche Operatoren

Diese werden verwendet, wenn du mehrere Bedingungen kombinieren möchtest. Wenn du zum Beispiel prüfen möchtest, ob der von einem Sensor kommende Wert zwischen 5 und 10 liegt, würdest du Folgendes schreiben:

```
if ( (sensor => 5) && (sensor <=10) )
```

Es gibt drei Boole'sche Operatoren: *and* (und), repräsentiert durch `&&`, or (oder), repräsentiert durch `||`, und schließlich *not* (nicht), repräsentiert durch `!`.

Verbundoperatoren

Dies sind spezielle Operatoren, die verwendet werden, um für manche gängigen Operationen, wie beispielsweise einen Wert erhöhen, Code präziser zu machen.

Beispielsweise würdest du zum Erhöhen von `value` um 1 schreiben:

```
value = value +1;
```

Verwendest du jedoch einen Verbundoperator, wird das zu:

```
value++;
```

Es ist völlig in Ordnung, diese Verbundoperatoren nicht zu verwenden, aber sie kommen so häufig vor, dass du es als Anfänger schwer haben wirst, aus Beispielen zu lernen, wenn du diese Operatoren nicht verstehst.

Erhöhen und verringern (– – und ++)

Diese Operatoren erhöhen oder verringern einen Wert um 1. Sei vorsichtig, sie funktionieren sowohl vor als auch hinter einer Variablen, aber mit einem winzigen Unterschied: Wenn du `i++` schreibst, erhöht das zunächst `i` um 1 und bewertet dann das Äquivalent von `i + 1`, während ++1 zuerst den Wert von `i` bewertet und dann `i` erhöht. Dasselbe gilt für —.

```
+= , –=, *= und /=
```

Ähnlich wie ++ und —, aber diese erlauben dir das Erhöhen und Verringern um Werte außer 1, und sie erlauben auch die Multiplikation und Division. Die folgenden zwei Ausdrücke sind äquivalent:

```
a = a + 5;
a += 5;
```

Eingabe- und Ausgabefunktionen

Eine der Hauptaufgaben von Arduino ist die Eingabe von Informationen von Sensoren und die Ausgabe von Werten an Aktoren. Du hast bereits einige von diesen in den Beispielprogrammen im Buch gesehen.

pinMode(pin, mode)
(Re-)Konfiguriere einen digitalen Pin so, dass er entweder als Eingang oder als Ausgang agiert.

Beispiel:

```
pinMode(7,INPUT); // turns pin 7 into an input
```

Das Versäumnis, Pins mittels `pinMode()` als Ausgänge einzurichten, ist häufig die Ursache für fehlerhafte oder nicht funktionierende Ausgaben.

Obwohl `pinMode()` normalerweise in `setup()` verwendet wird, kann es auch in einer Schleife eingesetzt werden, wenn du das Verhalten des Pins ändern musst.

(Wenn ein Funktionsname in Textform verwendet wird, wird er häufig mit leeren Klammern am Ende geschrieben, um anzuzeigen, dass eine Funktion besprochen wird.)

digitalWrite(pin, value)
Schaltet einen digitalen Pin entweder auf HIGH oder LOW. Pins müssen ausdrücklich mittels `pinMode()` in einen Ausgang umgewandelt werden, bevor `digitalWrite()` die erwartete Wirkung zeigt.

Beispiel:

```
digitalWrite(8,HIGH); // sets digital pin 8 to 5V
```

Beachte, dass HIGH oder LOW in der Regel ein beziehungsweise aus entsprechen, aber das hängt davon ab, wie der Pin genutzt wird. So schaltet sich zum Beispiel eine zwischen 5 V und einem Pin angeschlossene LED ein, wenn der Pin LOW ist, und aus, wenn der Pin HIGH ist.

int digitalRead(pin)
Liest den Status eines Eingangs-Pins und gibt HIGH wieder, wenn der Pin eine Spannung erkennt, oder LOW, wenn keine Spannung anliegt.

Beispiel:

```
val = digitalRead(7); // reads pin 7 into val
```

int analogRead(pin)
Liest die an einem analogen Eingangs-Pin anliegende Spannung und gibt eine Zahl zwischen 0 und 1023 wieder, die Spannungen zwischen 0 und 5V repräsentiert.

Beispiel:

```
val = analogRead(0); // reads analog input 0 into val
```

analogWrite(pin, value)
Ändert die PWM-Rate an einem der PWM-Pins. `pin` kann nur ein Pin sein, der PWM unterstützt, d.h. Pins 3, 5, 6, 9, 10 oder 11 auf dem Arduino Uno (andere Arduino-Boards unterstützen möglicherweise PWM auf anderen Pins). `value` (Wert) muss eine Zahl zwischen 0 und 255 sein. Du kannst dir `value` zur Repräsentation der durchschnittlichen Leistungsmenge vorstellen, die Arduino liefert, wobei ein `value` von Null vollständig aus entspricht, ein `value` von 255 vollständig ein.

Beispiel:

```
analogWrite(9,128); // Dim an LED on pin 9 to 50%
```

Ein `value` von 0 stellt die Ausgabe vollständig auf LOW, ein `value` von 255 vollständig auf HIGH.

shiftOut(dataPin, clockPin, bitOrder, value)
Sendet Daten an ein *shift register* (Schieberegister), eine Einrichtung zum Expandieren der Anzahl digitaler Ausgänge. Dieses Protokoll verwendet einen Pin für Daten und einen für die Uhr. `bitOrder` gibt die Reihenfolge von Bytes an (geringstwertiges bzw. höchstwertiges) und `value` steht für die tatsächlich zu versendenden Daten.

Beispiel:

```
shiftOut(dataPin, clockPin, LSBFIRST, 255);
```

unsigned long pulseIn(pin, value)
Misst die Dauer eines Pulses, der auf einem der digitalen Eingänge ankommt. Das ist zum Beispiel hilfreich, um manche Infrarotsensoren oder Beschleunigungsmesser abzulesen, die ihren Wert als Pulse wechselnder Dauer ausgeben.

Beispiel:

```
time = pulsein(7,HIGH); // measures the time the next
                        // pulse stays high
```

Zeit-Funktionen

Arduino beinhaltet Funktionen zum Messen abgelaufener Zeit und auch zum Pausieren des Sketches.

unsigned long millis()
Gibt die Anzahl von Millisekunden wieder, die seit Beginn des Sketches vergangen sind.

Beispiel:

```
duration = millis()-lastTime; // computes time elapsed
                              // since "lastTime"
```

delay(ms)
Pausiert das Programm für die angegebene Anzahl an Millisekunden.

Beispiel:

```
delay(500); // stops the program for half a second
```

delayMicroseconds(µs)
Pausiert das Programm für die angegebene Anzahl an Mikrosekunden.

Beispiel:

```
delayMicroseconds(1000); // waits for 1 millisecond
```

Mathematische Funktionen

Arduino schließt viele grundlegende mathematische und trigonometrische Funktionen ein:

min(x, y)
Gibt den kleineren Wert von x und y an.

Beispiel:

```
val = min(10,20); // val is now 10
```

max(x, y)
Gibt den größeren Wert von x und y an.

Beispiel:

```
val = max(10,20); // val is now 20
```

abs(x)
Gibt den absoluten Wert von x an, was negative Zahlen in positive umwandelt. Wenn x gleich 5 ist, wird 5 wiedergegeben, aber wenn x gleich –5 ist, wird ebenfalls 5 wiedergegeben.

Beispiel:

```
val = abs(-5); // val is now 5
```

constrain(x, a, b)
Gibt den Wert von x wieder, eingegrenzt zwischen a und b. Wenn x kleiner ist als a, wird nur a wiedergegeben, und wenn x größer ist als b, wird nur b wiedergegeben.

Beispiel:

```
val = constrain(analogRead(0), 0, 255); // reject values bigger than 255
```

map(value, fromLow, fromHigh, toLow, toHigh)
Ordnet einen Wert in einem Bereich fromLow und maxLow dem Bereich toLow und toHigh zu. Sehr nützlich zum Verarbeiten von Werten analoger Sensoren.

Beispiel:

```
val = map(analogRead(0),0,1023,100, 200); // maps the value of
                                          // analog 0 to a value
                                          // between 100 and 200
```

double pow(base, exponent)
Gibt das Ergebnis des Erhöhens einer Zahl (`base`, Basis) um einen Wert (`exponent`, Exponent) wieder.

Beispiel:

```
double x = pow(y, 32); // sets x to y raised to the 32nd power
```

double sqrt(x)
Gibt die Quadratwurzel einer Zahl wieder.

Beispiel:

```
double a = sqrt(1138); // approximately 33.73425674438
```

double sin(rad)
Gibt den Sinus eines in Radiant angegebenen Winkels wieder.

Beispiel:

```
double sine = sin(2); // approximately 0.90929737091
```

double cos(rad)
Gibt den Kosinus eines in Radiant angegebenen Winkels wieder.

Beispiel:

```
double cosine = cos(2); // approximately -0.41614685058
```

double tan(rad)
Gibt den Tangens eines in Radiant angegebenen Winkels wieder.

Beispiel:

```
double tangent = tan(2); // approximately -2.18503975868
```

Zufallszahlen-Funktionen

Wenn du Zufallszahlen generieren musst, dann kannst du Arduinos Pseudo-Zufallszahlengenerator verwenden. Zufallszahlen sind nützlich, wenn sich dein Projekt bei jedem Gebrauch anders verhalten soll.

randomSeed(seed)
Setzt den Arduino-Pseudo-Zufallszahlengenerator zurück. Obwohl die Verteilung der von `random()` wiedergegebenen Zahlen im Wesentlichen zufällig ist, ist der Verlauf vorhersehbar. Daher solltest du den Generator auf einen beliebigen Wert zurücksetzen. Ein guter Anfang ist ein von einem nicht angeschlossenen analogen Pin abgelesener Wert, da ein nicht angeschlossener Pin Zufallsrauschen aus der Umgebung aufnimmt (Funkwellen, kosmische Strahlen, elektromagnetische Interferenzen von Mobiltelefonen und Fluoreszenzlicht usw.) und somit unvorhersehbar wird.

Beispiel:

```
randomSeed(analogRead(5)); // randomize using noise from pin 5
```

long random(max) long random(min, max)
Gibt einen pseudozufälligen langen (`long`) Ganzzahlwert zwischen `min` und `max` – 1 wieder. Wenn min nicht spezifiziert ist, ist die Untergrenze 0.

Beispiel:

```
long randnum = random(0, 100); // a number between 0 and 99
long randnum = random(11);     // a number between 0 and 10
```

Serielle Kommunikation

Wie du in Kapitel 5 gesehen hast, kannst du über den USB-Port mittels eines seriellen Kommunikationsprotokolls mit Geräten kommunizieren. Im Folgenden sind die seriellen Funktionen aufgeführt.

Serial.begin(speed)
Bereitet Arduino auf den Versand und Empfang serieller Daten vor. Du verwendest mit dem seriellen Monitor der Arduino-IDE im Allgemeinen 9600 Baud (Bits pro Sekunde), aber andere Geschwindigkeiten sind verfügbar – in der Regel nicht mehr als 115.200 bps. Die spezifische Baud-

rate ist nicht so wichtig, solange sich beide Seiten einig sind und dieselbe Rate verwenden.

Beispiel:

```
Serial.begin(9600);
```

Serial.print(data) Serial.print(data, encoding)

Sendet einige Daten an den seriellen Port. Die Verschlüsselung ist optional; wenn sie nicht angeboten wird, werden die Daten so weit wie möglich als einfacher Text behandelt.

Beispiele (beachte, dass das abschließende Beispiel `Serial.write` verwendet):

```
Serial.print(75);       // Prints "75"
Serial.print(75, DEC); // The same as above.
Serial.print(75, HEX); // "4B" (75 in hexadecimal)
Serial.print(75, OCT); // "113" (75 in octal)
Serial.print(75, BIN); // "1001011" (75 in binary)
Serial.write(75);       // "K" (the letter K happens
                        // to be 75 in the ASCII set)
```

Serial.println(data) Serial.println(data, encoding)

Dasselbe wie `Serial.print()`, außer dass ein Zeilenumschalter und Zeilenvorschub (*\r\n*) hinzugefügt wird, so als hättest du die Daten eingegeben und dann Return oder Enter (Eingabetaste) gedrückt.

Beispiele:

```
Serial.println(75);       // Prints "75\r\n"
Serial.println(75, DEC); // The same as above.
Serial.println(75, HEX); // "4B\R\N"
Serial.println(75, OCT); // "113\r\n"
Serial.println(75, BIN); // "1001011\r\n"
```

int Serial.available()

Gibt wieder, wie viele ungelesene Bytes am seriellen Port zum Lesen über die Funktion `read()` zur Verfügung stehen. Nachdem du mit `read()` alles Verfügbare gelesen hast, gibt `Serial.available()` 0 wieder, bis neue Daten am seriellen Port eingehen.

Beispiel:

```
int count = Serial.available();
```

int Serial.read()
Holt 1 Byte eingehender serieller Daten ab.

Beispiel:

```
int data = Serial.read();
```

Serial.flush()
Da Daten am seriellen Port schneller ankommen können, als dein Programm sie verarbeiten kann, verwahrt Arduino die ganzen eingehenden Daten in einem Puffer. Wenn du den Puffer leeren musst und mit neuen Daten auffüllen lassen willst, verwende die Funktion `flush()`.

Beispiel:

```
Serial.flush();
```

Die Arduino-Familie

Denkt man an Arduino, fällt einem als erstes Board der Arduino Uno ein, aber im Laufe der Jahre haben wir eine ganze Familie an Boards in verschiedenen Formen und mit unterschiedlichen Funktionen geschaffen. Lass uns die wichtigsten Familienmitglieder und ihre Merkmale anschauen.

Der Arduino Uno ist der zeitlose Klassiker; er ist sehr stabil und ideal zum Lernen und Prototyping. Wir empfehlen ihn nach wie vor für Anfänger und Lernende. Er lässt sich nur schwer beschädigen, und es gibt tonnenweise mit ihm kompatible Shields und Bibliotheken. Die wesentlichen Nachteile sind der eingeschränkte 8-Bit-Prozessor mit sehr wenig RAM sowie die Unfähigkeit, lange Zeit auf Batterie zu laufen.

Gleich nach der Einführung des Uno begannen Leute, Boards mit mehr Eingängen und Ausgängen anzufordern, und so wurde der Arduino Mega geboren. Er wurde sehr beliebt als das »Motherboard« für 3D-Drucker und andere Geräte, bei denen man eine Menge Ein- und Ausgänge und mehr Speicher als beim Uno benötigt.

Wenn Leute im Bereich des Prototyping Fortschritte machen, müssen sie sich häufig verkleinern, und da kommt der Arduino Nano ins Spiel. Der erste Nano wurde entwickelt, um das ursprüngliche Uno-Format in etwas zu »schrumpfen«, das man in eine Steckplatine stecken und zum Bau kleiner, tragbarer Geräte verwenden konnte. Der klassische Nano leidet unter einigen der Einschränkungen des ursprünglichen Uno, weshalb wir für neuere Projekte einen Blick auf den Arduino Nano Every empfehlen. Er wird von einem wesentlich leistungsstärkeren 8-Bit-Prozessor (mit der neuesten Generation von AVR-Prozessoren) mit mehr RAM, Programmspeicher und Rechenleistung betrieben und ist dabei immer noch mit fast dem gesamten 8-Bit-Code kompatibel. Ein weiterer Vorteil des Every ist, dass alle Teile auf der Oberseite der Platine montiert sind, sodass du ihn direkt auf eine andere Platine löten kannst, ohne zusätzliche Stiftleisten einzusetzen. Er ist zudem das billigere Mitglied der Nano-Familie – also eine gute Möglichkeit, mit einem kleinen Budget zu starten.

Die Nano-Familie hat sich vor Kurzem auch im Bereich der 32-Bit-ARM-Prozessoren erweitert: Der Nano 33 IoT bietet einen schnellen ARM-Prozessor, der mit einem WLAN/Bluetooth-Modul gekoppelt ist, mit dem sich leicht gekoppelte Projekte bauen lassen. Der Arduino 33 Nano BLE Sense erfreut sich dank seiner mit Sensoren bepackten, leistungsstarken Bluetooth-Platine großer Beliebtheit bei Leuten, die Algorithmen auf Mikrocontrollern (TinyML) für Künstliche Intelligenz betreiben.

Das Internet der Dinge ist derzeit ein vieldiskutiertes Thema – und um es Makern leichter zu machen, robuste gekoppelte Geräte zu bauen, haben wir die MKR-Familie eingeführt, eine Serie von 32-Bit-ARM-Boards mit derselben Plattform, aber verfügbar mit den derzeit gängigsten Konnektivitätstypen. Sie reichen von WLAN über GSM bis hin zu LoRA und NarrowBand IOT. Diese Boards sind für den Einsatz mit Batterie ausgelegt und bieten neben Softwarebibliotheken ein LiPO-Ladegerät, um die »Low Power«-Modi des Prozessors auszunutzen. Abschließend ist ein eingebauter »Crypto Chip« ein interessantes Feature der MKR-Boards, ein kleiner IC, der die Authentifizierung und Verbindung mit der Cloud sehr zuverlässig macht, um die Sicherheit der Geräte, die die Leute gebaut haben, zu erhöhen.

Als vorerst letzte Familie haben wir die Portenta eingeführt, ausgelegt für berufliche Nutzer, die Projekte auf industriellem Niveau bauen wollen. Das ist das leistungsstärkste Arduino-Board, das es gibt, mit einem Dual-Core-Prozessor, einem Cortex M7 gekoppelt mit einem Cortex M4. (Hinweis: »Cortex« ist der Name, den ARM für die Klasse ihrer Prozessoren verwendet – von Cortex M0 bis Cortex M7. Je höher die Zahl nach dem M, desto höher auch die Komplexität und die technischen Kapazitäten des Prozessors. Diese duale Prozessorarchitektur läuft mit 480 MHz und erlaubt den Betrieb komplexer Software, darunter computerbasiertes Sehen und andere Aufgaben, die eine Menge an Rechenleistung im Verein mit der Robustheit und Energieeffizienz von Mikrocontrollern erfordern. Wenn du Anfänger bist, könnte die Portenta etwas schwer zugänglich sein, aber wenn du vorhast, ein anspruchsvolles Projekt zu bauen, das in einem industriellen Umfeld einsetzbar sein soll, dann wird dir Portenta all die dafür notwendige Leistung geben.

Ein Hinweis zum Schluss: Über 90 % der Hardware, die von Arduino (und seinen Händlern) entwickelt und direkt verkauft wird, werden nach wie vor in Italien mit sehr hohen Standards hinsichtlich Qualität und Zuverlässigkeit hergestellt. Wenn du Arduino unterstützen und ein Produkt haben möchtest, das dich nicht enttäuscht, kauf ein Original. Es ist eh viel cooler, ein Original zu haben.

Arduino-Nachbauten, -Ableitungen, -Kompatible und -Fälschungen

Die soeben beschriebene Familie besteht aus den »offiziellen« Boards, aber aufgrund der Open-Source-Eigenschaft von Arduino gibt es andere Typen von kompatiblen Boards, die sich grob in diese Kategorien unterteilen lassen:

Fälschungen

Obwohl Arduino Open Source ist, ist der Name selbst geschützt und ein Markenzeichen. Wer die Marke »Arduino« auf seinem Produkt platzieren möchte, muss es sich von uns lizenzieren lassen. Leider gibt es jede Menge skrupellose Individuen, die Hardware herstellen, die dazu ausgelegt ist, Leuten vorzugaukeln, sie kaufen ein Originalprodukt. Das ist in der Modewelt sehr verbreitet – dort findest du eine Menge gefälschter Artikel, die sich als Originale ausgeben. Wir investieren viel Zeit und Energie in das

Verfolgen dieser Personen, denn sie schädigen unsere Marke und unseren Ruf. Bitte achte darauf, dass die Produkte, die du kaufst, Originale oder von einer seriösen Firma, wie eine der oben genannten, sind. Das Fälschen einer Marke ist wie Identitätsdiebstahl – es ist nicht cool.

Kompatible
Diese Produkte sind nicht von einem Arduino-Design ausgehend entwickelt worden, verwenden vielleicht Prozessoren, die sich nicht auf den »offiziellen« Boards befinden, aber unterschiedliche Grade der Kompatibilität von Software/Hardware mit Arduino bieten. Die Teensy-Boards von Paul Stoffregen sind zum Beispiel von der Software her mit Arduino kompatibel, verwenden aber einen anderen Prozessortyp. Paul leistet fantastische Arbeit, indem er Arduino unterstützt und mit uns an der Absicherung der Softwarekompatibilität arbeitet, während andere nur auf eine teilweise Kompatibilität abzielen – etwas zu sehr nach dem Motto »Jeder nach seiner Façon«.

Nachbauten
Das sind Boards, die basierend auf den von uns online geteilten Dateien ohne Modifikationen gefertigt werden. Die Hersteller dieser Geräte leisten in der Regel keinen Beitrag für die Community oder Arduino. Eine Menge davon sind No-Name-Produkte unterschiedlicher Qualität. Obwohl viele von ihnen recht billig sind, kommt es häufig vor, dass Boards nicht richtig funktionieren oder mit der Zeit Probleme verursachen. Käufer, aufgepasst: Was du an der Hardware sparst, bezahlst du vielleicht mit deiner Zeit, die du mit dem Beheben von Problemen verbringst.

Ableitungen
Dies sind Geräte, die vom originalen Design eines Arduino-Boards abgeleitet sind, jedoch andere Konfigurationen oder Verbesserungen bieten. Die meisten dieser Ausführungen werden wie die originalen Boards als Open Source vorgestellt. Die Anbieter dieser Geräte leisten in der Regel auf unterschiedliche Art und Weise Beiträge für die Arduino-Community. Beliebte Hersteller von Ableitungen sind unter anderem Adafruit, Sparkfun und Seeed Studio.

Anhang D: Lesen von Schaltplänen

Im Großteil dieses Buches habe ich detaillierte Illustrationen bereitgestellt, die zeigen, wie die Schaltungen zusammengebaut werden. Wie du dir sicher vorstellen kannst, ist es nicht gerade mal so schnell nebenbei erledigt, für jedes Experiment, das du dokumentieren möchtest, solche Zeichnungen zu erstellen.

Ähnliche Probleme tauchen früher oder später in jeder Disziplin auf. In der Musik bspw. musst du, nachdem du ein schönes Lied komponiert hast, die Noten aufschreiben.

Ingenieure – von Haus aus praktisch veranlagte Menschen – haben eine schnelle Möglichkeit entwickelt, das Wesentliche einer Schaltung zu erfassen, um es dokumentieren und später nachbauen oder an jemand anderen weiterleiten zu können.

In der Elektronik erlauben dir *Schaltpläne* (oder *Pläne*), deine Schaltung auf eine Weise zu beschreiben, die vom Rest der Community verstanden wird. Die einzelnen Komponenten werden durch *Schaltplansymbole* repräsentiert: eine abstrakte Darstellung entweder der Form der Komponenten oder ihrer Funktion. Zum Beispiel besteht ein Kondensator aus zwei Metallplatten, die entweder durch Luft oder Kunststoff getrennt sind – daraus ergibt sich sein Symbol wie in Abb. D–1 gezeigt.

Abb. D–1 Schaltplansymbol für einen Kondensator

Ein weiteres verständliches Beispiel ist die Drossel, die aus einem um eine zylindrische Form gewickelten Kupferdraht besteht; demzufolge sieht das Symbol aus wie in Abb. D–2.

Abb. D–2 Schaltplansymbol für eine Drossel

Die Verbindungen zwischen Komponenten bestehen in der Regel aus Drähten oder Bahnen auf der Platine und werden im Plan als einfache Linien dargestellt. Wenn zwei Drähte verbunden sind, wird die Verbindung durch einen großen Punkt an der Kreuzung der beiden Linien repräsentiert, wie in Abb. D–3 dargestellt.

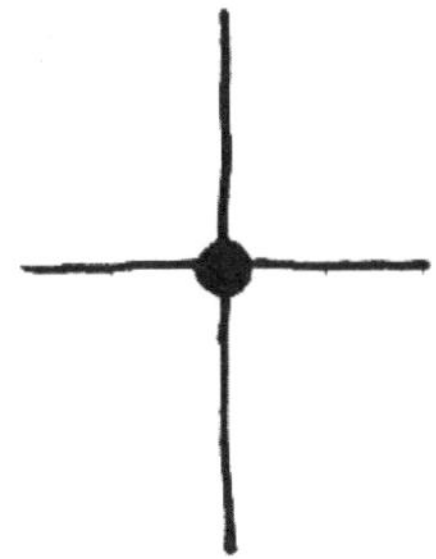

Abb. D–3 Schaltplansymbol zur Darstellung verbundener Drähte

Mehr musst du nicht wissen, um die schematische Darstellung zu verstehen. Abb. D–4 zeigt Schaltplansymbole für Komponenten, die sich häufig in Arduino-Schaltungen finden lassen.

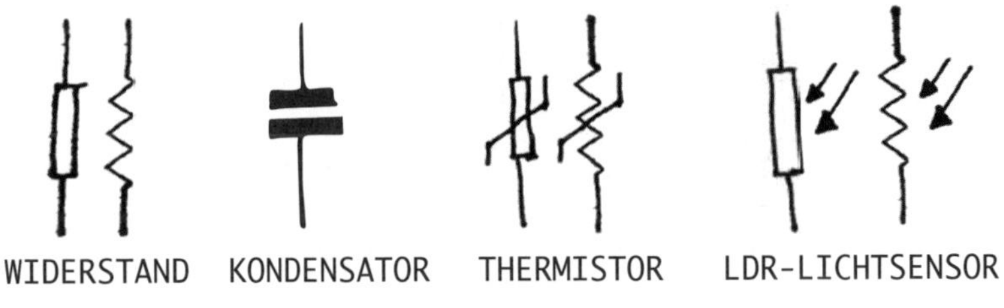

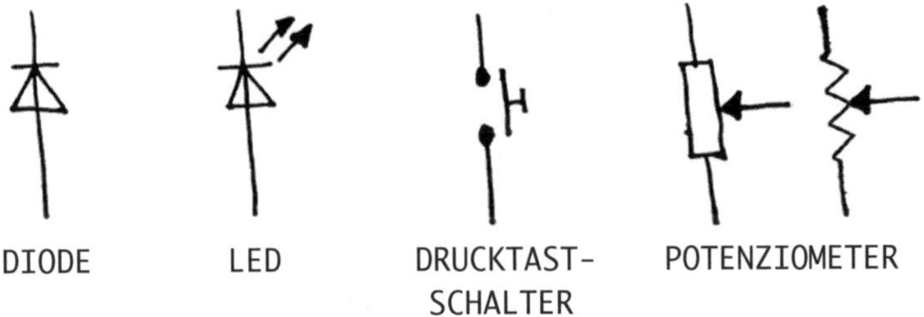

Abb. D–4 Häufig in Arduino-Schaltungen zu sehende Schaltplansymbole

Du könntest auf Variationen dieser Symbole stoßen (hier werden zum Beispiel beide Varianten des Widerstand-Symbols gezeigt). Auf Wikipedia findest du eine ausführlichere Liste elektronischer Symbole.

Über diesen mehr oder weniger standardmäßigen Satz von Symbolen hinaus gibt es Konventionen zum Aufbau von Schaltplänen. Schaltpläne werden so gezeichnet, dass Informationen von links nach rechts fließen. Ein Radio würde zum Beispiel gezeichnet, indem man mit der Antenne auf der linken Seite beginnt und dann dem Verlauf des Radiosignals auf seinem Weg zum Lautsprecher folgt, der den letzten Punkt auf der rechten Seite bilden würde.

Abb. D–5 beschreibt den Schaltkreis für den Drucktaster, der in diesem Buch gezeigt wurde.

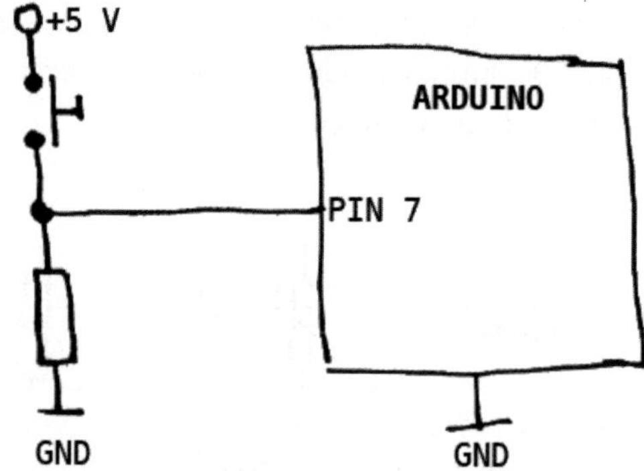

Abb. D–5 Ein an einem digitalen Eingang des Arduino angeschlossener Drucktastschalter

Du siehst, dass der Arduino zu einem Kasten mit einem Pin und Masse (GND) reduziert worden ist: In dieser speziellen Schaltung sind sie das einzig Wichtige, was du zu Arduino wissen musst. Du siehst auch zwei Drähte, die an der Bezeichnung GND angeschlossen dargestellt sind. Das bedeutet, dass die Drähte miteinander verbunden sind. Drähte mithilfe von Kennzeichnungen zu verbinden ist für Verbindungen hilfreich, die stark ausgelastet sind (wie Masse) oder von einer Seite des Plans zur weit entfernten Seite verlaufen und dabei viele andere Drähte und Komponenten kreuzen.

Kapitel 8 zeigt viele praktische Beispiele von Schaltplänen, und »Elektronische Schaltpläne« auf Seite 119 beschreibt Schaltpläne noch etwas detaillierter.

Index

Symbole

A

B

C

D

K

L

M

N

O

P

R

S

T

Matt Richardson • Shawn Wallace • Wolfram Donat

Raspberry Pi – dein Einstieg

Der vielseitige Linux-Computer für Smarthome, Entertainment, Experimente

Übersetzung der 4. US-Auflage

2022
Übersetzung der 4. US-Auflage
236 Seiten, Broschur
€ 24,90 (D)

ISBN:
Print *978-3-86490-914-6*
PDF *978-3-96910-796-6*
ePub *978-3-96910-797-3*
mobi *978-3-96910-798-0*

Auf *dpunkt.de* auch als Bundle (Print & E-Book) erhältlich.

Der Raspberry Pi ist ein kreditkartengroßer Computer, der an den Fernseher und eine Tastatur angeschlossen wird. Er ist ein leistungsfähiger kleiner Computer, der für Elektronikprojekte und für viele Dinge verwendet werden kann, die auch Ihr Desktop-PC erledigt, wie Tabellenkalkulationen, Textverarbeitung, Surfen im Internet und Spiele. Das Buch stellt die neuesten Modelle des Rasperry Pi und ihre jeweiligen Einsatzzwecke vor. Die Autoren erläutern den Einsatz mit Linux und anderen Betriebssystemen und geben erste Hilfestellung zur Programmierung mit Python, eine der vorinstallierten Programmiersprachen.

»Kompakte grundlegende Einführung in die vielfältigen Anwendungsmöglichkeiten des beliebten Einplatinencomputers.«
(ekz Informationsdienst, Februar 2023)

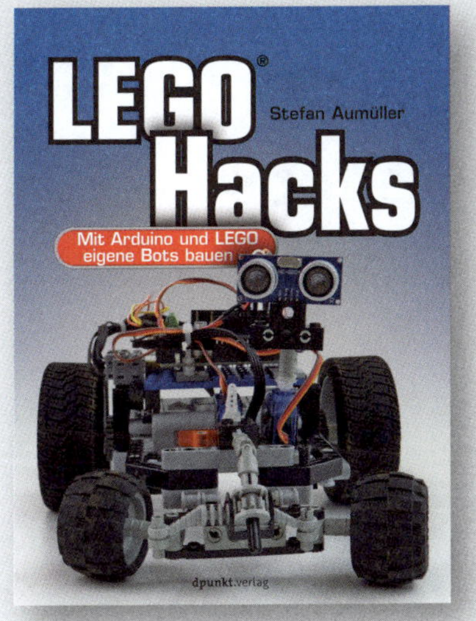

Stefan Aumüller

LEGO® Hacks

Mit Arduino und LEGO eigene Bots bauen

2020
320 Seiten, Broschur
€ 29,90 (D)

ISBN:
Print 978-3-86490-643-5
PDF 978-3-96088-703-4
ePub 978-3-96088-704-1
mobi 978-3-96088-705-8

Auf *dpunkt.de* auch als Bundle (Print & E-Book) erhältlich.

Konstruiere mit deinen LEGO-Steinen und dem Arduino faszinierende Modelle! Dieses Buch zeigt dir, wie du Sensoren und Aktoren, die man bei jedem Elektronikversand erhält, mit deinen LEGO-Elementen verbindest. Du erlernst dabei Grundlagen der Elektronik und die nahezu unbegrenzten Möglichkeiten, deinen Steinevorrat mit elektronischen Bauteilen zu kombinieren.

Gemeinsam mit einer Einführung zum Mikrocomputer Arduino erhältst du Tipps zur Stromversorgung in einem LEGO-Modell. Bebilderte Übersichten über empfohlenes Werkzeug und die notwendigen Materialien erleichtern dir den Start in dein Projekt. Mit selbstgebauten Adaptern machst du eine aufladbare Powerbank Noppenstein-kompatibel und steuerst Power-Functions-Motoren mit dem Arduino.

»LEGO Hacks« bietet dir zahlreiche Anleitungen zu Modellen, zwingt dich jedoch nicht zu deren exaktem Nachbau. Die Beschreibungen sind bewusst so gehalten, dass du fehlende Steine mit Teilen aus deinem eigenen Fundus austauschen kannst. Bei kompliziert zu ersetzenden Teilen wie z. B. Zahnrädern liefert das Buch Teilenummern.